ANSYS 电池仿真与实例详解

——流体传热篇

井文明　宋述军　张　寅　编著

机械工业出版社

本书重点讲述了锂离子电池和燃料电池的仿真技术，通过对电池工作过程中的流动、传热、电化学、热电耦合、热失控等场景进行仿真，并通过不同类型电池、不同维度的仿真实例进行讲解，帮助读者建立电池仿真的必要知识和流程，并为其具体工程排除问题时提供方法或思路，促进我国新能源行业电池设计水平的提高。

本书可供刚进入新能源行业从事电池设计的工程师阅读，同时兼顾有多年实际工作经验的工程技术人员，此外，对高校相关专业的学生也大有裨益。

图书在版编目（CIP）数据

ANSYS 电池仿真与实例详解. 流体传热篇/井文明，宋述军，张寅编著. —北京：机械工业出版社，2021.8（2025.2 重印）

ISBN 978-7-111-68662-0

Ⅰ.①A… Ⅱ.①井… ②宋… ③张… Ⅲ.①锂离子电池-仿真-有限元分析-应用软件 ②燃料电池-仿真-有限元分析-应用软件 Ⅳ.①TM912-39 ②TM911.4-39

中国版本图书馆 CIP 数据核字（2021）第 132682 号

机械工业出版社（北京市百万庄大街 22 号 邮政编码 100037）
策划编辑：付承桂 责任编辑：付承桂 赵玲丽
责任校对：陈 越 封面设计：马精明
责任印制：单爱军
北京虎彩文化传播有限公司印刷
2025 年 2 月第 1 版第 5 次印刷
184mm×260mm·18 印张·400 千字
标准书号：ISBN 978-7-111-68662-0
定价：89.00 元

电话服务 网络服务
客服电话：010-88361066 机 工 官 网：www.cmpbook.com
010-88379833 机 工 官 博：weibo.com/cmp1952
010-68326294 金 书 网：www.golden-book.com
封底无防伪标均为盗版 机工教育服务网：www.cmpedu.com

目前我国正经历从中国制造到中国创造的转型期，也是处于充满挑战与机遇的经济大环境背景下。迈入国家"十四五"规划，"坚持创新驱动发展，全面塑造发展新优势"、"加快数字化发展，建设数字中国"等一系列指导方针给我们指明了发展的方向。

企业要想在越来越短的设计周期里设计出更创新更有竞争力的产品，就必须依靠数字化技术，尤其是工程仿真技术来优化和创新产品，新能源动力电池行业同样如此。因此越来越多的电池企业认识到工程仿真的重要性，不断加强应用水平和拓展应用场景，希望借此来提升企业的行业竞争力。大量的产品研发及工程案例证实，工程仿真技术的使用已经成为企业研发不可或缺的手段和工具。

工程仿真是一件复杂的工作，工程师不但要有丰富的理论知识和工程实践经验，还要掌握多种不同的工业软件。与发达国家相比，我国电池行业仿真的应用成熟度还有较大差距，如何快速培养出有技能、有经验的仿真工程师对于推动电池行业快速发展有重大意义。

ANSYS作为世界领先的工程仿真软件供应商，为电池行业提供了完善且成熟度极高的通用软件及配套的解决方案，并且专门针对电池行业的特点制作了电池行业的最佳实践集。因此对于正在从事和有意从事电池仿真行业的工程人员来说，选择业内领先、应用广泛、前景广阔、覆盖面广的ANSYS产品作为仿真工具，无疑将为您的职业发展提供重要助力。

为满足读者的仿真学习需求，ANSYS与机械工业出版社合作，联合国内多个领域仿真的专家，出版了《ANSYS电池仿真与实例详解——流体传热篇》和《ANSYS电池仿真与实例详解——结构篇》两本书，覆盖了ANSYS软件在电池共轭传热、电化学、水管理、热失控、结构强度、应力应变、振动模态、挤压碰撞、针刺跌落、疲劳寿命等常见锂电池或燃料电池仿真场景的具体应用。

作为工程仿真软件的领导者，我们坚信，培养用户走向成功，是仿真驱动产品设计、设计创新驱动行业进步的关键。

ANSYS公司副总裁，大中华区总经理

近年来在能源技术变革以及以特斯拉公司为首的新兴科技企业带动下，全球新能源汽车产业取得了爆发性增长。动力电池是新能源汽车的核心之一，其需求受新能源汽车产销量拉动同样急剧增长。国内电池产业快速发展，相关企业产能规模不断扩张。目前国内电池行业经历了前期野蛮式发展后，正在进入加速洗牌期，制约电池行业发展的设计能力水平亟待提升。同时国家也颁布了一系列强制性关于新能源电池的相关标准，对电池企业的设计水平提出了越来越高的要求。更重要的是，市场激烈的竞争使得电池设计周期也越来越短，传统的试验测试方法不仅时间周期长，而且花费昂贵，因此电池企业越来越多地将仿真技术应用在电池设计流程之中。

ANSYS 公司是目前世界上最大的仿真技术公司，从 1970 年成立至今，一直专注于仿真领域的研发和推广。目前 ANSYS 公司产品覆盖了结构、流体、电磁、光学、系统、嵌入式软件、芯片以及增材制造等多个领域，致力于为客户提供完整的技术解决方案。ANSYS 公司旗下众多软件可解决电池行业的不同维度仿真问题，其中尤其以 ANSYS Fluent 和 ANSYS Mechanical 应用最广，Fluent 聚焦于电池工作过程中的流动、传热、电化学、热电耦合和热失控等场景仿真，Mechanical 聚焦于电池工作过程中的强度、振动、疲劳、挤压、碰撞、跌落等场景仿真。ANSYS Fluent 和 ANSYS Mechanical 因其强大的功能和良好的应用性在全球各大电池厂家均有深度应用。本系列书共有两本，其中《ANSYS 电池仿真与实例详解——流体传热篇》以 Fluent 为主体，另一本《ANSYS 电池仿真与实例详解——结构篇》以 Mechanical为主体，分别从两大物理域来详细阐述 ANSYS 电池解决方案。

以 Fluent 为主的《ANSYS 电池仿真与实例详解——流体传热篇》，介绍了 ANSYS 软件在电池流体仿真的案例应用，包含了锂电池流体仿真和燃料电池流体仿真两个部分。从流体仿真的基础流程到具体场景的特殊应用，书中都将一一阐述清楚，读者可以了解到 Fluent 软件针对新能源行业仿真要求做的一些友好和高效的设定，以便得到更好的仿真结果。

以 Mechanical 为主的《ANSYS 电池仿真与实例详解——结构篇》，从力学分析基本理论与工程应用实践相结合的角度，介绍了 ANSYS 软件在新能源电池包行业中结构仿真的案例应用，包含电池包结构强度仿真和疲劳仿真两个部分。以理论知识为辅，以具体软件案例操作为主，讲述了电池包结构仿真的思路以及具体实施过程，可以很好地帮助读者理解从理论知识到行业要求和标准，再到实践的具体过程。

尽管本书讲到了部分 Fluent 和 Mechanical 的基础知识，但并不全面，主要是为了帮助读者系统性学习电池仿真技术做铺垫。因此，读者在阅读本书前需要掌握 Fluent 和 Mechanical 的基础应用，或系统地参加过相应基础培训课程。

为方便读者学习，本书所有的几何模型、网格、算例、测试数据以及定制的 jou 文件均置于以下链接的百度网盘中，链接：https://pan.baidu.com/s/1qgW23hToHnmNyq3OayMyNw，提取码：y1jq。

本书由井文明、宋述军和张寅编写。限于作者的知识水平和经验，书中难免存在疏漏之处，恳请广大读者批评、指正与交流，以便再版时修正。作者联系邮箱为 jingwm@163.com。

在本书重印勘误过程中，感谢以下老师、同行和读者提供宝贵的意见和建议：赵泓伍老师、邹帅、青风、MARK、周健、万绪、张鑫、孔庆然、张嘉豪、chenbin、顾海涛、小先生、李淼林、刘宏兵、Hepeng、曾诚、李小武、吴建华等。

作　者

CONTENTS

目 录

序

前言

第1章 电池行业概述

由于化石能源的日渐紧缺，同时燃料燃烧引起的环境污染问题，寻找一种清洁可循环的新能源技术成为当今主题。据统计，当前全球汽车保有量大约为 8 亿辆，全球石油消耗量超过 65% 属于交通耗费，新能源汽车应运而生。而动力电池作为新能源汽车最重要的核心部件，其成本占据整车的 40% 左右，是相关行业的重点发展方向。当前动力电池主要包括：铅酸电池、镍镉电池、锂离子电池、燃料电池等，其中锂离子电池和燃料电池在未来相当长的时间会是新能源的主流方向。

1.1 中国锂离子电池产业结构

根据国家统计局数据显示（见图 1-1-1），2013～2015 年，中国锂离子电池产量由 47.7 亿支增长至 56 亿支，平均增速较慢；而在 2016 年锂离子电池产量迅速增长到 84.7 亿支，同比增长 51.2%；此后锂离子电池产量迎来爆发式增长，连续数年保持两位数增幅，虽然在 2019 年增速稍有回落，但是其发展势头依旧良好。

图 1-1-1　2013～2019 年中国锂离子电池产量和增速

图 1-1-2 显示了 2013~2019 年我国 3 种主要类型锂离子电池（动力电池、消费类电池和储能电池）出货量的占比变化。在 2013~2015 年，虽然动力电池占比逐年增加，但是消费类电池一直占据着锂离子电池消费的主导；而在 2016 年开始，消费类电池需求逐渐饱和，动力电池成为锂离子电池产业快速增长的关键支撑。通过锂离子动力电池的快速增长带动电池行业的发展，从而促进新能源汽车行业的革新，是我国在汽车工业领域实现"弯道超车"最有希望的途径。

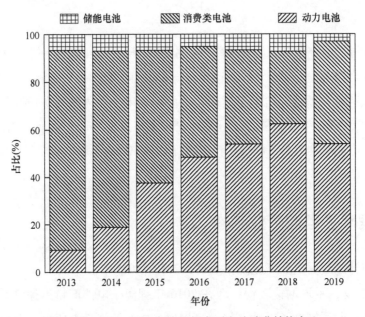

图 1-1-2　2013~2019 年中国锂离子电池消费结构占比

1.2　全球动力电池格局

鉴于锂离子动力电池行业巨大的市场前景，各国相关企业纷纷布局动力电池产业，制定了发展规划。在新能源汽车的动力电池产业中，日、韩起步较早，中国则作为后起之秀奋起直追。当前锂离子动力电池行业基本发展成中、日、韩"三足鼎立"的格局，且各自都有行业龙头企业。日本松下（Panasonic）早在 1994 年就开始研发锂电池，由住友财团支持，2008 年开始与全球最大电动汽车企业特斯拉合作，并于 2014 年共建超级电池工厂。韩国 LG 化学（LGC）在 1996 年开始研究锂电池，2010 年成为通用雪佛兰 Volt 电动车唯一供应商。中国企业宁德时代（CATL）作为中国锂电池行业的龙头，创立于 2011 年，2012 年与德国宝马集团达成战略合作，成为其核心供应商。

通过对比 Panasonic、LGC 和 CATL 在近 5 年公布的出货量（见图 1-2-1）可知，Panasonic 在 2017 年被 CATL 超越之前一直都是全球最大的锂电池企业，而在此之后，其出货量也紧随第一名之后，实力依旧强劲。CATL 得益于中国电池白名单政策，牢牢占据着中国动力电池市场 50% 以上，在 2017 年一跃成为全球出货量最大的锂离子电池公司。LGC 相较于前两者出货量较小，但是其产能扩张速度惊人。

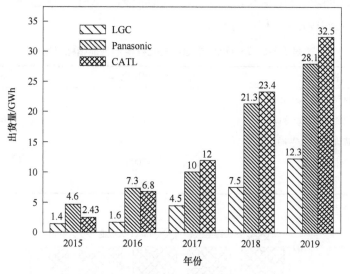

图 1-2-1　三大动力电池厂商近 5 年出货量对比

在市场方面，CATL 有中国巨大市场做背靠，地位依旧难以撼动，甚至开始布局欧洲市场，市场有望进一步扩大；Panasonic 虽然作为特斯拉合作供应商，但是由于其产能不足，特斯拉在中国市场引入 LGC 之后，LGC 开始迅速蚕食 Panasonic 的份额，达到 82.1%。据 SNE Research 数据，2020 年 1~8 月，LGC 以 15.9GWh 的出货量跃居全球第一，CATL 和 Panasonic 分别为 15.5GWh 和 12.4GWh。除此之外，韩国三星 SDI/SKI、中国比亚迪等众多锂电池企业都在扩大产能，特别重视中国市场，各大主流电池企业都将重要的生产基地建设在中国，竞争逐渐白热化，同时全球锂离子动力电池的格局也在时刻发生变化。

1.3　动力电池技术现状

目前，动力电池市场主要有三元锂电池、$LiFePO_4$ 电池、$LiMn_2O_4$ 电池、钛酸锂电池（根据正极材料形式命名）等。从动力电池整体配套的情况来看，三元锂电池和 $LiFePO_4$ 电池占据了动力电池的大部分市场。由表 1-3-1 可知，$LiFePO_4$ 电池在价格、寿命和安全性上都具有较大优势，而三元锂电池的能量密度更大、续航能力更强。根据《中国制造 2025》对于动力电池的发展规划可知，到 2020 年，电池能量密度达到 300Wh/kg。虽然比亚迪等专注于 $LiFePO_4$ 电池研发的"刀片电池"将 $LiFePO_4$ 电池的能量密度提升到新的台阶，但是受到 $LiFePO_4$ 材料性能的限制，依旧难以达到国家规划中对能量密度的要求，而三元锂电池在理论极限上更接近高能量密度的目标，因此毫无争议地成为电池市场专注的重点。

由近 5 年我国主要类型的动力电池市场份额变化（见图 1-3-1）可知，三元锂电池市场占比逐年增长，并在 2018 年超过 LiFePO$_4$ 电池的市场份额。由此可见，三元锂电池更加受到市场的青睐。这是因为近些年 LiFePO$_4$ 电池和三元锂电池市场逐渐分化，新能源汽车的增长更多来自于乘用车的市场增长，为了增强续航能力，大多企业选择了三元锂电池，而 LiFePO$_4$ 电池主要应用在客车和商用车领域。

表 1-3-1　LiFePO$_4$ 电池和三元锂电池性能指标对比

性能指标	LiFePO$_4$ 电池	三元锂电池
正极材料价格/（万元/t）	4.1	12.5
电池系统能量密度/（Wh/kg）	140	160~300
电芯价格/（元/Wh）	0.7	0.9
循环次数	>2000	1000
安全性	较好	一般

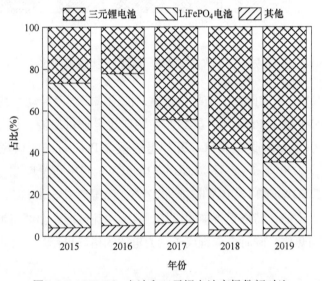

图 1-3-1　LiFePO$_4$ 电池和三元锂电池市场份额对比

1.4　动力电池先进技术分析

目前，三元锂电池主要有 NCA 和 NCM 两种技术路线。NCA 电池的正极材料主要由镍、钴、铝组成，其能量密度高、工艺成熟、成本低，但是主要技术由 Sumitomo、Toda、Ecopro 等日韩公司垄断。NCA 电池的代表型号有：18650 型和 21700 型，能量密度分别达到 232~265Wh/kg 和 260~300Wh/kg，如特斯拉所用的 NCA 电池就主要使用的是松下的 18650 型电池。NCA 电池具有严苛的制造工艺过程，不仅要求纯氧条件，且在电池生产全过程均要控制湿度在 10% 以下，这些环境需求让国内厂商望尘莫及。

为了绕开 NCA 材料的技术壁垒，国内多数企业选用了 NCM 技术路线。NCM 电池的正极材料主要由镍、钴、锰组成，代表型号有：NCM111、NCM523、NCM622 和 NCM811，其能量密度分别为 160Wh/kg、160~200Wh/kg、230Wh/kg 和 280Wh/kg。目前国内市场上的三元锂电池主要以 NCM523 体系为主，部分企业开始加速研究 NCM622、NCM811 材料，CATL 公司已经能够将 NCM811 的能量密度提升到 304Wh/kg，随着 NCM811 在市场上进一步推广，其能量密度将会提升到新的高度。由于三元锂电池主要通过 Ni 提供容量，其含量越高，电池的能量密度越大。因此，无论 NCA 技术还是 NCM 技术，想要提高动力电池能量密度和续航里程，就要着重对高镍三元材料进行开发。

无钴电池最早由 Rossen 等提出，随着不断研究，其中无钴高镍正极材料的 $LiNi_xMn_{1-x}O_2$（$0.5 < x < 1$）体系被证明具有清洁环保、价格低廉和比容量高等优点，可能有较高的商业化前景。对于高电压工况，无钴电池更具优势，因此未来也要着重研究高电压电解液。但是当前无钴电池依旧存在倍率性能差、循环稳定性差和阳离子混排等缺陷，难以克服。

1.5 动力电池仿真技术进展

电池模拟研究主要分为两大类：一是基于第一性原理建立模型进行的理论计算，方法包括 Hartree-Fock（HF）和 Density Functional Theory（DFT），使用软件有 Materials Studio（MS）、VASP（Vienna Ab-initioSimulation Package）、Gaussian、WIEN2K、ABINIT、PWscf、SIESTA、CRYSTAL 等；二是基于有限元或有限体积思想，通过联立方程推导近似解进行仿真模拟研究，主要软件包括 COMSOL Multiphysics、ANSYS、ABAQUS、ADINA 等。

总体来说，第一性原理计算擅长于电池材料的微观电子结构及能量计算和预测；有限元及有限体积方程更适合在拥有了电池材料微观参数的基础上需要进一步考虑电池整体宏观性能时的研究，通过建立数学物理模型对电池系统进行多场耦合分析，选取合适的网格和方程，缩短计算时间，减少大量的预实验，对电池各方面性能提供优化方案。

现有关于电池仿真的模型主要包含热模型、电学特性模型和老化模型等。这些模型可对电池热效应、容量衰减以及荷电状态等方面展开探索。

1.5.1 热模型

电池热模型用于探索电池产热特性，常见的电-热耦合模型、电化学-热耦合模型和热滥用模型多是基于 Bernardi 等[3]的生热速率模型，用于描述产热率与电流、电池体积、开路电压、工作电压和温度的关系，又可分为不可逆阻抗热和内部熵变引起的化学反应热。Lai 等[5]基于此将准二维电化学模型和三维热模型耦合，发现热量主要来源于电池内部反应热、极化热和欧姆热。反应热是可逆热且熵变对其有巨大影响。极化热由破坏内部平衡时释放的能量转化而来。欧姆热作为总热量的重要来源之一，主要包括 3 部分：Li^+ 在固体相中嵌入嵌出的热量；Li^+ 在电解液中的迁移热；集流体产生的欧姆热。结果显示正极可逆热对总可逆热的贡献比负极大，而不可逆热则主要由负极贡献。

Ghalkhani 等[6]建立了电化学-热耦合瞬态模型，研究电池内部热量和电流密度分布，发现电池极耳处温度高于其他部位温度，且由于正极极耳处的电流密度最大，导致最高温度出现在正极极耳附近。该研究结果可为降低最高温度和提升温度均匀性提供参考，且表明电池设计中一定要考虑极耳的放置问题。

电池在高倍率、碰撞、针刺、短路、过充/放等极端情况下运行时会放出大量热量，容易使温度升高，造成热失控。Dong 等[7]建立一个包含电化学热耦合模块和热滥用模块的模型，对大于 8C 的高倍率充放电情况进行了研究。发现放电过程更容易使电池过热，导致热失控；较高倍率充电时电阻损失较大，会导致截止电压提前到来，降低电池容量。这项研究重点探索了超过 8C 充放电时的电池放热情况和热失控机理，对于解决快速充电产热量大的问题有着指导作用。Zhang 等[8]利用机械-电-热耦合模型研究机械碰撞引起的瞬间短路情况，发现短路瞬间产生的焦耳热是温升主要原因，这是因为接触面积越大，短路电阻越小，电流密度越大，完成相同的电压降所需时间较短，导致升温幅度较大；较小接触面积不会造成热失控，因为电压降非常慢，产生的热量有足够的时间消散。这项工作综合考虑力学、电化学以及热力学多种因素，在研究机械滥用下锂离子电池的安全性能时非常有参考价值，有助于设计更高效安全的电池结构。

电池热模型阐明了生热机理和温度分布，便于设计合理的散热方式，保证电池的正常运行。此类模型以热耦合模型研究为主，模型的准确性较好。然而针对针刺等情况的研究较少，且随着电池功率和体积的增大，电池内部的不均匀性会更加明显，上述的简化模型是否符合实际情况则需进一步研究。

1.5.2 电学特性模型

电学特性模型主要有黑箱模型、等效电路模型（Equivalent Circuit Model，ECM）和电化学机理模型，旨在研究不同工况下的电池电压特性。黑箱模型利用电流、电压等数据，通过建立神经网络模型、支持向量机模型、模糊逻辑模型等描述电流、温度、电池荷电状态（SOC）及端电压间的关系。此类模型计算效率高，支持在线估计，但其泛化能力和预测准确度仍需进一步改善。

等效电路模型用电路元件等效电池电化学反应，此模型直观性强，准确性可通过和多种算法结合而提高，因此实用性较强。主要有频域模型和时域模型，后者因设备简单而在成本方面具有较大的优势，然而其结构优化及模型准确度与 RC 阶数的关系仍需进一步探索。Hu 等[9]对多种常用 ECM 进行比较，指出 RC 阶数在一定范围内时可以提高模型准确度和计算效率，但超出 2 阶之后反而会起到相反作用。ECM 可以与扩展卡尔曼滤波器（EKF）类算法、粒子滤波（Particlefiltering，PF）类算法、滑模观测法、H∞ 观测法等相互结合，以实现不同准确度的 SOC 在线估算，EKF 类算法因其在非线性过程中独特的优势而与 ECM 结合最为广泛，然而它的部分参数通过假设获得，使得校准时间过长且计算准确度较低。鉴于此，Wang 等[10]提出一种双无迹卡尔曼滤波器（DUKF）类新算法，考虑了参数的实时变化，在运行过程中补偿了噪声信号，避免了环境因素的影响，与 ECM 结合可以同时满足参数的在线识别和 SOC 的估计，误差值保持在 3% 之内。Din 等[11]则提出无迹卡尔曼滤波器（UKF）类算法与 ECM 结合用以快速估计 SOC，UKF 内嵌一种人工神经网络（ANN）控制器，可以自动在线捕捉最优参数，进而在线测量噪声数据，且将自协方差最小二乘（ALS）技术用于测量噪声协方差中的最小二乘估计，该模型 SOC 估计范围在 0 ~ 100%，且误差均小于 1%，显示出优异的准确性。新型 EKF 类算法的提出实现了在线估计的同时，保证了计算效率、算法稳定性和准确度，使模型应用于电动汽车的管理系统成为可能。

电化学机理模型由 Newman 等[12]基于多孔电极和浓溶液理论提出，因其可精确地描述锂离子浓度以及电化学反应变化而具有较大优势。该准二维（P2D）模型多作为平台，实现多物理场的耦合仿真，然而大量的非线性方程使其计算复杂度较大。单颗粒模型（Single Particle Model，SPM）以单个颗粒为研究对象，纬度低、尺度小、计算效率高，可有效说明小颗粒具有较快的扩散动力学；若可使球形颗粒接近真实颗粒形状，便会进一步增强模型的真实性，且在大倍率时需在其中嵌入电解液扩散动力学方可使用。多颗粒模型（Multiple Particle Model，MPM）在 SPM 的基础上考虑了颗粒尺寸对于电化学性能的影响，使结果更加准确。Zou 等[13]从模型方程入手，使用了奇异扰动和平均化方法简化 P2D 模型，简化的模型能够有效地预测电池动态特性，但该模型在研究电池快速充电状态时仍然需要进一步改进。王靖等[14]建立了 MPM，分 2 种、3 种和 4 种颗粒尺寸分布研究颗粒直径对放电过程的影响。通过对比几个模型发现，四颗粒模型的结果与实验结果最为吻合。不同模型结果均表明：放电前期，小颗粒因扩散方便而容易嵌入锂离子；放电后期，小颗粒已经接近饱和，此时大颗粒内部有更多的空位而主导锂离子扩散。因此，电极的颗粒直径均匀化有助于减缓放电后期大颗粒上的极化。研究从控制方程到内部机理均作了深入分析，阐释了颗粒尺寸对电池电化学性能影响的内在机理，实现了效率和准确度的共存，对研究电池的电化学性能具有指导意义。

电学特性模型对于预测电池健康状态、阐释材料几何参数对电池性能的影响至关重要，但对蛋黄-蛋壳（yolk-shell）结构材料中颗粒尺寸对材料电化学性能的影响研究较少；应将实际应用中单体电池会受成组和环境的影响纳入考虑范围，使模型尽可能接近真实工况。

1.5.3　老化模型

锂离子电池老化行为主要表现为容量衰减、阻抗增加以及功率减小，该行为严重影响电池的寿命乃至电动汽车的发展。造成该行为的主要原因有固体电解质界面膜（SEI）的增长和负极锂的沉积。

由于 SEI 膜的多孔特性，部分电解液会透过 SEI 膜与电极材料发生反应，造成 SEI 膜增厚及活性锂减少持续发生，表现为电池容量不断衰减。Ramadass 等[15]首次提出的基于多物理场耦合的锂离子电池容量衰减模型证明了这一问题。Safari 等[16]证明了 SEI 膜的增长主要受溶剂扩散的影响，且负载较高或者较低时容量衰减分别与时间的二次方或电荷的嵌入嵌出量成线性关系。Baek 等[17]建立容量衰减模型，用以研究正极活性材料的损失及负极上 SEI 膜的形成所导致的容量衰减及阻抗增加的行为，该模型计算效率较高，但考虑因素较少，准确度仍需提高。蒋跃辉等[18]利用电化学-热耦合容量衰减模型探讨循环次数、充放电倍率、负极活性物质颗粒粒径、负极固相体积分数对电池循环寿命的影响。结果显示，随着循环次数的增加，SEI 膜增厚且电阻增大，电池容量发生衰减，且倍率越高，上述现象越明显；负极颗粒直径和固相体积分数的值在一定范围内时能保持较好的电池循环稳定性和寿命。该模型实现了多物理场的耦合协同作用，并修正了温度对电池容量衰减的影响。

非线性老化理论认为电池循环前期 SEI 膜的生长是电池老化的主要原因，然而经过长时间的循环之后，负极锂沉积速率加快对电池老化有较大影响，老化行为呈现非线性，充电时的电流和截止电压以及电解质的组成会影响负极锂的沉积。锂沉积准二维多孔电极模型于 1999 年由 Arora 等[19]首次提出，Tang 等[20]将 Arora 的模型扩展到二维，发现如果两个电极均匀对齐，则锂沉积很容易发生在负极边缘附近，表明了使用比正极更大的负极的重要性。Yang 等[21]分析了影响电池老化的原因，发现放电前 2700 个循环中，容量从 11.63A·h 降至 9.13A·h，每个循环呈线性趋势下降约 0.93mA·h；然而 2700~3300 个循环后，容量衰减至 6.63A·h，每个循环下降约 4.17mA·h，呈现非线性趋势。锂沉积发生在负极与隔膜毗邻的一个较小空间内，随着 SEI 膜的增厚，负极的多孔性降低，使得负极与隔膜毗邻处的电解液电势增加，致使锂沉积电势降低，3000 次循环后电解液电势急剧增加，锂沉积电势急剧下降甚至为负，进而导致沉积速率加快，容量衰减呈现非线性加剧；并且当电极更薄、温度更低、倍率更高时，容量衰减从线性到非线性的转折会提前出现。肖忠良等[4]利用模型探索了多次循环过程中电池老化的主导原因，详细分析了循环次数、电极厚度、温度和倍率对老化进程的影响，对理解电池容量衰减、优化电池设计至关重要。

电池老化模型可较大程度反映出电池老化机理，并据此优化电池材料，增加电池使用寿命。然而电池内部材料众多，老化机理有待进一步探索；且影响老化的因素繁多，建立模型时各因素之间的耦合程度仍不确定，难免会影响模型的准确性。

1.6 软件版本及后续支持说明

考虑到大多数用户使用的软件版本以及 Fluent 近几年快速更新的现状，本书主体以 2019R3 版本软件介绍，但对于近几年来关于电池模型重大功能更新的地方，除了 2019R3 版本说明外，还添加了在 2021R1 版本下的新功能说明，以兼顾以往及现状两方面。

此外，本书侧重具体操作，但限于篇幅未能将所有过程都一一说明，尤其对于缺少 Fluent 经验的读者，为解决这一问题，将售后微信二维码（见图 1-6-1）公布在此，读者可凭购书凭证添加售后微信，以获得更多技术支持。

图 1-6-1　售后技术支持二维码

本书所有的几何模型、网格、算例、测试数据以及定制的 jou 文件均置于以下链接的百度网盘中，链接：https：//pan. baidu. com/s/1qgW23hToHnmNyq3OayMyNw，提取码：y1jq。

第2章 锂电池仿真

2.1 ANSYS 锂电池解决方案概述

2.1.1 电池仿真难点

在进行电池仿真具体工作之前,有必要先知晓电池仿真的难点在哪,主要有以下两方面难点(见图 2-1-1):电池仿真的天然多物理场性;电池仿真尺度跨度过大。

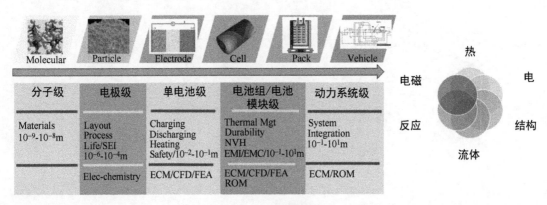

图 2-1-1 电池仿真难点

电池工作过程中现象复杂,覆盖了多个物理域。如电池仿真中一定要包含电的物理场,而电池工作中产生的电流等又是由电池化学反应过程中产生的,这就又涉及了化学反应的仿真;并且在化学反应中并非所有的能量都转换为电流,还有相当一部分转换为了焦耳热,这就带来了传热相关的现象;同时为避免电池工作中超温,往往会用水或者其他工质对其进行冷却,这就带来了流动传热等现象。电池产品最终一定需要满足国家对结构设计的各种标准,诸如应力应变、振动模态、疲劳寿命、挤压跌落等要求,最后电池作为整车或者其他设备的动力源上游,其下游一般会布置有诸如 PCB、开关电源等电控相关的器件,会受到来自这些电控器件产生的高频谐波的影响,从而带来电磁兼容相关问题。电池仿真多物理场性的另外一个特点是各个物理场的耦合紧密,单独将其任何一个物理场孤立出来研究是不全面的,甚至会导致较大的误差。

另外一个难点是电池仿真尺度跨度非常大。如果要研究材料级别的，那么尺寸应当为 10^{-9} m 量级；如果是电极级别的，尺寸为 $10^{-6}\sim10^{-4}$ m 量级；单电芯量级约为 10^{-2} m；模组级别量级约为 10^{-1} m；而动力系统级别量级约为 10^{0} m。仅从电极到动力系统级就将近有 7 个数量级尺寸跨度。大的跨度给划分网格带来巨大挑战，网格尺寸过大会导致捕捉不到小尺寸细节，而网格尺度过小则会带来计算网格量巨大，如何兼顾宏观和微观是在处理网格尺寸时需要认真考虑的问题。

2.1.2　ANSYS 电池解决方案概述

在具体讲述电池解决方案之前，有必要对电池仿真过程中需要注意的问题（见图 2-1-2）以及关键场景进行澄清，而后针对上述问题和场景介绍 ANSYS 电池解决方案。

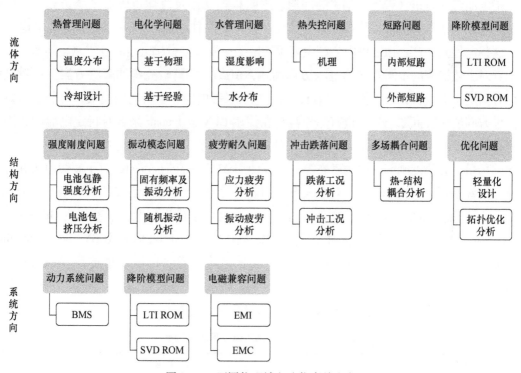

图 2-1-2　不同物理域电池仿真关注点

在电池流体仿真方向，主要有热管理、电化学、水管理、热失控、短路和降阶模型等几个方向的场景。其中电化学问题主要是研究电池工作过程中内部电化学反应带来的宏观量变化，如产热、电流、电压、SOC 等，一般有基于物理的电化学模型和基于经验的电化学模型两种方法。热管理问题是电池设计过程中的重点，其最终结果往往是诸如温度分布、压降等信息，但本质上考察的是电池的冷却设计，其中温度场的一致性会对电池性能有非常大的影响。若热管理设计有缺陷，可能会导致锂电池热失控发生，热失控的机理有很多，诸如电器滥用、热滥用和机械滥用，但绝大多数直接引起热失控的原因往往来自于短路。电池短路又可分为内部短路和外部短路两种类型。在电池仿真过程中，热管理仿真往往会占用较长的时间，尤其是在计算 PACK 级别不同循环工况时，如 NEDC 等，此时模型的网格量往往比较大，再加上计算物理时间长，往往需要几天甚至几周的时间，这对于快速设计迭代是极其不利的，为解决这个问题，ANSYS 提供了降阶模型技术，可在保证与三维 CFD 仿真相同的准确度前提下，以近乎实时的速度完成电池模组或者 PACK 的共轭传热仿真。此外，对于燃料电池不存在热失控和降阶问题，但会多出一个水管理的问题，以避免膜脱水或者水淹电极的发生。

在电池结构仿真方向，主要有强度刚度、振动模态、疲劳耐久、冲击跌落、挤压碰撞、多场耦合和优化的问题。总体来说，电池的结构仿真和其他产品的结构仿真差别不大，只不过在冲击跌落和挤压碰撞方向，国标对其有较详细且严格的要求，需要额外注意。

在电池系统仿真方向，主要有动力系统、降阶模型和电磁兼容这几方面问题。动力系统主要指电池管理系统（BMS）相关的问题，降阶模型既涉及流体也覆盖系统仿真。电磁兼容主要是指电池作为整车或装置的动力单元，其下游往往连接着 PCB 或开关电源等电控元件，这些电控元件在工作过程中会产生高频的电磁谐波，会引起电池的电磁兼容问题。

针对上述提到的不同方向的电池仿真问题，ANSYS 均有较完善的解决方案。针对电池流体方向的仿真，优先推荐使用 Fluent，其内包含了锂电池和燃料电池模块，可非常高效解决流体方向的仿真问题，当然也有部分客户在使用 CFX 或 Icepak 来针对特定电池问题进行仿真，但其专业性和功能覆盖度均无法与 Fluent 相比。针对电池结构方向的仿真，对于绝大多数的场景，如强度刚度、振动模态等，推荐使用 ANSYS Mechanical；对于疲劳耐久和寿命分析，推荐使用 ANSYS Ncode；对于大形变的显式动力学问题，推荐使用 ANSYS LS-DYNA，其已成为计算显式动力学的黄金软件；对于多场耦合以及优化问题，推荐使用 OptiSlang 或 DesignXplorer。针对电池系统方向的仿真，BMS 推荐使用 Twin Builder+ANSYS Scade+Medini，降阶问题需要使用 Fluent+Twin Builder，电磁兼容问题需要根据场景使用 Twin Builder、SIwave 或 HFSS 软件。

ANSYS 可用于电池仿真的软件及其简要功能介绍如表 2-1-1。

表 2-1-1 ANSYS 电池仿真用软件列表

产品名称	功能简述
ANSYS LS-DYNA	非线性有限元分析程序，适用于冲击、振动、碰撞等非线性动力学问题
ANSYS LS-DYNA HPC	LS-DYNA 高性能计算，提高计算效率
ANSYS Ncode	疲劳仿真工具，用于电池疲劳寿命等计算
ANSYS Mechanical Enterprise	结构/热效应建模工具，用于电池应力、应变、模态、传热、噪声等
ANSYS CFD Premium	流体仿真工具，用于电池流动、传热、电化学仿真
ANSYS CFD PrepPost	初始几何模型的预处理、表面网格处理，生成体网格
ANSYS Ensight	结构/流体后处理器工具
ANSYS Icepak	电子产品专业热仿真工具
ANSYS Geometry Interface for MCAD	CAD 软件专业接口
HPC	高性能计算，用于提高大规模计算效率，缩短计算时间
ANSYS DesignXplorer	设计优化分析，用于电池参数优化

（续）

产 品 名 称	功 能 简 述
ANSYS OptiSLang	设计优化分析，用于电池参数优化
ANSYS Twin Builder	多域系统建模与仿真工具，用于电池系统级仿真、降阶模型等
SCADE	嵌入式软件开发工具，满足 ISO26262 标准，为 4 级代码安全
Medini	功能安全开发平台工具，满足 ISO26262 标准，为 4 级代码安全
ANSYS Discovery Live	面向设计工程师的结构/流体实时快速仿真工具，电池流动、传热、结构、优化
ANSYS MAXWELL	电磁辐射、电磁兼容仿真工具
Granta	材料数据库

2.1.3　ANSYS Fluent 电池模块概述

为帮助客户在日新月异的新能源动力电池市场上抢得先机，Fluent 在很早就专门针对电池设计仿真设置了相应的模块，目前主要有两大类：锂电池模块和燃料电池模块。

锂电池模块自 2021R1 版本开始，从原来的附加模块转变为内置模块，更加方便客户进行二次开发，同时名称也由原来 MSMD model 更改为 Battery Model。如图 2-1-3 所示，目前

图 2-1-3　Fluent Battery Model

Battery Model 主要可以做 CHT Coupling、FMU-CHT Coupling、Circuit Network 和 MSMD 4 个子模块，分别对应共轭传热、通过 FMU 文件与第三方联合共轭传热、基于 Circuit Network 的电化学和完全热电耦合电化学模块。客户在仿真过程中只需要使用此中一个模块即可实现绝大多数电池仿真场景的仿真工作。同时 Battery Model 还内置了两种热失控模型，可独立或与上述 4 个子模块耦合使用。

　　燃料电池模块现在有两个附加模块，一个为较早的版本（见图 2-1-4），主要包含针对无微孔层（MPL）的 PEMFC（质子交换膜燃料电池）、SOFC（固体氧化物燃料电池）和电解的仿真，还有一个较新的版本（见图 2-1-5），主要针对含微孔层（MPL）的 PEMFC 的仿真。

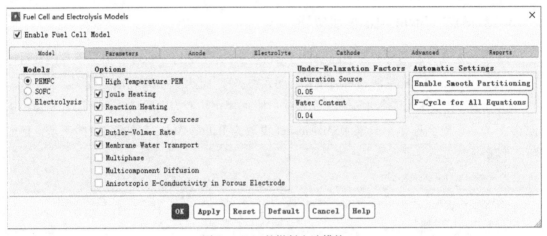

图 2-1-4　旧的燃料电池模块

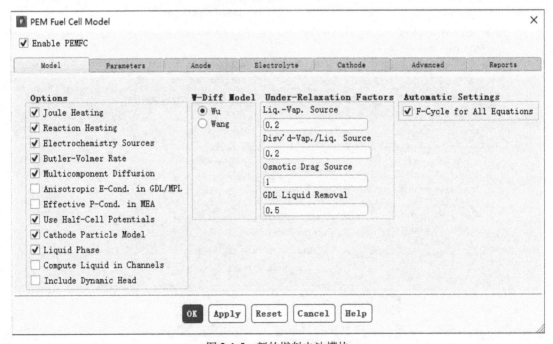

图 2-1-5　新的燃料电池模块

2.2　电池共轭传热仿真

对于动力电池设计而言，电池热管理设计至关重要。目前电池热管理设计很大一部分工作量是使用 CFD 软件对电池共轭传热进行计算（CHT），本章节主要阐述在 ANSYS Fluent 中如何进行共轭传热仿真计算。

本章节主要从网格划分流程以及共轭传热计算两方面来展开，其中前半部分是为介绍 Fluent Meshing 最新的干净几何网格划分流程，这是自 2019R1 开始有的新功能，使用流程化的方式来针对干净几何生成网格，避免了 Fluent Meshing 经典模式的高门槛，可大幅度提升用户的工作效率，后半部分主要围绕电池模组共轭传热来展开，重点讲述整体实现流程。

2.2.1　网格划分部分

1. 几何模型说明

图 2-2-1 所示为本书所用的电池模组几何模型之一的示意图，其为 1P3S（一并三串）水冷结构，模型中保留了工业电池模组的绝大多数特征，如电芯本体、极耳（tab）、母排（busbar）、隔热材料（硅

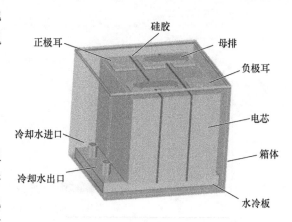

图 2-2-1　电池模组几何模型示意图

胶）、箱体、水冷板。在接下来锂电池的共轭传热、电化学、热失控、降阶模型等仿真过程中均以此模型为仿真对象。

2. 干净几何网格划分流程（Watertight Meshing Workflow，WTM）

从以往统计数据来看，CAE 仿真工作中前后处理部分会占用较多的时间份额，甚至可达到 60% 以上，为 CAE 仿真生成尽量高质量的网格是所有 CAE 人员绕不过的环节。Fluent Meshing 自 2019R1 版本推出了基于流程的网格划分方法，可极大减少网格划分时的人工介入并提高流程利用性，能大幅度减少工程师在网格划分环节处花费的时间。基于 Fluent Meshing 的干净几何网格划分流程（以下简称 WTM）步骤如下：

（1）启动 Fluent Meshing　启动 Fluent Meshing 步骤如下（见图 2-2-2）：启动 Fluent Launcher，在界面中 Dimension 处勾选 3D（目前 Fluent Meshing 不支持 2D）；Options 中勾选 Double Precision 和勾选 Meshing Mode；Processing Options 中设置并行或者串行；设置好工作文件夹路径；单击 "OK" 按钮。

在打开的 Fluent Meshing 界面左侧，可以看到有 Workflow 和 Outline View 两种网格划分方法，后者为经典的网格划分方式，本书不讲，有需要的伙伴可去 ANSYS 官网或 ANSYS 大学里面查找相关资料。在 Workflow 标签下，Select Workflow Type 下拉菜单中选择 Watertight

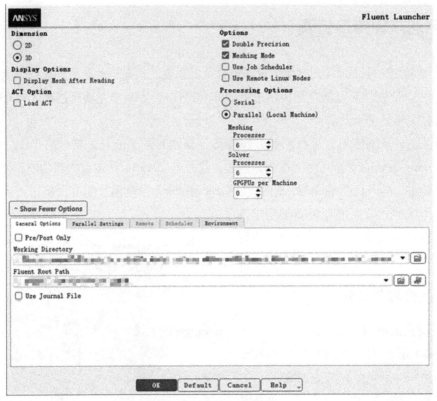

图 2-2-2　启动 Fluent Meshing

Geometry，如图 2-2-3 所示。

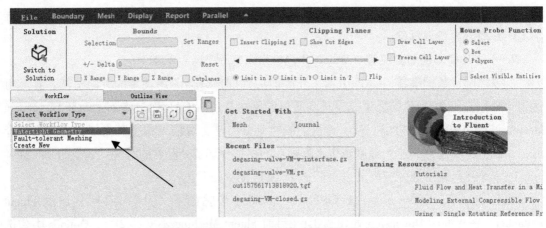

图 2-2-3　Fluent Meshing 启动界面及 Workflow

　　如下图所示，Fluent Meshing 干净几何网格划分流程集成了网格划分过程所需的各个子步骤，用户只需要按照其步骤提示进行相关输入或操作即可，如图 2-2-4 主要分为以下 6 个子步骤：导入几何；添加局部尺寸控制；生成面网格；描述几何；更新域；生成体网格。

　　当然 Fluent Meshing Workflow 也支持在特定步骤中通过右键添加特定功能的子步骤，如

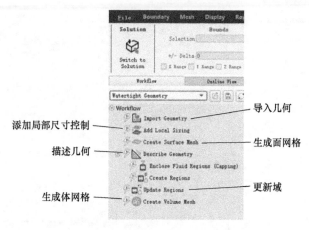

图 2-2-4　WTM 流程各子步骤

提升面/体网格质量，或添加用户自定义脚本等。

（2）WTM 导入几何　顾名思义，导入几何是用来加载几何模型的，目前建议的几何格式为 ANSYS SCDM 的 .scdoc 格式文件；其他类型的几何文件可先导入到 ANSYS SCDM 中进行几何前处理后保存为 .scdoc 格式即可。

如图 2-2-5 所示导入之前可选择几何模型创建时使用的单位，这样生成网格后通过 switch-to-solution 将网格传递到 fluent solver 中可自动缩放到所需的单位。还有一些额外的设置，需要勾选 Advanced Options 来激活，在此章节中不细述。

（3）WTM 添加局部尺寸控制（Add Local Sizing）　添加局部尺寸控制，可为几何模型不同部位的不同细节特征添加不同的尺寸控制方式。添加局部尺寸控制可有针对性地保留或不保留某些局部特征，所以这也是模型简化的一个手段。目前可添加的局部尺寸控制类型有：Face Size（面尺寸控制，作用于所选中的面区域上），Body Size（体尺寸控制，作用于所选择的体区域上），Body of Influence（影响域尺寸控制，作用于 BOI 体区域上），Curvature（曲率尺寸控制），Proximity（邻近度尺寸控制）。

本算例使用全局尺寸控制即可，故在此环节选择 no，然后单击 Update，如图 2-2-6 所示。

（4）WTM 全局尺寸控制及生成面网格　此环节有两个主要功能：一是设置全局尺寸控制，二是控制生成面网格。与上一步骤添加局部尺寸不同，此处的尺寸控制设置作用在全部几何模型上，如图 2-2-7 所示，主要包括：

1）Minimum Size：全局最小尺寸。

2）Maximum Size：全局最大尺寸。

3）Growth Rate：网格生长率。

4）Size Functions：尺寸函数；里面包括 Curvature（曲率函数）、Proximity（邻近度函数）和 Curvature & Proximity（曲率和邻近度函数）；一般选用第三种。

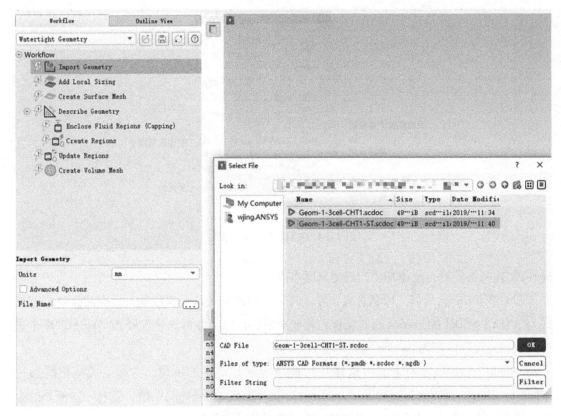

图 2-2-5　WTM 导入几何

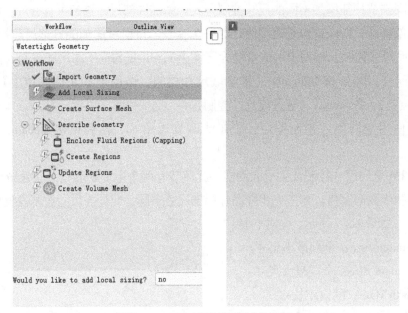

图 2-2-6　WTM 添加局部尺寸控制

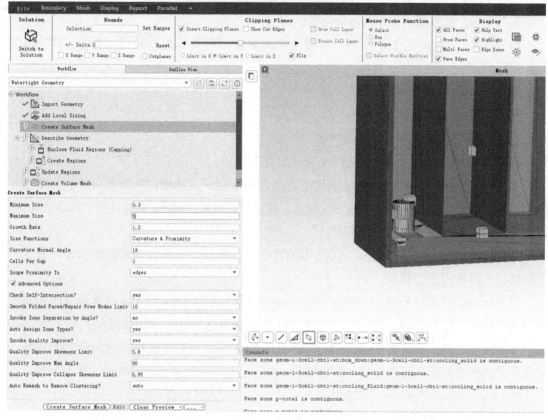

图 2-2-7　WTM 全局尺寸控制

5）Curvature Normal Angle：曲率法向角；以特征圆为例，360 除以曲率法向角即为圆一周网格数。

6）Cells Per Gap：间隙处网格层数。

7）Scope Proximity To：作用域于；包括 face、edges、face and edges 三种。一般选用 edges，以避免过度加密。

在 Advanced Options 中还有不少对网格生成过程中控制的参数，其中若要保留 SCDM 中的几何特征，则在 Invoke Zone Separation by Angle 中一定选择 no。其余保留默认即可。若不清楚某些选项的意思，可将鼠标单击相应选项后的问号，查看相应说明。

在本模型网格划分中，使用以下参数设置（见图 2-2-7）：最小尺寸设置为 0.3；最大尺寸设置为 5；Size Functions 设置为 Curvature & Proximity；Cells Per Gap 设置为 3；勾选 Advanced Options，然后 Invoke Zone Separation by angle？设置为 No；单击 Create Surface Mesh。

生成完面网格后，在 Fluent Meshing 的 Console 中会影响面网格的质量，我们需要检查其 Max Skewness，一般建议将面网格的 Max Skewness 控制在 0.7 以内来保证生成较好的体网格。若面网格质量较大，比如 0.85，则可在 Create Surface Mesh 步骤上单击右键，选择 Improve Surface Mesh Quality，进而设置相应的优化目标值。

（5）WTM 定义几何

定义几何，此步骤有以下几方面功能：

1）Geometry Type（几何类型）：此处定义的是最终的计算模型的几何类型，共分以下 3 类：

① 几何中全部为固体域；

② 几何中全部为流体域；

③ 几何中既有流体域，又有固体域。

2）Cap opening and extract fluid region（封闭开口）：

① Yes，选择在 Fluent Meshing 中封闭开口以抽取相应流体域；选择此项后，会激活相应的封闭开口菜单；若模型流体域比较复杂，建议在 Fluent Meshing 中通过此步抽取流体域，以避免 SCDM 中共享拓扑可能的失败。

② 此案例中冷却水流体域在 SCDM 中抽取，电芯外表面与箱体内表面间的流体域为自动封闭，无需使用此功能。

3）Change all fluid-fluid boundary types from "wall" to "internal"（将流体域之间所有的边界从"wall"变为"internal"）。此功能的应用场景为，当我们对流体域分别建模（考虑到特殊的流动，如流体区域+多孔介质区域+流体区域）时，流体-流体域之间默认为 wall 边界条件，这样会使流动无法流通不符合物理，并且会在 wall 处生成不必要的边界层网格。

4）Apply Share Topology（共享拓扑）

① 此功能的应用场景为几何模型在 SCDM 中没有进行共享拓扑或部分共享拓扑失败。针对部分共享拓扑失败的案例，请保持 SCDM 中自动生成的名称以保证 Fluent Meshing 可以找到相应的信息。

② 一般来说，在 Fluent Meshing 中进行共享拓扑的时间会比较长，建议尽可能在 SCDM 中进行，实在完成不了的共享拓扑在 Fluent Meshing 中完成。

③ 共享拓扑可确保在 Interface 处生成共节点网格（Conformal Mesh）。

对于本案例，请按照图 2-2-8 进行此步骤设置，单击 Describe Geometry。

（6）WTM 定义边界条件　定义边界条件：系统会自动检测几何模型中 Named Selection 命名中的关键词，并自动为其设置相应边界条件。最常见的关键词有：inlet，outlet，fluid，air 等。

用户需要在此步骤检查边界条件是否正确合理，将鼠标放置在 Boundary Name 上会在图形窗口对相应区域高亮显示，用户也可以在 Boundary Name 上右键，选择 draw selection，以单独显示选中的边界条件。

检查无误后，单击 Update Boundaries，如图 2-2-9 所示。

（7）WTM 定义域数量　此处需要大概估算一下几何模型中有多少流体域，填写合适的数字即可；此处值仅是系统检查用，与最终结果关系不大。对于本案例，流体域只有冷却水，并不考虑电芯外表面与箱体内表面间的流体域，故填写 1。操作完成后，单击 Create

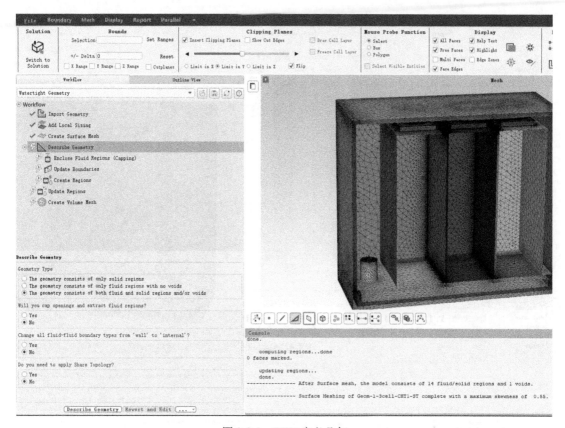

图 2-2-8　WTM 定义几何

Regions，如图 2-2-10 所示。

（8）WTM 更新域　更新域，在此步骤对几何模型中最终的域信息进行确认更新。此步骤中，绝大多数域来自几何模型中的体，但也有通过封闭开口或封闭空间抽取出来的域。建议检查的时候从两个角度出发：一个角度为域名，绝大多数域名来自几何模型中命名，如果出现不在几何模型中的命名，往往来自抽取的域，需要特殊检查；另外一个角度是检查域的类型是否合理，目前 Fluent Meshing 中域的类型有 fluid（流体）、solid（固体）、dead（死域）。

检查时的技巧同上所述，将鼠标放在 Region Name 上，相应区域会高亮显示，也可在 Region Name 右键 draw selection 来单独显示。对于仿真中不需要的域，可将其类型选择为 dead。

在本算例中，Region Name 出现了 fluid：1 这个名字，其未在几何模型中定义，检查它为电芯外表面至箱体内表面的流体域，为本算例不需要的计算域，故将其类型选择为 dead。检查无误后，单击 Update Regions，如图 2-2-11 所示。

（9）WTM 体网格生成　体网格生成，此步骤主要与边界层网格、体网格生成设置相关，如图 2-2-12 所示。

边界层网格设置，在 Boundary Layer Settings on Fluid Walls 中进行设置：Offset Method

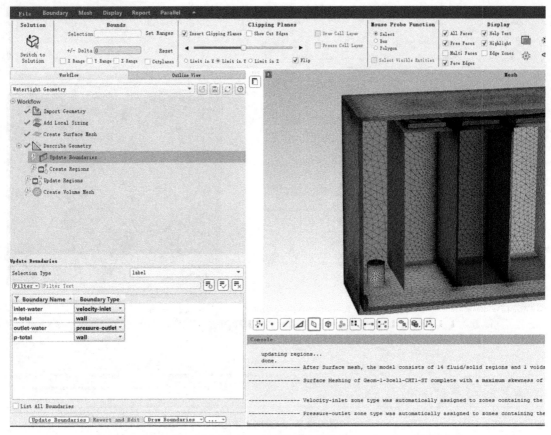

图 2-2-9　WTM 定义边界条件

Type 目前有 4 种类型，分别是 aspect ratio、smooth-transition、uniform、last-ratio；还需要定义边界层层数（Number Of Layers）；其余设置会因 Offset Method Type 不同而略有不同。

体网格生成设置，在 Volume Settings 中进行相关设置：Fill With（使用何种网格类型进行填充）有 4 种类型，分别是 polyhedral（多面体网格）、tetrahedral（四面体网格）、hexcore（六面体核心）、poly-hexcore（多面体-六面体核心混合网格）。此外还需要设置 Max Cell Length（最大网格长度）和其他因网格类型不同而不同的设置。

在本案例中，边界层网格采用 smooth-transition 类型，3 层网格，其余默认设置；体网格采用 poly-hexcore 类型，Max Cell Length 设置为 5，勾选 Enable Parallel Meshing，其余保持默认设置。检查无误后，单击 Create Volume Mesh.

（10）WTM 检查网格　生成好体网格后，Fluent Meshing 会自动将网格数量、质量在 console 中显示出来，一般需要将 max skewness 控制在 0.9，最好 0.85 以内，如图 2-2-13 所示。在本算例中，生成的体网格数量为 675068 个 cell，max skewness 为 0.79。

若生成的体网格质量大于 0.9，最好在 create volume mesh 上右键，选择 improve volume mesh，进行体网格质量的优化提升。

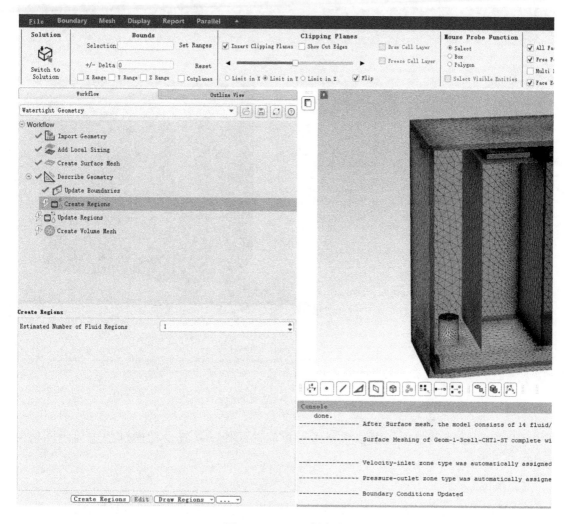

图 2-2-10　WTM 创建域

Fluent Meshing 同样提供了便捷的工具以可视化的方法来检查网格，使用较多的工具有以下几个，如：

1）Clipping planes（剖切面）：

① 适合整体以及按照剖切面的方式来查看内部面网格或剖切平面上的体网格。

② 勾选 Insert Clipping Plane 后，Fluent Meshing 会从某个剖面将模型切开，可以查看内部的面网格生成情况；在其下方有一个滚动条，来调节剖切面的位置。

③ 通过选择 limit in（限于）：X/Y/Z，来控制剖切面的法向方向。

④ 通过勾选 Flip，来反转视图在剖切面的哪一侧。

⑤ Show Cut Edges 可显示剖切面与几何模型相交的边缘线。

⑥ Draw Cell Layer 可显示剖切面内体网格的分布；若模型较大、网格量较多时，建议

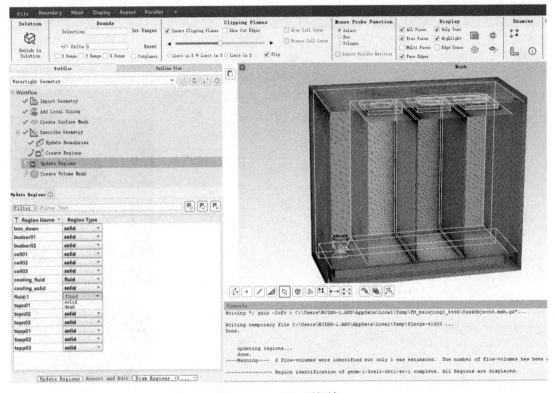

图 2-2-11　WTM 更新域

先不勾选此处，待调整剖切面位置合适后再勾选此处，以减少切换过程中显示网格的时间。

2）Bounds：

① 适用于检查某一确定位置（如某点）周围网格分布情况，往往需要和点选择工具配合使用。

② 通过调整+/-Delta 或者键盘上下箭头，来调整与确定点不同距离范围。

③ 通过 x rang/y range/z range 来调整某一截面。

3）Display：有多种面网格、边等显示方式。

4）菜单栏中的 Mesh/Display/Report 均有不同类型的网格操作，用户可打开逐一查看测试，此处不细述。

当生成的体网格满足计算要求后，整个 WTM 流程结束。在实际工作中，需要经常对模型进行修改迭代设计，但每次迭代的几何模型之间差异往往较小。为减少类似几何模型划分网格时的重复工作量，WTM 支持将流程进行保存，单击在 Watertight Geometry 右侧的保存按钮即可。当对几何模型进行修改并满足可复用此流程的前提下（模型、部件、边界条件名称相同，模型拓扑结构未发生变化），通过打开按钮找到保存好的 WTM 流程即可一键生成所需网格。

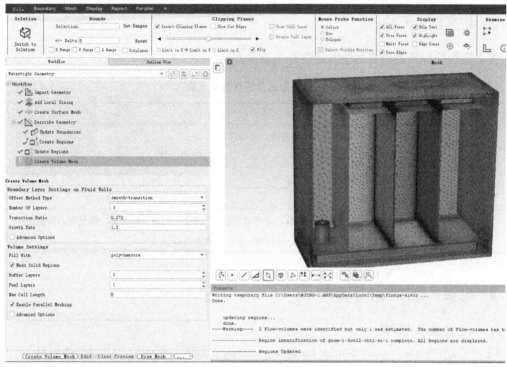

图 2-2-12　WTM 生成体网格

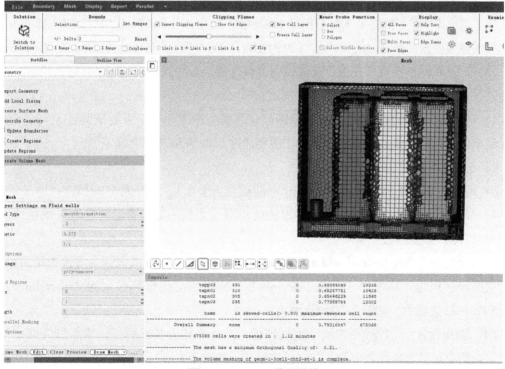

图 2-2-13　WTM 检查网格

2.2.2　仿真输入汇总

关于电池共轭传热仿真的输入条件详见表 2-2-1。

表 2-2-1　电池共轭传热仿真输入

数　据	举　例	备　注
CAD 模型	电芯、母排、极耳、冷却系统、支撑结构、导热及绝缘结构等	
	电负载边界条件	如电池发热量、NEDC 工况、快充工况等
	通用边界条件	进/出口条件、环境温度等
材料物性	电芯、极耳、母排、导热胶、绝缘材料、箱体、支撑结构、冷却结构、冷却液	密度、比热、热导率、电导率、焊接热阻、接触热阻等

2.2.3　电池共轭传热计算流程

1. 一般性操作及设置

（1）启动 Fluent　启动 Fluent Launcher，勾选 3D Dimension，勾选 Display Mesh After Reading，勾选 Double Precision，Processing Options 选择并行，且 Solver Processes 选择 6，在 Working Directory 中设置工作路径，如图 2-2-14 所示。

（2）读入网格　在菜单 File→read mesh 中，选中 Geom-1-3cell-CHT2-ST-VM. msh. gz，网格导入完成后软件会自动显示网格（因为在启动界面勾选了 Display Mesh After Reading）。

（3）Fluent 网格检查　在进行具体设置求解之前，对导入的网格一定要进行检查，主要检查以下 4 方面：

1）计算域尺寸检查，确认计算的范围与计算模型范围相符，主要是通过 x，y，z 坐标最大最小值来判断，如若范围不符，往往需要通过 scale 来缩放到合理范围；

2）最小体积检查，不可为负；

3）网格正交质量，Orthogonal Quality 一般建议大于 0. 1，最好大于 0. 15；

4）最大 Aspect Ratio 检查，对于特定物理模型（如质子交换膜燃料电池）或物理现象（如自然对流）需要检查此项。

网格检查功能通过 General→Check & Report Quality 来实现，本案例会出检查结果如下，框注的部分分别为计算域尺寸范围、最小体积、网格正交质量和最大的 Aspect Ratio，在 Fluent Console 会显示，如图 2-2-15 所示。

（4）通用设置　电池模组内流动速度较低，故选择压力基求解器；本算例为展示设置流程，为简单起见选择稳态求解，其余保持默认，如图 2-2-16 所示。

（5）相关物理模型选择　由于需要得到模组的温度场分布，故打开能量方程；湍流模型选择 Realizable k-e 模型及标准壁面函数，如图 2-2-17 所示。如需切换其他湍流模型，可

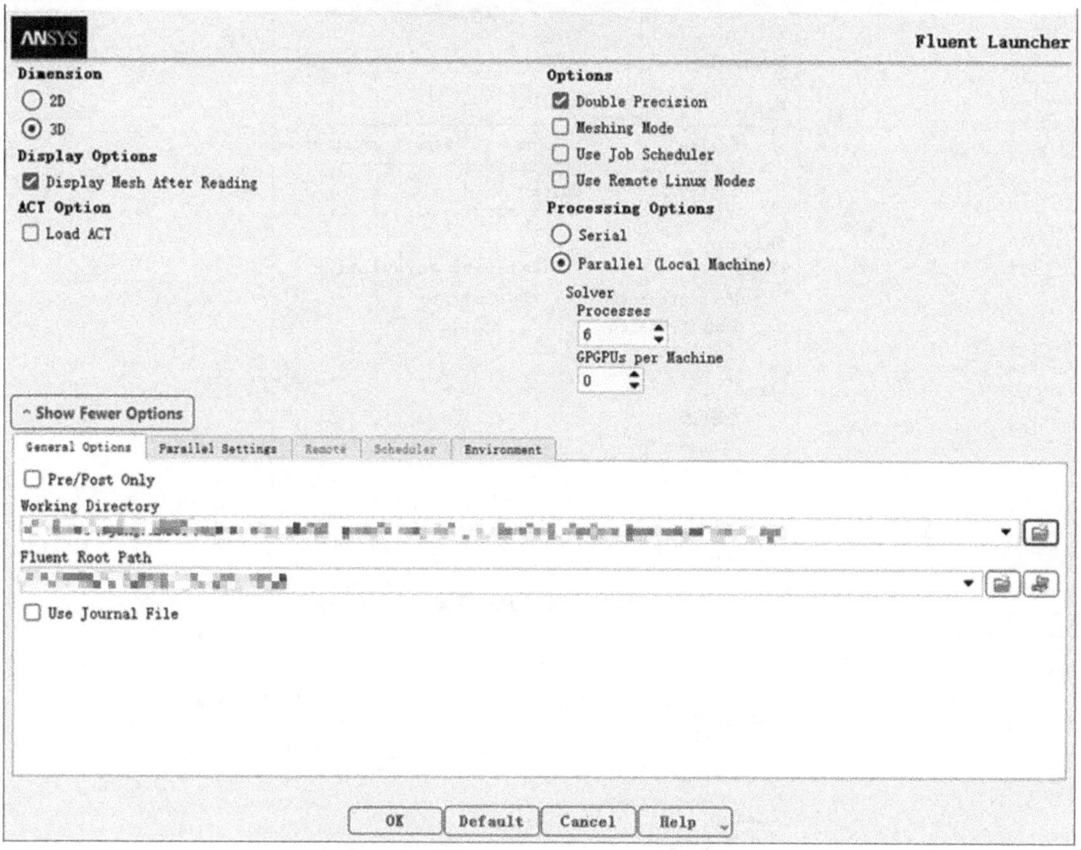

图 2-2-14　启动 Fluent 界面

Domain Extents:
x-coordinate: min (m) = -6.344712e-01, max (m) = -4.814712e-01
y-coordinate: min (m) = -3.220701e-01, max (m) = -1.800701e-01
z-coordinate: min (m) = 1.492250e+00, max (m) = 1.627250e+00
Volume statistics:
minimum volume (m3): 3.326526e-12
maximum volume (m3): 1.782130e-07
total volume (m3): 2.087315e-03
Face area statistics:
minimum face area (m2): 1.625232e-10
maximum face area (m2): 3.348557e-05
Checking mesh.............................
Done.

Mesh Quality:

Minimum Orthogonal Quality = 2.02645e-01 cell 39857 on zone 814 (ID: 757672 on partition: 3) at location (-6.31757e-01 -2.07736e-01 1.62386e+00)
(To improve Orthogonal quality , use "Inverse Orthogonal Quality" in Fluent Meshing,
where Inverse Orthogonal Quality = 1 - Orthogonal Quality)

Maximum Aspect Ratio = 1.46264e+01 cell 2702 on zone 220 (ID: 17015 on partition: 2) at location (-6.15972e-01 -2.76395e-01 1.50444e+00)

图 2-2-15　Fluent 中网格质量检查

右键或双击 Viscous 模块即可，对于少数特定的湍流模型，则需要 TUI 命令来激活。

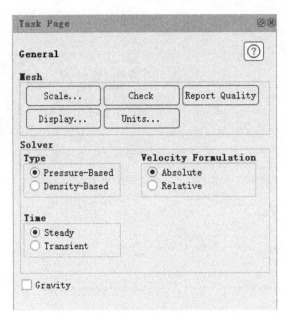

图 2-2-16　通用设置

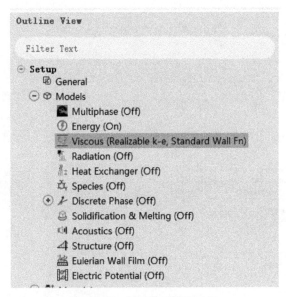

图 2-2-17　相关物理模型选择

2. 设置材料物性

（1）设置电池材料物性　在 Materials→Solid 中右键，选择 New，在弹出的面板中按照以下进行设置：Name 为 e-mat；Chemical Formula 为 emat；Density（密度）为 2092kg/m³；c_p（比热容）：678J/（kg·K）；Thermal Conductivity（热导率）：下拉菜单中选择 orthotropic，在 conductivity 0/conductivity 1/conductivity 2 中分别填入 0.5/18.5/18.5W/（m·K），按照

Direction 0 Components 和 Direction 1 Components 的规定，以上 conductivity 0/1/2 分别对应 X、Y、Z 方向的热导率，如图 2-2-18 和图 2-2-19 所示。

图 2-2-18 电池材料物性

图 2-2-19 电池材料热导率设置

（2）设置正极材料物性 电池正极采用 Fluent 默认铝的材料属性即可，如图 2-2-20 所示。

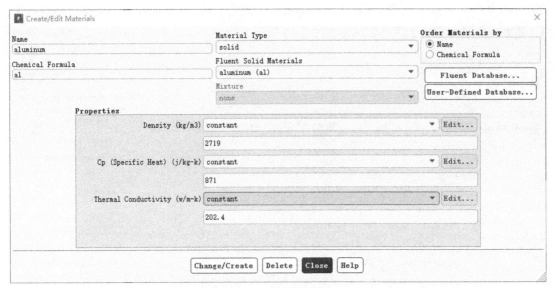

图 2-2-20　电池正极材料物性

（3）设置负极材料物性　在本案例中，负极材料为铜。在结构树 Materials→Solid 中右键，选择 New，在弹出的设置面板中单击 Fluent Database，在材料列表中找到铜（Copper），单击 Copy 按钮完成复制铜材料，单击 Change/Create，如图 2-2-21 所示。

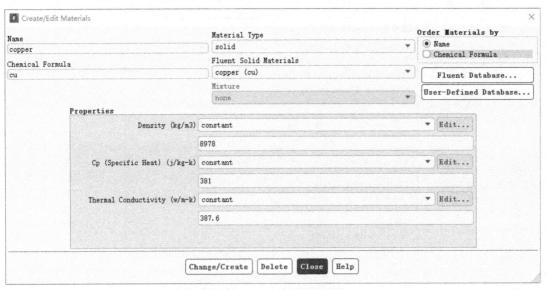

图 2-2-21　电池负极材料物性

（4）设置硅胶材料物性　在本算例中，电芯之间的隔热材料为硅胶。在结构树 Materials→Solid 中右键，选择 New，在弹出的设置面板中进行如下设置：密度：$2750kg/m^3$；比热容：$1500J/(kg \cdot K)$；热导率：$2W/(m \cdot K)$；单击 Change/Create，完成硅胶材料设置，如图 2-2-22 所示。

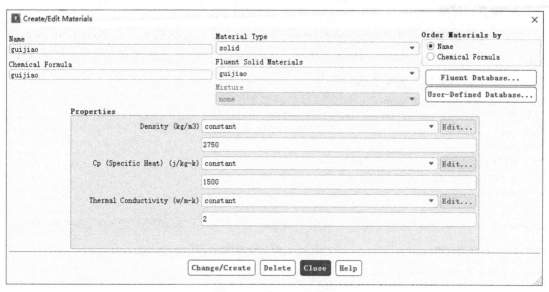

图 2-2-22　硅胶材料物性

（5）设置冷却液材料物性　在本算例中，使用液态水作为冷却媒质。在结构树 Materials→Fluid 中右键，选择 New，在弹出的设置面板中单击 Fluent Database，在 Fluent Database Material 中选择 water-liquid（h2o<l>），单击 Copy 按钮，完成冷却液材料物性设置，如图 2-2-23 所示。

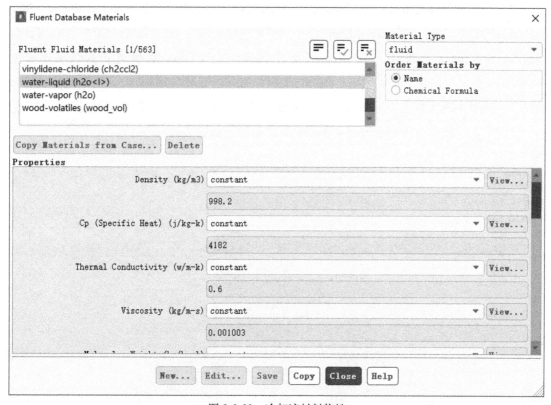

图 2-2-23　冷却液材料物性

3. 设置计算域

（1）设置流体域 Cell Zone Condition——冷却液区域　在结构树 Cell Zone Conditions→Fluid 中，双击 cooling_fluid 流体域，从 Material Name 下拉菜单中选择之前定义的 water-liquid，其余保持默认，如图 2-2-24 所示。

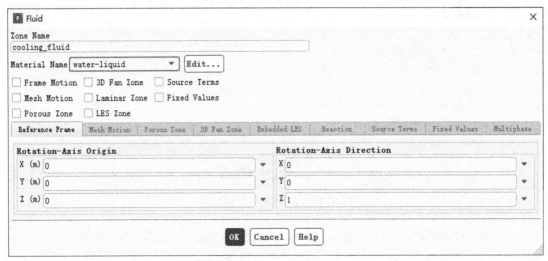

图 2-2-24　流体域设置

（2）设置固体域 Cell Zone Condition——电芯部分　在结构树 Cell Zone Conditions→Solid 中选择 cell01 并双击，在 Material Name 下拉菜单中选择 e-mat，将电芯材料赋值于电芯几何；勾选 Source Terms，在 Source Terms 标签下，Energy 单击 Edit，设置电芯发热功率密度 $1e5W/m^3$（保证发热功率密度与电芯体积的乘积和实际电芯热功率相同），完成电芯发热功率设置，如图 2-2-25 和图 2-2-26 所示；在 cell01 中右键 Copy，将 cell01 设置复制到其余电芯，如图 2-2-27 所示；若电芯发热功率不相同，需要分别设置。

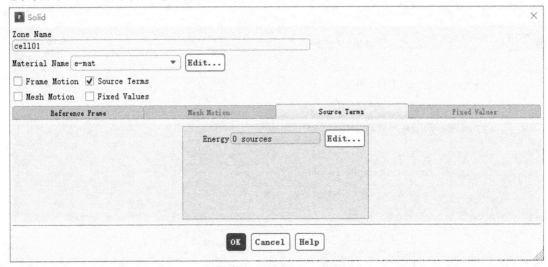

图 2-2-25　电芯计算域设置

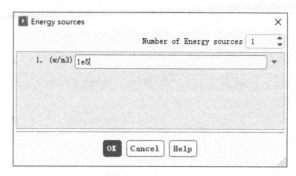

图 2-2-26　电芯发热功率密度设置

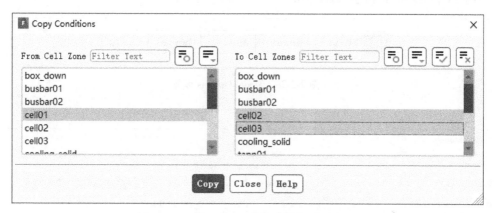

图 2-2-27　将 1 号电芯设置复制到其他电芯

备注：以下方法仅适用于 2021R1 及以后版本，2021R1 之前版本请使用上述方法。

以上是通过在 Cellzone 中设置能量源项的方式来进行 CHT 计算，这个方法适用性广，也不需要将 Battery Model 打开，但是在设置源项时需要提前计算，有时还需要与其他源项进行叠加，并不直观。为解决上述问题，Fluent 自 2021R1 开始提供了在 Battery Model 中为电芯设置源项的选项，具体操作如下：

1）双击 Battery Model，勾选 Enable Battery Model，在 Model Options 标签下 Solution Method 中选择 CHT Coupling，其余保持默认，如图 2-2-28 所示。

2）在 Conductive Zones 标签下，Active Components 中选择电芯域，在 Passive Components 中选择只导电无电化学反应的域，如图 2-2-29 所示。

3）在 Electric Contacts 标签下，Negative Tab 中选择 n-total（总负），在 Positive Tab 中选择 p-total（总正），如图 2-2-30 所示。

4）在 Model Parameters 标签下，Energy Source 下面，可为每个电芯设置不同功率，单位为 W，若所有电芯发热功率相同，可勾选 Use Same Setting for All Zones，以简化输入工作量；在 Tab Electric Current 后的输入框中输入工作电流，以将其焦耳热考虑在内，如图 2-2-31 所示。

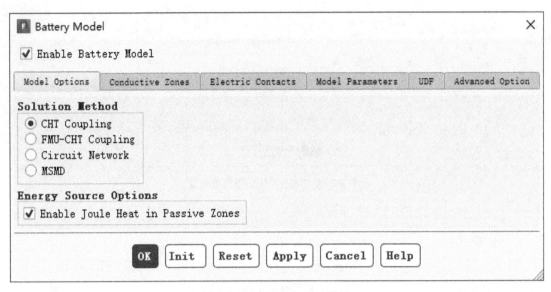

图 2-2-28   Model Options 设置

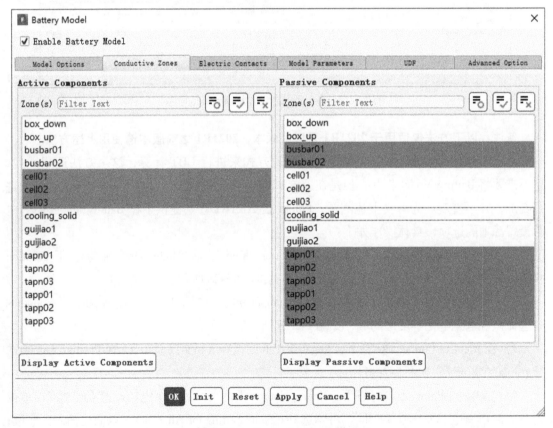

图 2-2-29   Conductive Zones 设置

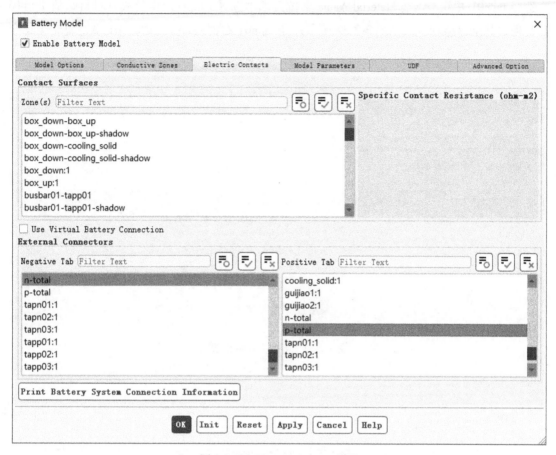

图 2-2-30　Electric Contacts 设置

图 2-2-31　Model Parameters 设置

（3）设置固体域 Cell Zone Condition——极耳部分　在结构树 Cell Zone Conditions→Solid

中选择 tapn01 并双击，在 Material Name 下拉菜单中选择 copper，将负极耳材料赋值于负极耳几何，其余保持默认，如图 2-2-32 所示；在 tapn01 右键 Copy，将 tapn01 设置复制于其余极耳，如图 2-2-33 所示。

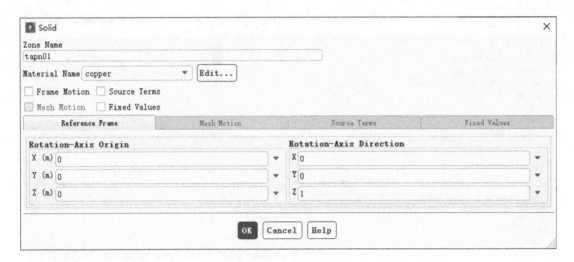

图 2-2-32　电池极耳域设置

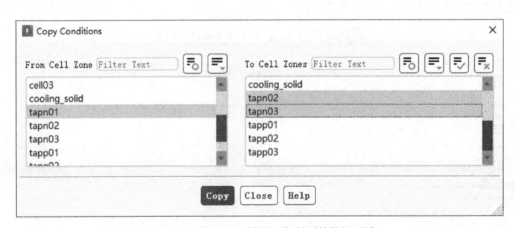

图 2-2-33　将 tapn01 域设置复制到其他极耳域

正极耳默认为铝，在此就不做修改。

（4）设置固体域 Cell Zone Condition——硅胶部分　在结构树 Cell Zone Conditions→Solid 中选择 guijiao1 并双击，在 Material Name 下拉菜单中选择 guijiao，将硅胶材料赋值于硅胶几何，其余保持默认，如图 2-2-34 所示；对 guijiao2 固体域重复上述操作。

4. 设置边界条件

（1）设置 BC——inlet　在结构树 Boundary Conditions→Inlet 中双击 inlet-water，打开的面板 Momentum 标签设置 Velocity Magnitude 为 0.1m/s，其余保持默认；在 Thermal 标签下设

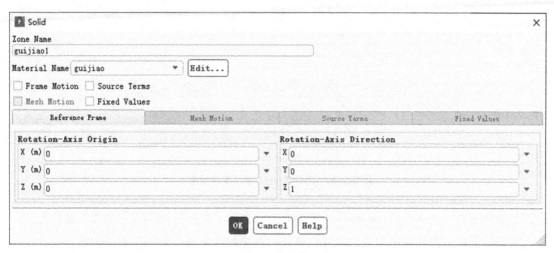

图 2-2-34　硅胶域设置

置冷却水的温度为 300K，如图 2-2-35 和图 2-2-36 所示。

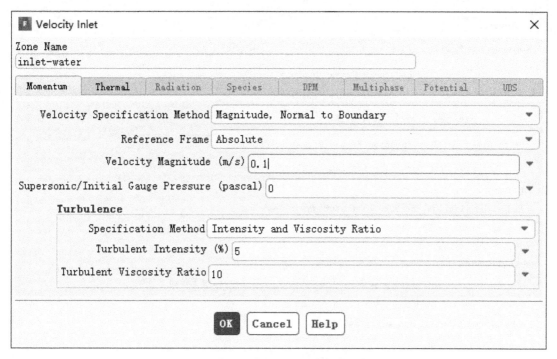

图 2-2-35　冷却液入口边界条件设置

（2）设置 BC——outlet　在结构树 Boundary Conditions→Outlet 中双击 outlet-water，在打开的面板 Momentum 标签下设置 Gauge Pressure（表压）为 0 pascal，其余保持默认；在 Thermal 标签下设置冷却水的温度为 300K，如图 2-2-37 和图 2-2-38 所示。

在这里需要提醒的是，出口边界条件设置为 0 pascal，是因为软件默认设置了一个大气

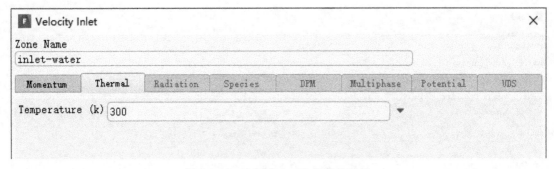

图 2-2-36　冷却液入口边界条件设置

压作为操作压力（operating pressure），仿真中的压力等于表压与操作压力之和。操作压力一般选取场景正常工作时的平均压力即可，这样可避免数值计算过程中的数值截断误差，也即通常说的"大数吃小数"。

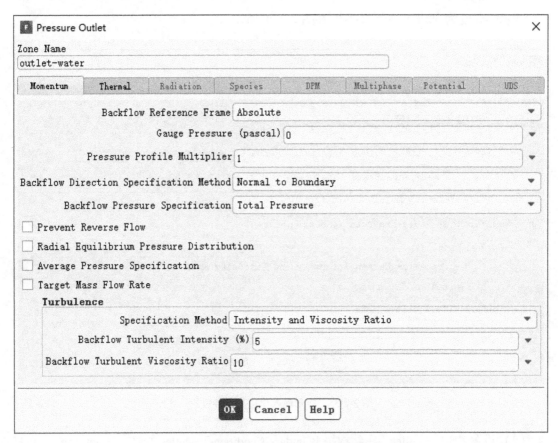

图 2-2-37　冷却液出口边界条件设置（1）

（3）设置 BC——壁面　在结构树 Boundary Conditions→Wall 中双击 box_down：1，在打开的面板 Thermal 标签下设置，如图 2-2-39 所示，选择 Convection 热边界，在 Heat Transfer

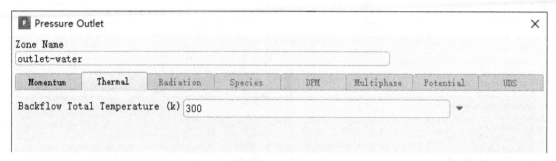

图 2-2-38　冷却液出口边界条件设置（2）

Coefficient 中设置 $5W/m^2 \cdot K$，在 Free Stream Temperature 中设置 300K，其余保持默认设置；在 box_down：1 右键 Copy，复制到其他通过自然对流散热的壁面，如图 2-2-40 所示。在 Wall 列表中凡是以 xxx 和 xxx-shadow 结尾的壁面均为 Coupled 面，无需对其进行相关设置。上述壁面边界条件的意思是，壁面通过对流与外界进行热交换，壁面传热系数为 $5W/m^2 \cdot K$，外界环境温度为 300K。

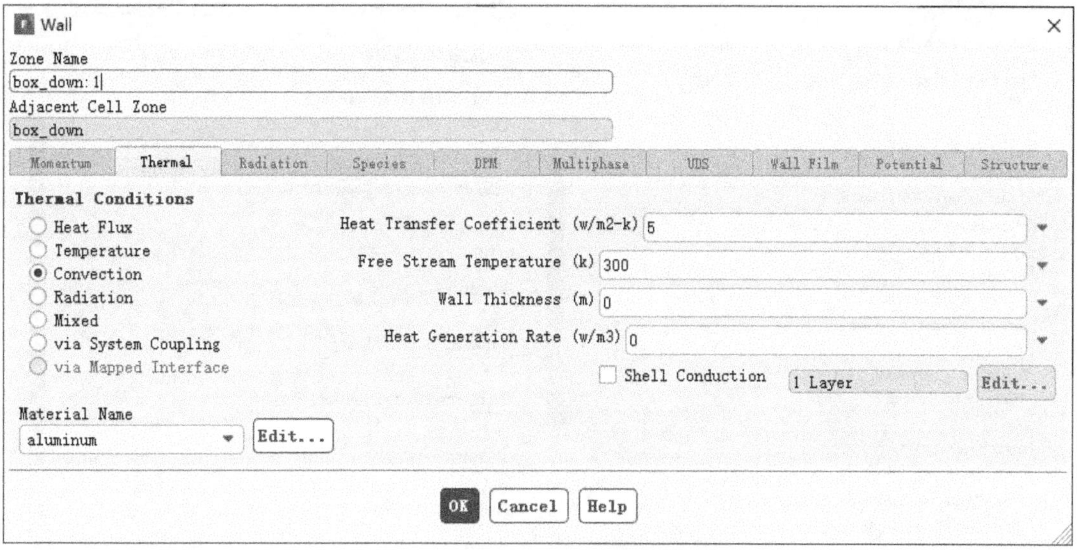

图 2-2-39　壁面边界条件设置

　　这里 Fluent 提供了多种壁面边界条件，读者需要根据真实场景选择合适的壁面边界条件。关于壁面对流换热系数的选取，一般有以下几个参考值：自然冷却，$1 \sim 10W/m^2 \cdot K$；强制风冷，$20 \sim 50W/m^2 \cdot K$；液冷，$500 \sim 1000W/m^2 \cdot K$。

5. 设置 Method 和 Control

　　在 Solution→Methods 和 Solution→Controls 中设置，如图 2-2-41 所示。

　　（1）设置 Report 和 Monitor——电芯平均温度监测　为监测计算过程中电芯温度的变化趋势以及收敛判断考虑，在此对电芯平均温度进行监测，设置过程如下：在结构树 Solution→

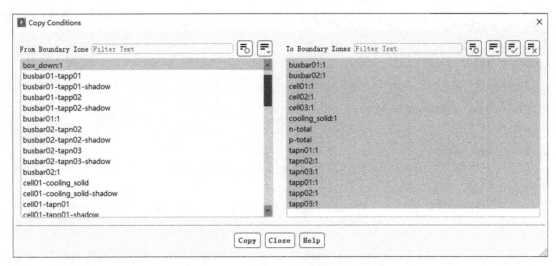

图 2-2-40　将 box_down：1 的设置复制到其他壁面

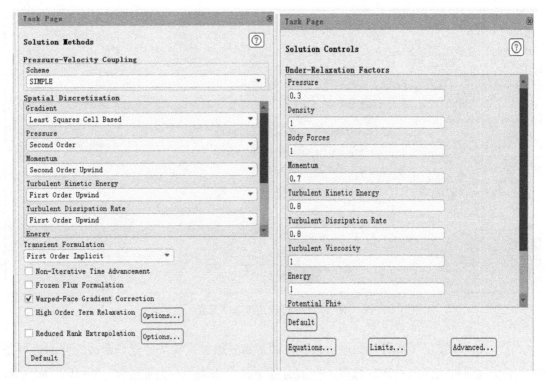

图 2-2-41　Method 和 Control 设置

Report Definitions 中右键，选择 New→Volume Report→Volume-Average，在弹出的面板中修改 Name 为 report-def-avetemp，Options 勾选 Per Zone，Field Variable 选择 Temperature，Cell Zones 选择所有的电芯，Create 勾选 Report Plot，单击 OK 按钮，设置如图 2-2-42 所示。

（2）收敛准则设置　在结构树 Solution→Report Plots→Convergence Conditions 中，单击

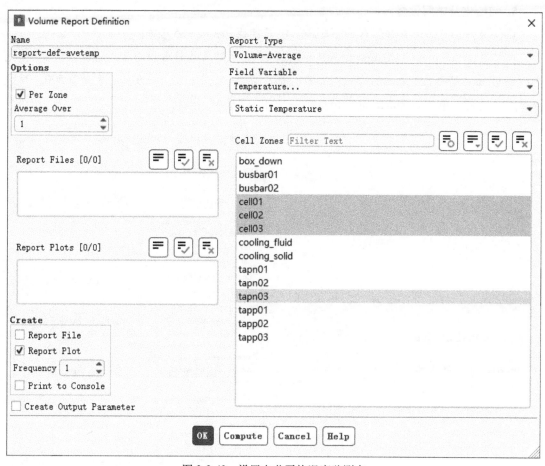

图 2-2-42　设置电芯平均温度监测点

Residuals，Convergence Criterion 设置为 none，如图 2-2-43 所示。

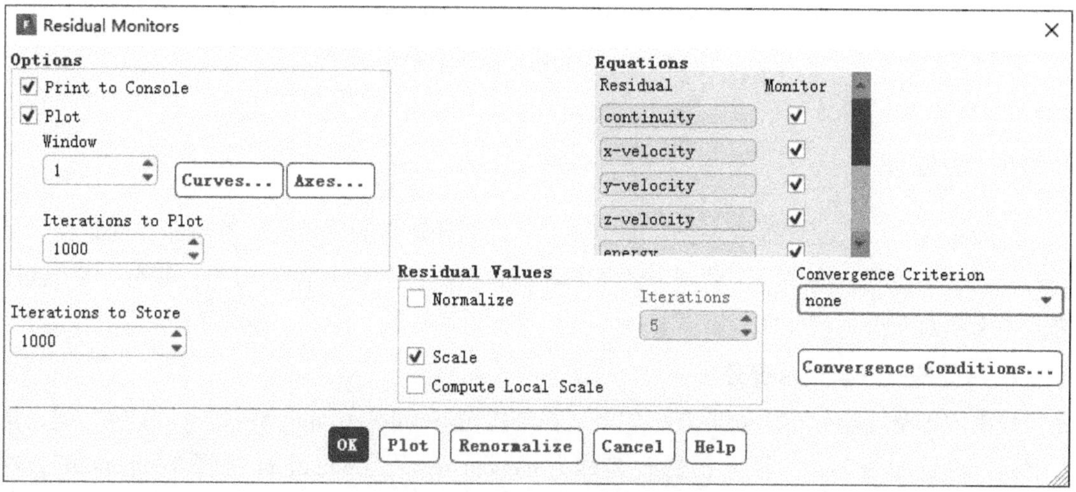

图 2-2-43　Residual Monitors 设置

6. 初始化及求解设置

算例设置到此，首先要保存一下 case，推荐使用 .gz 或 .h5 文档格式。

在结构树 Solution→Initiation 中双击，在设置面板中选择 Hybrid Initialization 方法；在结构树 Solution→Run Calculation 中双击，在设置面板中 Number of Iterations 设置为 500，其余保持默认设置，单击 calculate 进行仿真求解，如图 2-2-44 所示。

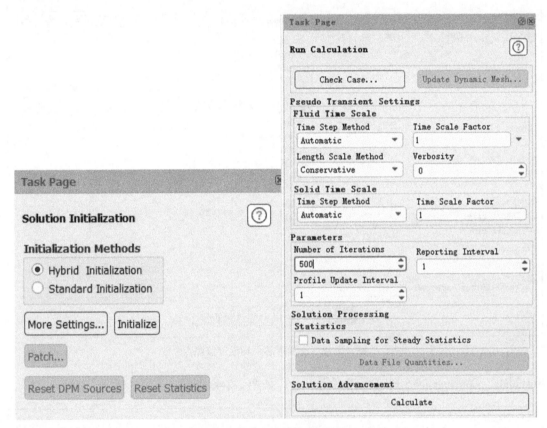

图 2-2-44　初始化及求解设置

2.2.4　后处理

一般来说，后处理分别两大类，即定性的后处理和定量的后处理。其中常见的定性后处理有云图、矢量图、流线图、动画、粒子图等；定量的后处理有监测点值、积分、XY 线图等。本案例对两大类后处理均有涉及。

1. 后处理——模组温度分布

模组内部温度场分布后处理方法如下，在结构树 Result→Graphics→Contours 中右键，选择 New，设置如图 2-2-45 所示，修改名称为 contour-temp，Contour of 选择 Temperature，在 Surfaces 中首先通过 surface type 方法选中所有的 wall type，然后在 Filter Text 中输入 box，取消所有包含 box 的面，单击 Save/Display，模组内部温度分布如图 2-2-46 所示。

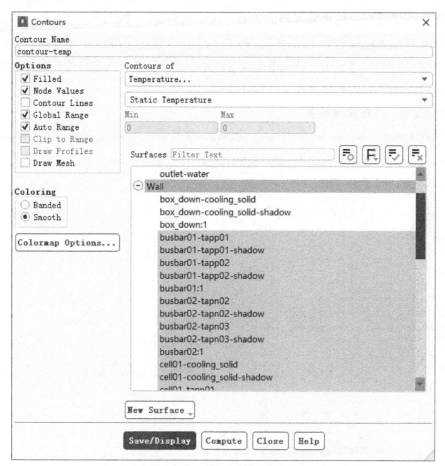

图 2-2-45　模组温度云图设置

图 2-2-46　模组内部温度云图

云图是很好的宏观分析物理现象的工具，由于其包含的往往是场的信息，信息量比较大，故定性研究变化趋势较好。由图 2-2-46 可见，由于采用了液冷冷却方式，模组在靠近水冷板处的温度较低，读者还可以从单个电芯温差、整体温差、电芯温度一致性等多个角度来进行后处理分析，在此不做赘述。

2. 后处理——冷却液流线图

在结构树 Results→Graphics→Pathlines，中右键，选择 new，在设置面板上，设置如图 2-2-47 所示，Release from surfaces 中选择 inlet-water，Color by 选择 Velocity，其余保持默认，单击 Save/Display，如图 2-2-48 所示。

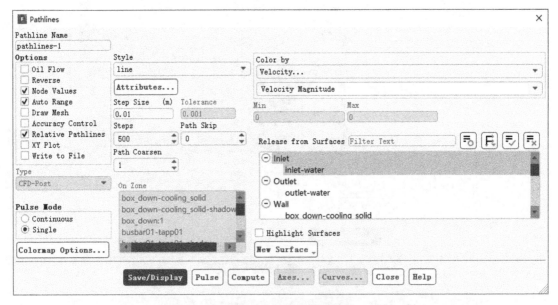

图 2-2-47　冷却液流线图设置

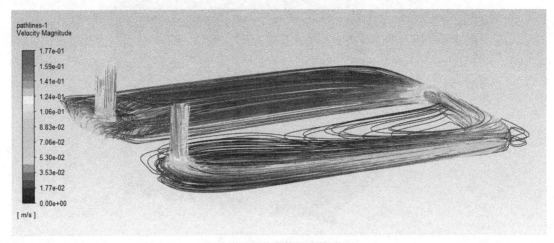

图 2-2-48　冷却液流线图

流线是分析流动路径及状态的好工具，通过分析流线可以很方便得出诸如流动拥塞、旋涡、回流区、混合度等信息。Fluent Pathline 工具还有诸如 Reverse、Continue 等多种流线设置方式来辅助检查流动状态。

3. 后处理——冷却通道矢量图

为察看冷却液在某平面的矢量图，需要首先在 Fluent 设置一个后处理平面。在结构树 Results→Surfaces 中右键，选择 New→Plane，选择 Point and Normal，Points 坐标为 （0，0，1.502），Normal 向量为 （0，0，1），单击 Save，如图 2-2-49 所示。

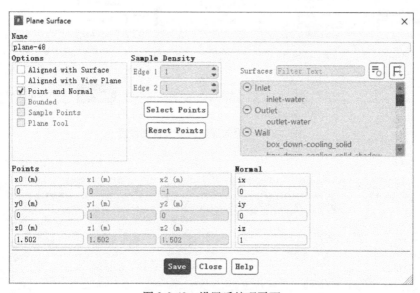

图 2-2-49　设置后处理平面

需要说明的是，自 2020R1 版本以后，平面工具可通过可视化的方式来创建平面或点，比上述通过点及法向量的方法更方便，读者可自行尝试。

在结构树 Results→Graphics→Vectors 中右键，选择 New，在弹出的设置面板中，Surfaces 中选择刚刚创建的平面，单击 Vector Options，勾选 Fixed Length 和 In Plane，单击 Apply 按钮，在 Vectors 面板 Scale 设置 0.002，其余保持默认，单击 Save/Display，结果如图 2-2-50 和图 2-2-51 所示。通过分析矢量图可以很方便得出诸如流动拥塞、旋涡、回流区、混合度等信息。

4. 后处理——监测点温度随时间变化图

图 2-2-52 为电芯平均温度监测点随时间变化曲线，可较为清楚地看出电芯温度变化趋势，不同电芯间温度差异以及是否达到平衡状态。

5. 后处理——计算过程中迭代残差

图 2-2-53 为残差变化图。

2.2.5　设置共轭传热瞬态源项方法

上面案例做的是电池的稳态仿真计算，在实际工作中绝大多数情况都是瞬态计算，在

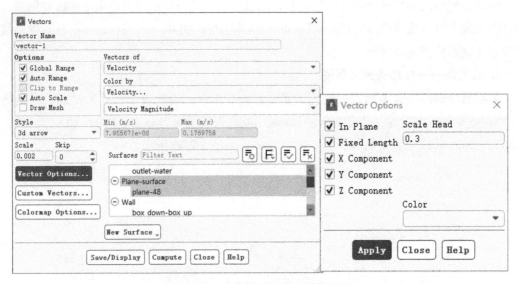

图 2-2-50　冷却通道速度矢量图设置

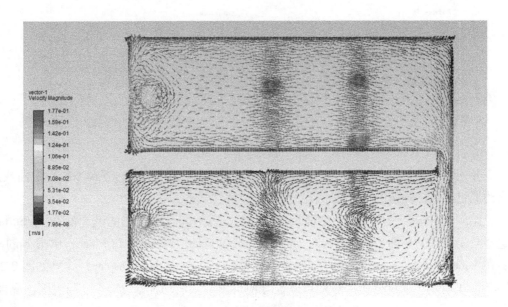

图 2-2-51　冷却通道速度矢量图

Fluent 进行瞬态源项的设置方法有很多，如使用 Named Expression、UDF、Transient Profile 以及 Battery Model。在这里只讲述 Transient Profile 和使用 Battery Model 两种方法。

在结构树 General→Time，勾选 Transient。

第一种方法：Transient Profile 方法。

步骤一，获得电芯发热功率随时间变化的数据，一般为表格文档。

步骤二，将发热功率除以电芯体积，得到发热功率密度随时间变化的表格。

步骤三，将步骤二得到的数据复制到 txt 文档中，第一列为时间（单位为 s），第二列为发

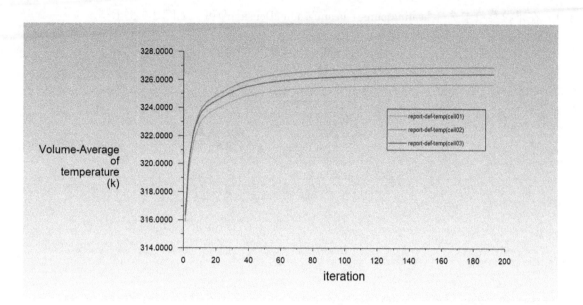

图 2-2-52 电芯平均温度变化图

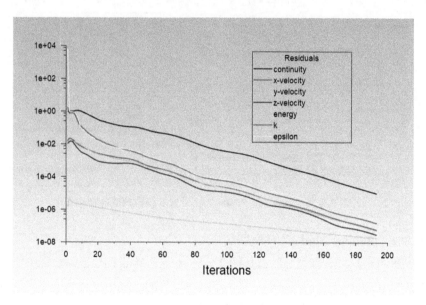

图 2-2-53 残差变化图

热功率密度（单位为 W/m³），在前两行写表头，格式如图 2-2-54 所示。其中，第一行中依次为：heatingsource1——表头名称，2——列数，1801——数据的行数（不包含前两行），0——表示无周期；第二行中依次为：time——第一列数据识别名称，heatingsourceDensity——第二列数据识别名称。

步骤四，使用 TUI 命令：/file/read-transient-table xx. txt 将步骤三保存的文档读入 fluent。

步骤五，双击电芯域，勾选 Source Terms，在 Source Terms 标签下，设置 Energy 数量为

1，在下拉菜单中选择 heatingsource1 heatingsourceDensity 即可，如图 2-2-55 所示。

图 2-2-54　Transient Profile 文档格式

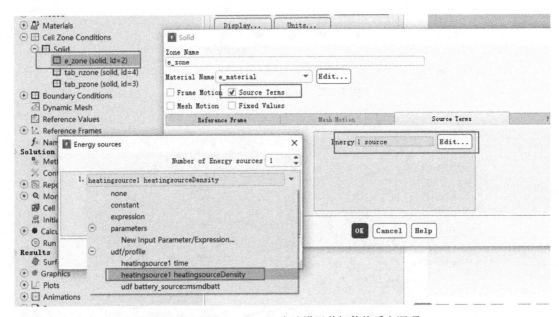

图 2-2-55　Transient Profile 方法设置共轭传热瞬态源项

第二种方法：Battery Model CHT 方法。

如图 2-2-28～图 2-2-31 设置好后，如图 2-2-56 所示，Model Parameter 标签下，在电芯右侧下拉菜单选择 profile，在右侧 Browse 可选择事先写好的 profile 文件，有基于时间和基于事件的两种格式。关于 profile 的格式，请参考图 2-3-9 和图 2-3-10。对于 Tab Electric Current，处理方法也如此。

对于瞬态仿真，一般在初始的几步计算需要使用较小的时间步骤，如 1～2s，等计算稳定后，可逐步增加到大的时间步长，如 30s。需要注意的是，在每个时间步内，残差均需达到所需的水平。

2.2.6　自然对流仿真需要注意的事项

除了上述算例中提及的电池稳态或瞬态仿真，电池共轭传热还有一类场景需要特别注

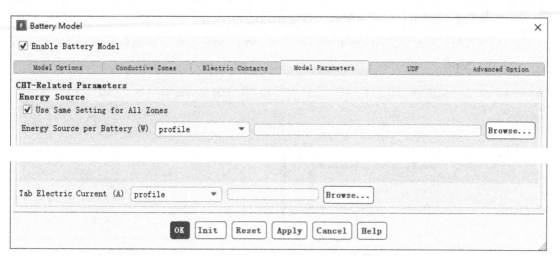

图 2-2-56　在 Battery Model 中设置 CHT 瞬态热源项

意，即在计算过程会出现自然对流带来的传热计算。典型的场景是在冬天或寒冷地区，电池包从工作温度 30℃ 自然冷却到 -30℃ 整个过程的仿真，这个过程中一般的冷却媒介已经不再工作，温度基本上是通过辐射、自然对流和热传导来进行的。针对这类包含自然对流的场景仿真有以下几个注意点：

1）流体域网格一定要设置至少 3 层边界层网格，且最大长宽比（Aspect Ratio）不宜超过 40。Fluent Meshing WTM 流程中可以规定生成网格的最大长宽比（见图 2-2-57），一般在设置边界层网格或生成体网格步骤（因版本略有不同）。

图 2-2-57　在 FM WTM 中设置网格最大 Aspect Ratio

2）求解器必须使用双精度求解器。这里在启动 Fluent 时需要指定。

3）空气物性密度或采用 imcompressible ideal gas 并指定密度，抑或采用 Boussinesp 的假定，如图 2-2-58 所示。

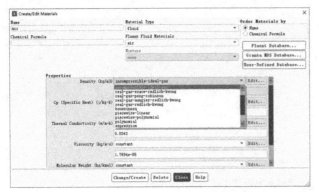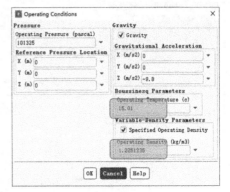

图 2-2-58　设置空气物性

4）压力空间离散格式必须为 Body Force Weighted 或 PRESTO!，其他格式极可能产生近壁面非物理解，如图 2-2-59 所示。

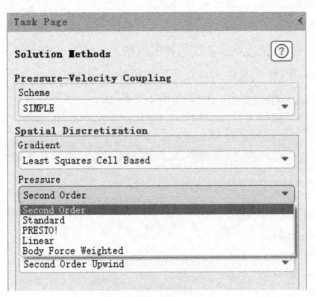

图 2-2-59　压力空间离散格式设置

5）时间步长选取需要提前计算系统的瞬态时间常数，一般取时间常数的 1/4 左右。时间常数计算如图 2-2-60 所示，其中 β 是热膨胀系数，L 是特征长度，ΔT 为最大温差，g 为重力加速度。

$$\tau = \frac{L}{U} \approx \frac{L^2}{\alpha\sqrt{\mathrm{RaPr}}} = \frac{L}{\sqrt{\beta g L \Delta T}}$$

图 2-2-60　时间常数计算公式

6）压力速度耦合推荐使用 Coupled 算法，CFL 设置在 100，密度松弛因子为 0.8 左右，Body Forces 松弛因子不宜大于 0.5，如图 2-2-61 所示。

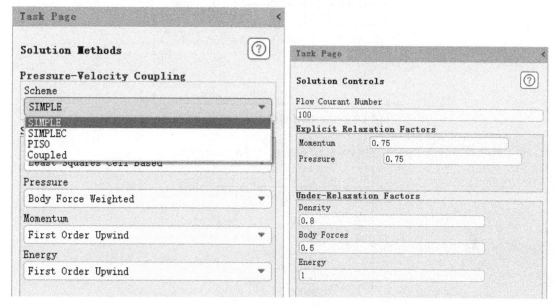

图 2-2-61　P-V 耦合设置

7）必要时需要关闭温度的二阶梯度，在 Fluent Console 中输入 TUI 命令：（rpsetvar 'temperature/secondary-gradient? #f）即可。

2.3　电池等效电路模型（ECM）仿真

2.3.1　理论部分

ECM 模型是用电路中的电气元件，如电阻、电容、电压源、电流源等构建电路，来模拟电池的电性能。ECM 模型因为是基于经验的方法，所以需要相关试验数据来进行参数拟合。ECM 模型计算量很小，求解效率很高，同时由于 ECM 等效电路中存在 RC 并联结构，其对负载剧烈变化工况的跟随性较好。

在 Fluent 中关于 ECM 模型在参数拟合的时候有 4 参数（4P）和 6 参数（6P）两种选项，其区别在于 4P ECM 电路中只有一组 RC 并联，6P ECM 电路中有两组 RC 并联结构。在绝大多数工程应用中，6P ECM 模型在鲁棒性、计算准确度等方面是最好的，所以如无特殊情况，均建议大家以 6P ECM 来进行相关仿真。

图 2-3-1 为典型的 6P ECM（等效电路）子模型，里面共有 6 个参数，V_{OCV} 代表开路电压，R_s 代表电池内阻，R_1/C_1 和 R_2/C_2 分别代表两组 RC 并联结构的电阻和电容。

图 2-3-2 为 6P ECM 的控制方程。

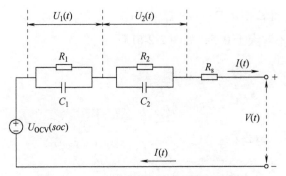

图 2-3-1　6P ECM 等效电路子模型示意图

$$\begin{cases} U(t) = U_{OCV}(soc) + U_1 + U_2 - R_s(soc)I(t) \\ \dfrac{dU_1}{dt} = -\dfrac{1}{R_1(soc)C_1(soc)}U_1 - \dfrac{1}{C_1(soc)}I(t) \\ \dfrac{dU_2}{dt} = -\dfrac{1}{R_2(soc)C_2(soc)}U_2 - \dfrac{1}{C_2(soc)}I(t) \\ soc = soc_0 - \dfrac{\displaystyle\int_0^t I(t)\,dt}{3600Q_{Ah}} \end{cases}$$

图 2-3-2　6P ECM 等效电路模型的控制方程

2.3.2　仿真输入汇总

在 Fluent 中使用 ECM 电化学模型所需的仿真输入见表 2-3-1。

表 2-3-1　ECM 模型仿真输入条件汇总

数　据	举　例	备　注
CAD 模型	电芯、母排、极耳、冷却系统、支撑结构、导热及绝缘结构等	
试验测试数据	HPPC 数据	
	电负载边界条件	如电池发热量、NEDC 工况、快充工况等
	通用边界条件	进/出口条件、环境温度等
材料物性	除电芯外，极耳、母排、导热胶、绝缘材料、箱体、支撑结构、冷却结构、冷却液	密度、比热容、热导率、电导率、焊接热阻、接触热阻等
	电芯	除上述外，还有正负电势、电导率

为避免 ECM 计算过程可能出现由于测试数据带来的问题，基于对理论的理解以及大量的工程实践，在此总结了一些对 HPPC 数据的要求，以期尽可能减少在仿真中的误差以及其他问题。主要有以下几点，如图 2-3-3 和图 2-3-4 所示：

1）建议做一系列 SOC 下的 HPPC 数据，如每隔 10% 或 5% SOC 做一个点，同时两端要加密测试，在接近 0% SOC 和 100% SOC 处额外增加测点。

中间表头定义为，在温度为300K、脉冲电流为125A并且SOC为10%工况下的HPPC数据。右侧两列数据分别为时间(s)和电压值(V)

关于HPPC格式的修改程序请联系第9页中的售后支持二维码获取

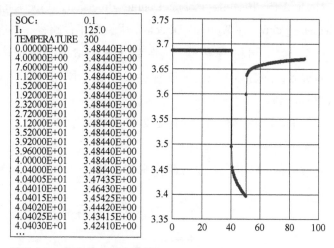

SOC:	0.1
I:	125.0
TEMPERATURE	300
0.00000E+00	3.48440E+00
4.00000E+00	3.48440E+00
7.60000E+00	3.48440E+00
1.12000E+01	3.48440E+00
1.52000E+01	3.48440E+00
1.92000E+01	3.48440E+00
2.32000E+01	3.48440E+00
2.72000E+01	3.48440E+00
3.12000E+01	3.48440E+00
3.52000E+01	3.48440E+00
3.92000E+01	3.48440E+00
3.96000E+01	3.48440E+00
4.00000E+01	3.48440E+00
4.04000E+01	3.48440E+00
4.04005E+01	3.47435E+00
4.04010E+01	3.46430E+00
4.04015E+01	3.45425E+00
4.04020E+01	3.44420E+00
4.04025E+01	3.43415E+00
4.04030E+01	3.42410E+00
...	

图 2-3-3　典型的 HPPC 数据

1）对JH方法，V1、V2、V4点位置必须要精准确定，才能保证好的拟合
2）对LM，V1和dT一定要准确捕捉
3）不要为人为加密点

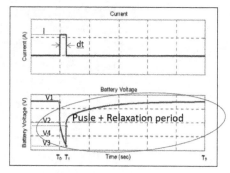

图 2-3-4　ECM 参数拟合对 HPPC 数据的要求

2）建议有条件做不同温度下满足上述需要的 HPPC 数据，如 – 15℃、0℃、20℃、40℃。

3）合理设置脉冲电流及脉冲时长，确保脉冲过程中 SOC 的变化小于 0.5%。

4）合理增加取样频率，如在脉冲段加密。

5）合理设置取样时长，确保松弛段电压回升至原来 2/3 左右。

6）如果提前知晓要采取哪种拟合方法，还有特定的要求，如使用 JH 方法，需要保证 V1、V2 和 V4 点的准确性，使用 LM 方法则需保证 V1 和 dT 的准确。

7）请勿人为加密数据点。

2.3.3　ECM 模型仿真流程

电池 ECM 仿真步骤中部分设置环节与 2.2 章节共轭传热部分相同，为节省篇幅，在此只列出与之前不同部分的设置，用户需要参考之前章节完成相同环节的设置。

1. 一般性操作及设置

（1）启动 Fluent Launcher 2019R3　启动 Fluent Launcher，勾选 3D Dimension，勾选 Display Mesh After Reading，勾选 Double Precision，Processing Options 选择并行，且 Solver Processes 选择6，在 Working Directory 中设置工作路径，如图 2-2-14 所示。

（2）读入网格并检查　菜单 File → Read mesh 中，选中 Geom-1-3cell-CHT2-ST-VM. msh. gz，网格导入完成后软件会自动显示网格（因为在启动界面勾选了 Display Mesh After Reading）。

（3）Fluent 网格检查　见图 2-2-15 及相应章节。

（4）通用设置　电池模组内流动速度较低，故选择压力基求解器；本算例需要计算电池性能随时间的变化，故选择瞬态求解，其余保持默认，如图 2-3-5 所示。

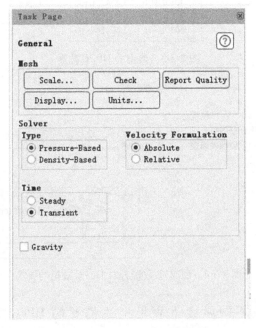

图 2-3-5　Fluent 通用设置

（5）相关物理模型选择　由于需要得到模组的温度场分布，故打开能量方程；湍流模型选择 Realizable k-e 模型及标准壁面函数。关于流动状态的确定，一般需要先计算雷诺数，根据其与临界雷诺数的大小来确定流动为湍流还是层流，在电池液冷冷却设计中几乎均为湍流，故此处省去计算和判断环节。

2. MSMD 模块设置

（1）激活 MSMD 模块　在 Fluent 中进行电池电化学仿真之前，必须提前激活其相对应的模块。目前 Fluent MSMD 模块还是以 addon-module 的方式存在，激活有两种方式：方法 1 是在 console 中输入 TUI 命令行：define/model/addon-module，选择8，如图 2-3-6 所示；方法 2 是在右上角搜索框中输入 addon，直接调用，选择8，如图 2-3-7 所示。模块激活后会在 Fluent 结构树 models 下出现 MSMD Battery Model 模块。

备注：在 2020R2 版本之前，Fluent 电池模型名称为 MSMD 模块，自 2020R2 版本开始

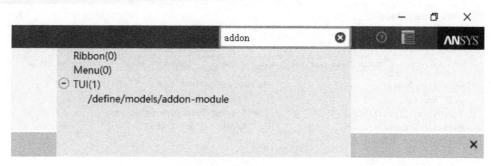

图 2-3-6　使用搜索框激活 MSMD 模块的方法

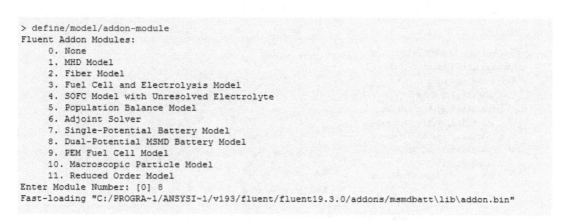

图 2-3-7　使用命令行激活 MSMD 模块的方法

改名为 Battery Model。另外，自 2021R1 版本，Battery Model 成为 Fluent 内置模块，无需 TUI 激活即可使用，但依然支持 TUI 激活。在本书中，MSMD 模块以及 Battery Model 可以认为是等价的。

（2）设置 MSMD 模块——设置模型选项　在结构树 Models 中双击 MSMD Battery Model，在弹出的面板勾选 Enable Battery Model。在 E-Chemistry Models 下选择电化学子模型，Equivalent Circuit Model（ECM）；在 Electrical Parameters 下面的 Nominal Cell Capacity 中填写电池的标称容量，本案例为 60A·h；Solution Options 中选择 Specified C-Rate（特定倍率），在右侧 C-Rate 框中填入 1，也即 1C 倍率放电。其余保持默认，单击 Apply 按钮，如图 2-3-8 所示。

这里需要说明的是，若电芯的正电势电导率和负电势电导率均在 1E6 siemens/m 及以上量级时，则可采用 Solution Method for E-Field 下面 Circuit Network Method，这个方法会比目前默认的 Solving Transport Equation 速度快 2~10 倍，同时保证相同的准确度。其余设置 Circuit Network Method 与 Solving Transport Equation 完全一致。

（3）负载输入　关于电池的负载，Fluent 提供了非常灵活的方式，在图 2-3-8 的 Solution Options 中提供了 7 种方式，分别解释如下：

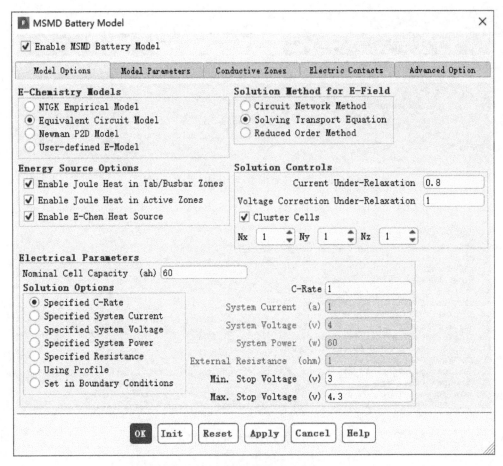

图 2-3-8　MSMD 模块 Model Option

1）Specified C-Rate：特定倍率，正为放电，负为充电。

2）Specified System Current：特定电流，正为放电，负为充电。

3）Specified System Voltage：特定电压，正为放电，负为充电。

4）Specified System Power：特定功率，正为放电，负为充电。

5）Specified Resistance：特定阻抗，如用于定义外部短路的计算。

6）Using Profile：使用 profile 数据，一般用于以上边界条件组合的工况，如 NEDC 等等。

7）Set in Boundary Conditions：在边界条件处定义 UDS 相应的值，如电压、电流等。

对于电池真实运行过程中，往往是多种工况的组合，使用 profile 比较合适。Fluent 提供两种格式的 profile 文件，一种为基于时间的 profile，如图 2-3-9 所示；另一种为基于事件的 profile，如图 2-3-10 所示。需要提示的一点是，所有基于时间的 profile 都可以写为基于事件的 profile，但反之不成立。

（4）设置 MSMD 模块——设置 Model Parameters　在 MSMD Battery Model 的第二个标签

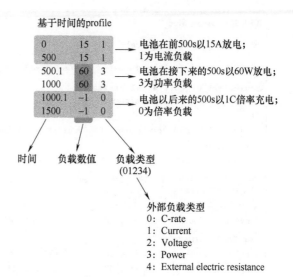

总共三列

1) 第一列时间；第二列电负载数值；第三列负载类型
2) 负载类型又分为5类，0/1/2/3/4
3) 对Crate、电流、功率类型，正值表示放电，负值表示充电
4) 所有变量的单位为SI制
5) 当负载数值或类型发生变化时，Fluent对变化时间区间采用线性插值，所以要准确模拟剧烈变化时，采用小时间步长（如右侧500，到500.1）

基于时间的profile

电池在前500s以15A放电；1为电流负载

电池在接下来的500s以60W放电；3为功率负载

电池以后来的500s以1C倍率充电；0为倍率负载

时间　　负载数值　　负载类型（01234）

外部负载类型

0：C-rate
1：Current
2：Voltage
3：Power
4：External electric resistance

图 2-3-9　基于时间的 profile

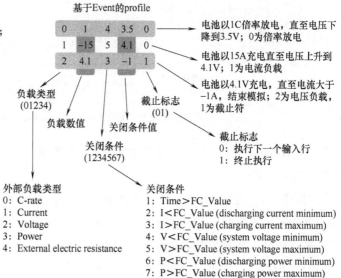

总共五列

1) 第一列负载类型；第二列负载数值；第三列关闭条件；第四列关闭条件值；第五列截止标志
2) 负载类型又分为5类，0/1/2/3/4
3) 关闭条件为7类，1/2/3/4/5/6/7
4) 截止标志，0/1
5) 对Crate、电流、功率类型，正值表示放电，负值表示充电
6) 所有变量的单位为SI制
7) 当负载数值或类型发生变化时，Fluent对变化时间区间采用线性插值，所以要准确模拟剧烈变化时，采用小时间步长

基于Event的profile

电池以1C倍率放电，直至电压下降到3.5V；0为倍率放电

电池以15A充电直至电压上升到4.1V；1为电流负载

电池以4.1V充电，直至电流大于−1A，结束模拟；2为电压负载，1为截止符

负载类型（01234）　　负载数值　　关闭条件值　　截止标志（01）

关闭条件（1234567）

截止标志

0：执行下一个输入行
1：终止执行

外部负载类型

0：C-rate
1：Current
2：Voltage
3：Power
4：External electric resistance

关闭条件

1：Time＞FC_Value
2：I＜FC_Value (discharging current minimum)
3：I＞FC_Value (charging current maximum)
4：V＜FC_Value (system voltage minimum)
5：V＞FC_Value (system voltage maximum)
6：P＜FC_Value (discharging power minimum)
7：P＞FC_Value (charging power maximum)

图 2-3-10　基于事件的 profile

Model Parameters 中进行如下设置，如图 2-3-11 所示：设置 initial DoD（初始放电深度）为 1，表示电池处于完全充满状态；Reference Capacity 的目的是当试验室测试的容量与标称容量不一致时，以测试容量为准，在本案例中填写 60A·h；对于特殊电池，其放电曲线与充电曲线有较大差异时，可勾选 Using different coefficients for charging and discharging 选项。

目前 ECM 方法的 Data Type 有 3 种：

1）Chen's original，拟合关系是以指数形式实现的，一般使用较少；

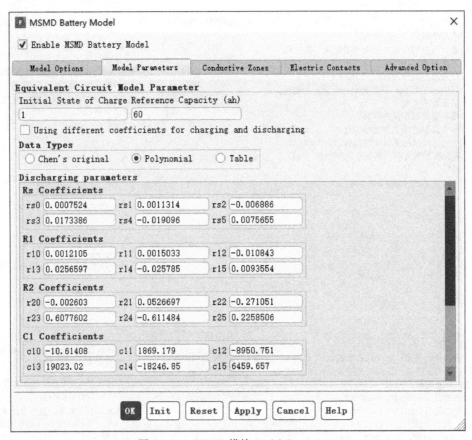

图 2-3-11　MSMD 模块 Model Parameters

2）Polynomial，拟合关系是用 5 阶多项式来实现的，使用的比较多，尤其是只有单一温度下的 HPPC 数据时；

3）Table，在多温度 HPPC 条件下使用，通过不同温度下拟合关系生成 table，再在计算中通过查表来获取数据。在使用 Fluent 自带的参数拟合工具以后，建议单击一下"Reset"按钮，来确认拟合后的参数填充到下图相应的位置。

（5）参数拟合　在上述面板中 ECM 设置参数中，我们需要使用 HPPC 数据拟合出各参数与 SOC 的函数关系，拟合过程需要使用 Fluent 自带的参数拟合工具，在 console 中输入以下命令 define /models/battery-model/parameter-estimation-tool，来激活参数拟合工具，如图 2-3-12 和图 2-3-13 所示。

图中各项解释：define /models/battery-model/parameter-estimation-tool（pet）TUI 命令用于激活参数拟合工具，Model Option 输入 2 表示要为 ECM 模型拟合参数，Number of Temperature levers 输入 1 表示目前的放电曲线是在一个温度下获取的，Number of discharging curves per temperature level 输入 9 表示在一个温度下测试了 9 条 HPPC 数据，Temperature 输入 300 表示当前输入的数据测试温度为 300K，file name for curve 1/2/3/4/5/6/7/8/9 输入的为对应 300K 温度下的 9 条测试数据文件名称。

```
/define/models/battery-model>
ecm-parameters                          parameter-estimation-tool
electric-field-model/                   run-echem-model-standalone
enable-battery-model?                   solution-method
model-parameters                        thermal-abuse-model


/define/models/battery-model> pet
Parameter Estimation for Model:
    1: NTGK Model
    2: ECM Model
    3: Thermal Abuse Model
Model option: [2] 2
Number of temperature levels: [1] 1
Number of different SOC-level curves per temperature level: [9] 9

-- Make sure every input file has this format --
    SOC        0.6
    I          3.153
    time_1     voltage_1
    time_2     voltage_2
    ...        ...
------------------------------------------------
  where SOC: soc level
        I: pulse current
```

图 2-3-12　MSMD 模块 ECM 参数拟合

```
Temperature (K) [300] 300
 file name for curve 1 [] ecm-soc01.txt
 file name for curve 2 [] ecm-soc02.txt
 file name for curve 3 [] ecm-soc03.txt
 file name for curve 4 [] ecm-soc04.txt
 file name for curve 5 [] ecm-soc05.txt
 file name for curve 6 [] ecm-soc06.txt
 file name for curve 7 [] ecm-soc07.txt
 file name for curve 8 [] ecm-soc08.txt
 file name for curve 9 [] ecm-soc09.txt
Battery capacity (Ah) [14.6] 14.6
Circuit Model:
    1: 4P parameter model (one RC loop)
    2: 6P parameter model (two RC loops)
 Circuit model option: [2] 2
Fitting Method:
    1: Jiang-Hu Method (JH)
    2: Levenberg-Marquardt Method (LM)
 Fitting method option: [1] 2
```

图 2-3-13　MSMD 模块 ECM 参数拟合

需要说明的是，需要将测试数据文件要与算例在同一个文件夹内。

完成上述操作后，Fluent 会将拟合结果打印在 console 中，如图 2-3-14 和图 2-3-15 所示，一般情况用户需要从 Curve-Fitting Results 中检查数据的一致性，着重检查其中的 Rs，R1 * C1，R2 * C2。在下图中显示了 5 阶多项式的拟合结果，建议用户单击 MSMD Battery Model 面板上的

Reset 按钮并检查 Model Parameters 中的参数是否与 5 阶多项式系数相同，如图 2-3-16 所示。

```
CURVE-FITTING RESULTS
********    Table of Voc, Rs, R1, C1, R2, C2 as a function of SOC      **********
      SOC          Voc          Rs           R1           C1           R2           C2         (R1*C1)      (R2*C2)      sqrt(chi^2)/N
1.000000e-01 3.484400e+00 8.123041e-04 1.278015e-03 1.053122e+02 5.511827e-04 1.806286e+04 1.345906e-01 9.955936e+00 9.520403e-06
2.000000e-01 3.558400e+00 8.132593e-04 1.234918e-03 1.254166e+02 8.359799e-04 2.929865e+04 1.548793e-01 2.449308e+01 9.462538e-06
3.000000e-01 3.615200e+00 8.050527e-04 1.199871e-03 1.298696e+02 1.064187e-03 2.812075e+04 1.558267e-01 2.992574e+01 9.287945e-06
4.000000e-01 3.645000e+00 8.022317e-04 1.170315e-03 1.300540e+02 7.563259e-04 2.870468e+04 1.522041e-01 2.171009e+01 9.385928e-06
5.000000e-01 3.686800e+00 8.008656e-04 1.108064e-03 1.072222e+02 2.964532e-04 2.219547e+04 1.188090e-01 6.579917e+00 9.050785e-06
6.000000e-01 3.780200e+00 8.207118e-04 1.151680e-03 1.458064e+02 1.344234e-03 2.627881e+04 1.679224e-01 3.532487e+01 9.139910e-06
7.000000e-01 3.868600e+00 7.958380e-04 1.141193e-03 1.431358e+02 1.080172e-03 2.159979e+04 1.633455e-01 2.333149e+01 8.915378e-06
8.000000e-01 3.964600e+00 7.883687e-04 1.105676e-03 1.348836e+02 6.658923e-04 1.909240e+04 1.491375e-01 1.271350e+01 8.806055e-06
9.000000e-01 4.072400e+00 7.705072e-04 1.096176e-03 1.330226e+02 5.063009e-04 1.965288e+04 1.458162e-01 9.950269e+00 8.351153e-06
```

图 2-3-14　MSMD 模块 ECM 参数拟合结果（一）

```
Curve-fitting results using 5th order polynomial:
  VOC = + 3.300350e+00 *SOC^0 + 2.591244e+00 *SOC^1 - 9.215755e+00 *SOC^2 + 1.683161e+01 *SOC^3 - 1.299796e+01 *SOC^4 + 3.660256e+00 *SOC^5; chisq=3.218235e-04
  RS  = + 7.524371e-04 *SOC^0 + 1.131355e-03 *SOC^1 - 6.886017e-03 *SOC^2 + 1.733856e-02 *SOC^3 - 1.909629e-02 *SOC^4 + 7.565505e-03 *SOC^5; chisq=2.115205e-10
  R1  = + 1.210461e-03 *SOC^0 + 1.503304e-03 *SOC^1 - 1.084283e-02 *SOC^2 + 2.565971e-02 *SOC^3 - 2.578466e-02 *SOC^4 + 9.355387e-03 *SOC^5; chisq=1.780153e-09
  C1  = - 1.061408e+01 *SOC^0 + 1.869179e+03 *SOC^1 - 8.950751e+03 *SOC^2 + 1.902302e+04 *SOC^3 - 1.824685e+04 *SOC^4 + 6.459657e+03 *SOC^5; chisq=5.853051e+02
  R2  = - 2.603170e-03 *SOC^0 + 5.266974e-02 *SOC^1 - 2.710510e-01 *SOC^2 + 6.077602e-01 *SOC^3 - 6.114836e-01 *SOC^4 + 2.258506e-01 *SOC^5; chisq=4.805735e-07
  C2  = - 2.338200e+04 *SOC^0 + 6.557982e+05 *SOC^1 - 2.976203e+06 *SOC^2 + 6.188976e+06 *SOC^3 - 6.076135e+06 *SOC^4 + 2.266412e+06 *SOC^5; chisq=1.868875e+07
```

图 2-3-15　MSMD 模块 ECM 参数拟合结果（二）

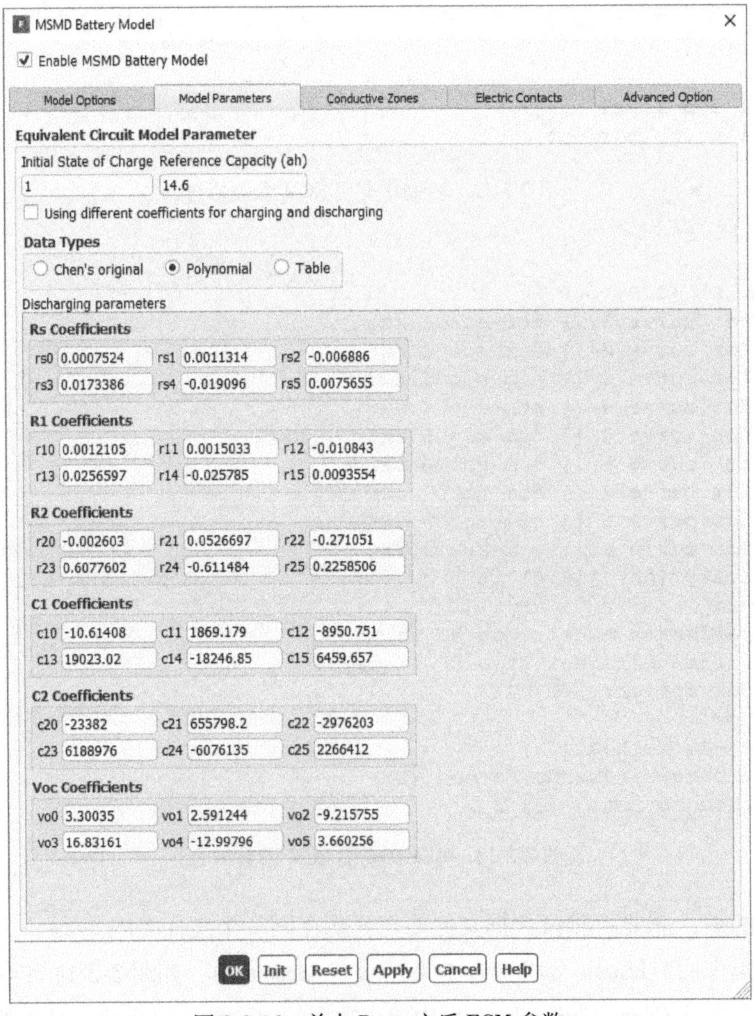

图 2-3-16　单击 Reset 之后 ECM 参数

　　拟合之后在工作目录下会生成一个"fitting result"文件夹，文件夹下面会有各个 soc 下的拟合数据与试验数据对比文件 . dat 和 . xy（见图 2-3-17），用户可以在 excel 或者数据分析软件中进行画图分析对比。Fluent 提供了更便捷的对比方法，文件夹下会有一个 . scm 文件，可在 Fluent 中通过 file→read→scheme 选中此文件，Fluent 会在文件夹下自动生成不同 soc 下拟合数据与试验数据的对比图片，如图 2-3-18 所示。通过这些便捷工具，用户可以迅速判断参数拟合是否合理。

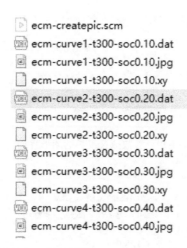

图 2-3-17　通过读取 . scm 文件生成的对比文件

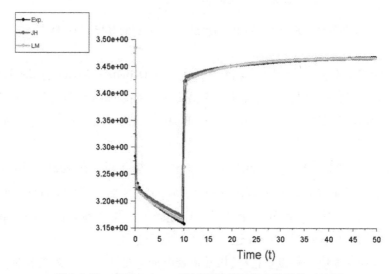

图 2-3-18　在某一个 soc 下试验数据与拟合数据的对比图

　　以上通过 TUI 命令来进行参数拟合的方法在数据量很大的时候效率会比较低，Fluent 从 2020R1 开始，内置了通过图形界面的方法来进行参数拟合，大大简化了此步骤的工作量，如图 2-3-19 所示，用户可方便选取 4P 还是 6P 的 ECM 模型，以及是 JH 或 LM 的拟合方法。

当然为区分不同温度对应的 HPPC 数据，使用图形界面的参数拟合工具前需要将温度信息添加在 HPPC 数据中，如图 2-3-20 所示。读者如果需要对大量数量添加温度相关信息，可联系作者以获取批量添加温度信息的程序。

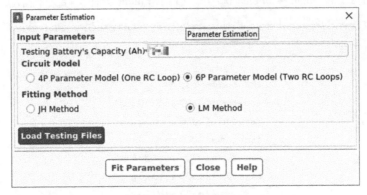

图 2-3-19　参数拟合工具的图形界面

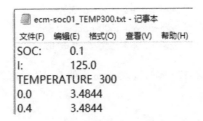

图 2-3-20　使用图形界面的参数拟合工具对应的 HPPC 数据格式

（6）设置 MSMD 模块——设置导电区域　在 MSMD Battery Model 的 Conductive Zone 需要定义电池模组的内部区域以及连接关系，在 Active Components 中选择所有电芯本体部分，在 Tab Components 中选择所有的极耳部分，在 Busbar Components 中选择所有的 busbar，如图 2-3-21所示。

　　需要说明的是，图 2-3-21 为 2019R3 及之前版本控制面板，在 2021R1 版本，进一步精简了控制面板，将 Tab Components 和 Busbar Components 合并为 Passive Components，如图 2-3-22所示，差别并不大。此处关于 Active Components 和 Passive Components 的区别是，两者都可以导电，但 Active Component 还会有化学反应进行。

　　（7）设置 MSMD 模块——设置正/负极及检查电池连接性　在定义完电池各部分外，还需要 MSMD Battery Model 的 Electric Contacts 定义内部或外部的接触面（见图 2-3-23），主要有 3 个功能，最主要的功能是 External Connectors 中定义电池与外部连接时的总正极面（Positive Tab）和总负极面（Negative Tab），另外一个功能是定义虚拟连接（Virtual Connection），最后一个功能是在 Contact Surfaces 中选择相应的面后给其赋予相应的接触阻抗（Specific Contact Resistance）。完成此步骤设置后，最好单击面板左下方的 Print Battery System

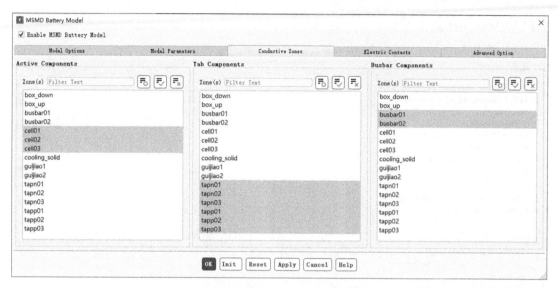

图 2-3-21 MSMD 模块 Conductive Zones

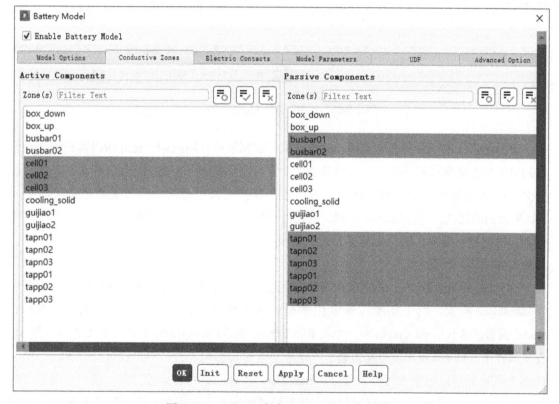

图 2-3-22 2021R1 版本 Conductive Zones 面板

Connection Information，Fluent 会在 console 里面打印出基于当前设置下电池间的连接关系，用户可以在进行下一步之前进行设置检查，如图 2-3-24 所示。

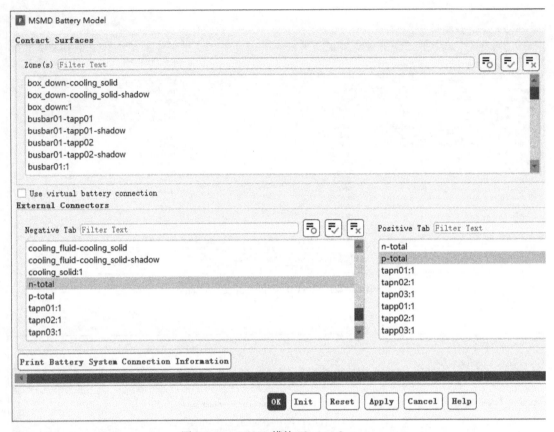

图 2-3-23　MSMD 模块 Electric Contacts

　　虚拟连接技术一般用在电池设计的概念设计或初期设计阶段中，在此阶段客户需要迅速得到电池的电化学以及热特性，而对准确度要求可以适度降低，虚拟连接允许客户在此阶段不为 busbar 建模和划分网格，而只是通过虚拟连接定义电池间的连接关系来进行模组或PACK 级别的仿真。考虑到 busbar 的薄壁几何特征，这样的简化可以在牺牲较少准确度的前提下，快速得到结果。使用虚拟连接时，需要用户提前定义好电池间连接关系的 txt 文档，其格式如图 2-3-25 所示。

　　（8）Standalone 模式　在设置 MSMD 模块之后，求解计算之前，Fluent MSMD 模块提供了 standalone 模式，用于初步检查电化学设计是否合理正确，其功能是在 MSMD Battery Model 面板的 Advanced Option 中，单击 Run Echem Model Standalone 即可，如图 2-3-26 所示。在此模式下，Fluent 仅求解电势方程，不考虑温度对其影响，进行简单设置并计算后，单击Draw Profile 后可以近乎实时得到结果。Standalone 还有简单的后处理功能，用户可以方便的将 soc、voltage、current、power 随时间变化趋势展示出来，如图 2-3-27 和图 2-3-28 所示。需要说明的是，如果 Standalone 模式下后处理结果就有问题的话，那么 Full MSMD 模式下也不会得到正确的结果。此外 Standalone 模式还可以作为调试、校正电池负载 profile 文件的有效工具。

```
Battery Network Zone Information:
-------------------------------------
 Battery Serial 1
   Parallel 1
         Active zone:  cell03
 Battery Serial 2
   Parallel 1
         Active zone:  cell02
 Battery Serial 3
   Parallel 1
         Active zone:  cell01
-------------------------------------

 Passive zone 0:
         tapp03
 Passive zone 1:
         tapn03
         busbar02
         tapn02
 Passive zone 2:
         tapp02
         busbar01
         tapp01
 Passive zone 3:
         tapn01

 Active zone list at  odd level:
         cell03
         cell01
 Active zone list at even level:
         cell02

Number of battery series stages =3;  Number of batteries in parallel per series stage=1
****************END OF BATTERY CONNECTION INFO***************
```

图 2-3-24　电池系统连接信息

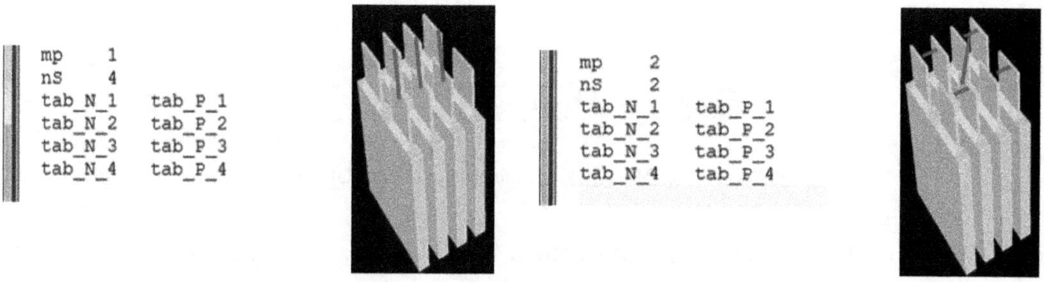

图 2-3-25　MSMD 模块虚拟连接技术

3. 设置材料物性

（1）设置电池材料物性　在 Materials→Solid 中右键，选择 New，在弹出的面板中按照以下进行设置，Name 改为 emat；Chemical Formula 改为 e；Density（密度）：2092kg/m³；c_p（比热容）：678J/（kg·K）；UDS Diffusivity：在下拉菜单中选择 defined-per-uds，设置 uds-0 为 1.19e6，设置 uds-1 为 9.83e5；Thermal Conductivity（热导率）：下拉菜单中选择 Orthotro-

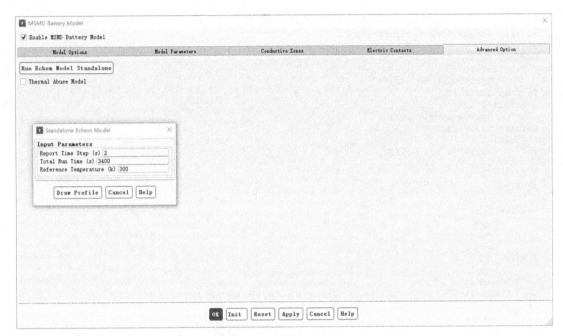

图 2-3-26　MSMD 模块 Advanced Option-Standalone 模式

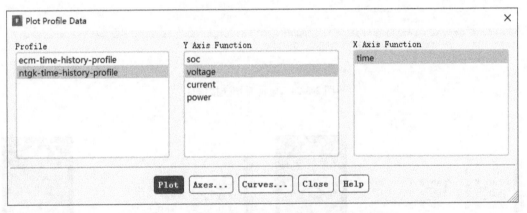

图 2-3-27　MSMD 模块 Advanced Option-Standalone 设置

pic，Conductivity 0、Conductivity 1、Conductivity 2 分别填入 0.5、18.5、18.5，按照 Direction 0 Components 和 Direction 1 Components 的规定，以上 conductivity 0/1/2 分别对应 X、Y、Z 方向的热导率，如图 2-3-29 和图 2-3-30 所示。

这里需要说明的是，以上的 UDS Diffusivity 在 2020R2 及以后版本与 Electrical Conductivity 进行了合并，在 Electrical Conductivity 的下拉菜单中可找到相应选项。

（2）设置正极材料物性　默认使用铝的材料属性，修改 UDS Diffusivity 为 user-defined，并选择图示的 UDF，如图 2-3-31 所示。

这里需要说明的是，以上的 UDS Diffusivity 在 2020R2 及以后版本与 Electrical

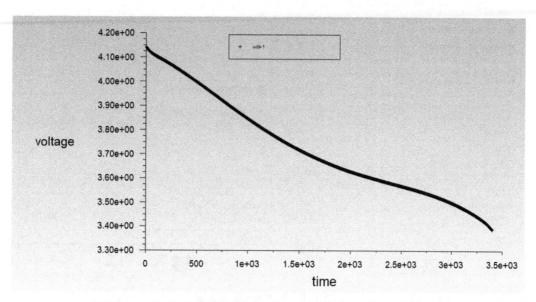

图 2-3-28　MSMD 模块 ECM 模型 Advanced Option-Standalone 结果处理

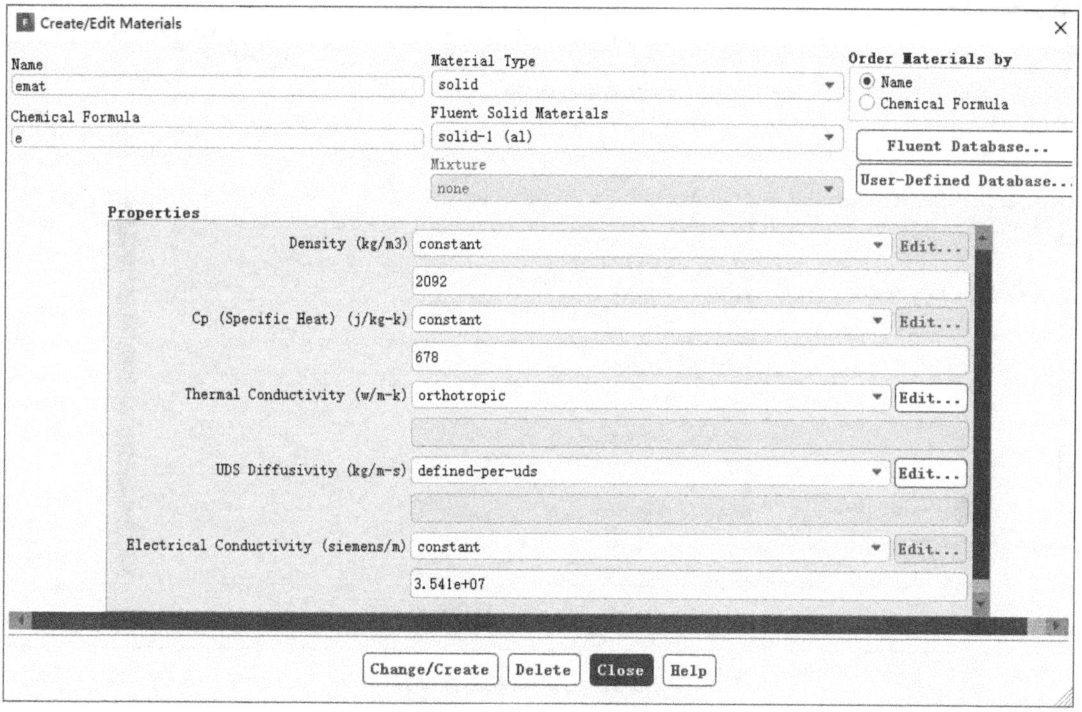

图 2-3-29　电芯材料物性设置

Conductivity 进行了合并，在 Electrical Conductivity 的下拉菜单中可找到相应选项。

（3）设置负极材料物性　在本案例中，负极材料为铜。在结构树 Materials→Solid 中右键，选择 New，在弹出的设置面板中单击 Fluent database，在材料列表中找到铜（Copper），

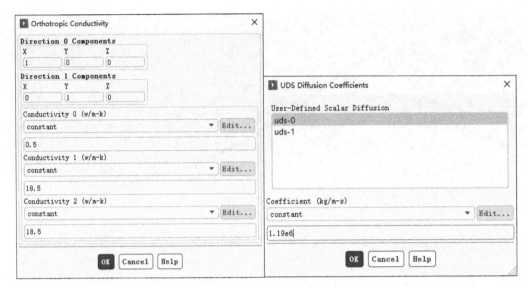

图 2-3-30　电芯材料物性设置

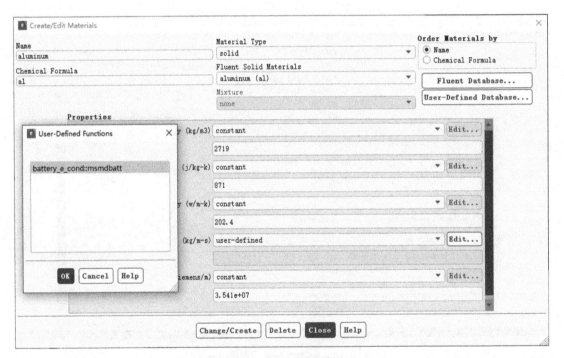

图 2-3-31　正极材料物性设置

单击 Copy 完成复制铜材料，修改 UDS 为 user-defined，并选择图示的 UDF，单击 Change/ Create，如图 2-3-32 所示。

这里需要说明的是，以上的 UDS Diffusivity 在 2020R2 及以后版本与 Electrical Conductivity 进行了合并，在 Electrical Conductivity 的下拉菜单中可找到相应选项。

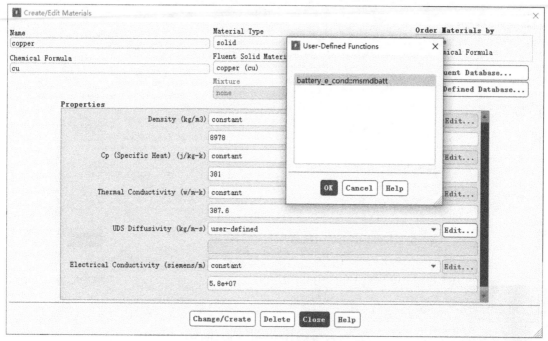

图 2-3-32　负极材料物性设置

（4）设置硅胶材料物性　在本算例中，电芯之间的隔热材料为硅胶。在结构树 Materials→Solid 中右键，选择 New，在弹出的设置面板中如下图设置，Density（密度）：$2750kg/m^3$；c_p（比热容）：$1500J/kg \cdot K$；Thermal Conductivity（热导率）：$2W/m \cdot K$，修改 UDS 为 user-defined，并选中 battery_e_cond：：msmdbatt，单击 Change/Create 按钮，完成硅胶材料设置，如图 2-3-33 所示。

这里需要说明的是，以上的 UDS Diffusivity 在 2020R2 及以后版本与 Electrical Conductivity 进行了合并，在 Electrical Conductivity 的下拉菜单中可找到相应选项。

（5）设置冷却液材料物性　在本算例中，使用液态水作为冷却媒质。在结构树 Materials→Fluid 右键→New，在弹出的设置面板中单击 Fluent Database，在 Fluent Database Material 中选择 water-liquid（h2o<l>），单击 Copy 按钮，完成冷却液材料物性设置，如图 2-2-23 所示。

4. 设置计算域

（1）设置流体域 Cell Zone Condition　在结构树 Cell Zone Conditions→Fluid 中，双击 cooling_fluid 流体域，从 Material Name 下拉菜单中选择之前定义的 water-liquid，其余保持默认，如图 2-2-24 所示。

（2）设置固体域 Cell Zone Condition——电芯部分　在结构树 Cell Zone Conditions→Solid 中选择 cell01 并双击，在 Material Name 下拉菜单中选择 emat，将电芯材料赋值于电芯几何；在 cell01 右键 Copy，将 cell01 设置复制到其余电芯，如图 2-3-34 和图 2-3-35 所示。

（3）设置固体域 Cell Zone Condition——极耳部分　在结构树 Cell Zone Conditions→Solid 中选择 tapn01 并双击，在 Material Name 下拉菜单中选择 copper，将负极耳材料赋值于负极

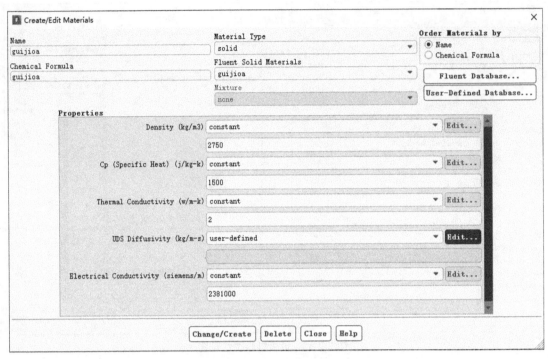

图 2-3-33　硅胶材料物性设置

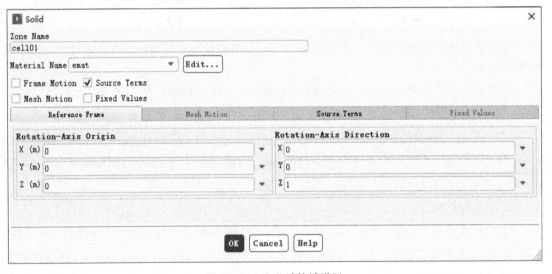

图 2-3-34　电芯计算域设置

耳几何，其余保持默认；在 tapn01 右键 Copy，将 tapn01 设置复制于其余极耳，如图 2-2-33 所示。

正极耳默认为铝，在此就不做修改。

（4）设置固体域 Cell Zone Condition——硅胶部分　在结构树 Cell Zone Conditions→Solid

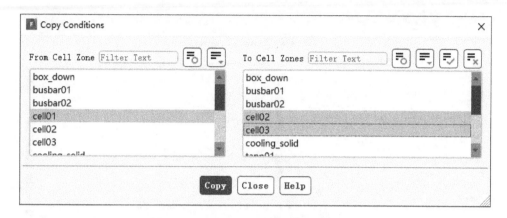

图 2-3-35　将 cell01 的设置复制到其他电芯

中选择 guijiao1 并双击，在 Material Name 下拉菜单中选择 guijiao，将硅胶材料赋值于硅胶几何，其余保持默认，如图 2-2-34 所示；对 guijiao2 固体域重复上述操作。

5. 设置边界条件

（1）设置 BC——inlet　在结构树 Boundary Conditions→Inlet 中双击 inlet-water，打开的面板 Momentum 标签设置 Velocity Magnitude 为 0.1m/s，其余保持默认；在 Thermal 标签下设置冷却水的温度为 300K，如图 2-2-35 和图 2-2-36 所示。

（2）设置 BC——outlet　在结构树 Boundary Conditions→Outlet 中双击 outlet-water，在打开的面板 Momentum 标签设置 Gauge Pressure 为 0 pascal，其余保持默认；在 Thermal 标签下设置冷却水的温度为 300K，如图 2-2-37 和图 2-2-38 所示。

（3）设置 BC——壁面　在结构树 Boundary Conditions→Wall 中双击 box_down：1，在打开的面板 Thermal 标签设置如图 2-2-39 所示，其余保持默认设置；在 box_down：1 右键 Copy，复制到其他通过自然对流散热的壁面。在 Wall 列表中凡是以×××和×××-shadow 结尾的壁面均为 Coupled 面，无需对其进行相关设置。

上述壁面边界条件的意思是，壁面通过对流与外界进行热交换，壁面传热系数为 $5W/m^2 \cdot K$，外界环境温度为 300K。

（4）设置 Method 和 Control　在 Solution→Methods 中和 Solutions→Controls 中设置，如图 2-3-36 所示。

6. 设置后处理监测值

（1）设置 report 和 monitor——电芯平均温度监测　为监测计算过程中电芯温度的变化趋势以及收敛判断考虑，在此对电芯平均温度进行监测，设置过程如下：在结构树 Solution→Report Definitions 中右键，选择 New→Volume Report→Volume-Average，在弹出的面板中修改 Name 为 report-def-avetemp，Options 勾选 Per Zone，Field Variable 选择 Temperature，Cell Zones 选择所有的电芯，Create 勾选 Report plot，单击 OK 按钮，设置如图 2-2-42 所示。

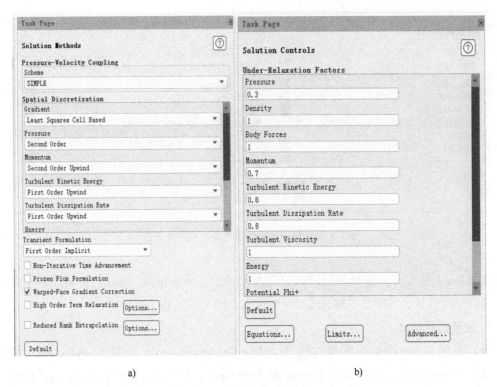

a)
b)

图 2-3-36 Method 和 Control 设置

（2）设置 report 和 monitor——电芯电压监测 在结构树 Solution→Report Definitions 中右键，选择 New→Surface Report→Area-Weighted Average，在弹出的面板中修改 Name 为 report-def-v，Options 勾选 Per Surface，Field Variable 选择 User Defined Scalars→Potential Phi+，Surfaces 选择 p-total，Create 勾选 Report Plot，单击 OK 按钮，设置如图 2-3-37 所示。

这里在使用 2020R1 及以前版本的读者需要注意的一点是，为监测整个模组或 pack 的电压，在串联电芯数目为奇数时，监测总正极耳的正电势（Potential Phi+）即可，若串联电芯数目为偶数时，则需要监测总负极耳的负电势（Potential Phi-）。但是在 2020R2 及以后版本，只需要监测后处理变量 Battery Variables 下面的 Cell Voltage 即可，如图 2-3-38 所示。

（3）设置 report 和 monitor——电芯放电深度监测 在结构树 Solution→Report Definitions 右键，New→Volume Report→Volume-Average，在弹出的面板中修改 Name 为 report-def-dod，Options 勾选 Per Zone，Field Variable 选择 User Defined Memory→Depth of Discharge，Cell Zones 选择所有的电芯，Create 勾选 Report Plot，单击 OK 按钮，设置如图 2-3-39 所示。

这里读者需要注意的一点是，2020R1 及以前版本使用上述方法监测 DoD 即可，但是在 2020R2 及以后版本，则需要监测后处理变量 Battery Variables 下面的 State of Charge 然后简单运算即可，如图 2-3-38 所示。

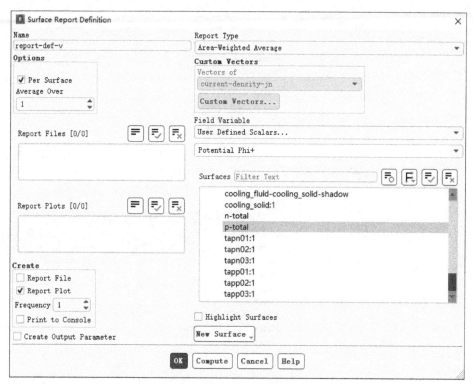

图 2-3-37　电池电压监测设置

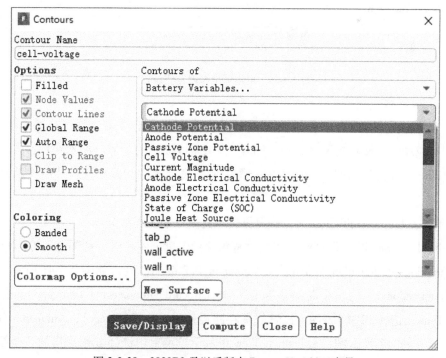

图 2-3-38　2020R2 及以后版本 Battery Variables 变量

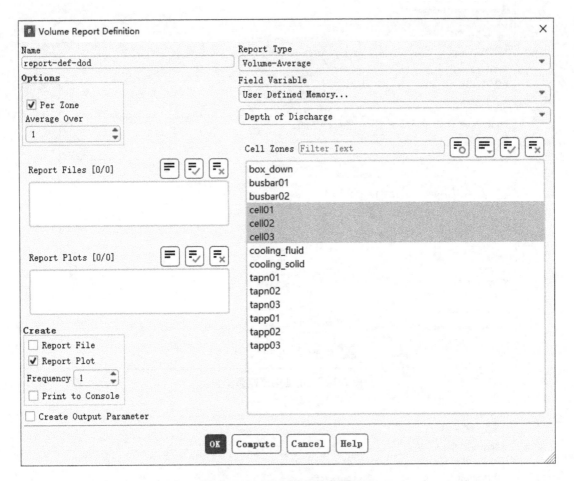

图 2-3-39　电池放电深度监测设置

（4）设置后处理动画——pack 内部固体温度分布　对于瞬态计算，对于定性的云图、矢量图制作成动画，展示效果会更好，Fluent 提供生成动画的功能。在本案例，以电池模组内部件也即电芯及其附属部件表面温度云图为例，演示制作动画全过程。制作动画有 4 个步骤：

1）单击 Solution→Initialization，确保算例中有后处理所需数据。

2）Result→Graphics→Contour，设置过程如之前温度云图步骤，如图 2-3-40 所示。

3）Solution→Calculation Activities→Animaiton Definition，设置如图 2-3-41 所示，名称采用默认的 animation-1，每一个时间步保存一次（Record after every 1 time-step），保存类型（Storage Type）选择 PPM Image，设置好保存路径（Storage Directory），Animation Object 选择上一步设置好的温度云图，Animation View 可从下拉菜单中选择或用户自建一个视角，使用 Preview 功能进行预览，单击 OK 按钮。

4）作处理为动画导出。

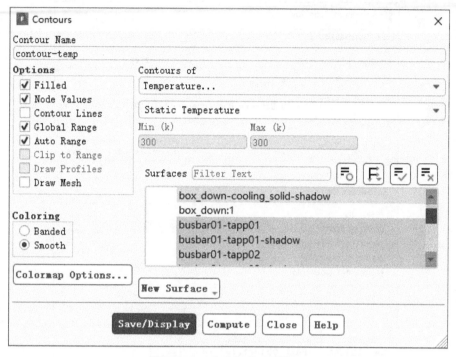

图 2-3-40　电芯温度云图设置

（5）设置收敛准则　因为一般锂电池的电导率较大，电势的均匀性较好，因此要求其残差一般要小于 1e-9，在此不以残差作为收敛判据，通过内迭代步数来控制 UDS 残差达到要求。在结构树 Solution→Report Plots→Convergence Conditions，单击 Residuals（见图 2-3-42），在弹出的操作面板 Convergence Criterion 设置为 none，如图 2-3-43 所示。

（6）初始化及求解设置　算例设置到此，首先要保存一下 case，推荐使用 . gz or. h5 文档格式。在结构树 Solution→Initiation 双击，在设置面板中选择 Hybrid Initialization 方法。结构树 Solution→Run Calculation 双击，在设置面板中 Time Step Size 设置为 2，Number of Time Steps 设置为 1500，其余保持默认设置，单击 Calculate 进行仿真求解，如图 2-3-44 所示。对于瞬态电化学仿真，一般在初始的几步计算需要使用较小的时间步骤，如 1~2s，等计算稳定后，可逐步增加到大的时间步长，如 30s。需要注意的是，在每个时间步内，电势残差、能量残差均需达到所需的水平。

2.3.4　后处理

一般来说，后处理分为两大类，定性的后处理和定量的后处理。其中常见的定性后处理有云图、矢量图、流线图、动画、粒子图等；定量的后处理有监测点值、积分、XY 线图等。本案例对两大类后处理均有涉及。

（1）后处理——模组内部温度分布　模组内部温度场分布后处理方法如下：在结构树 Result→Graphics→Contours 中，右键选择 New，修改名称为 contour-temp，Contours of 选择

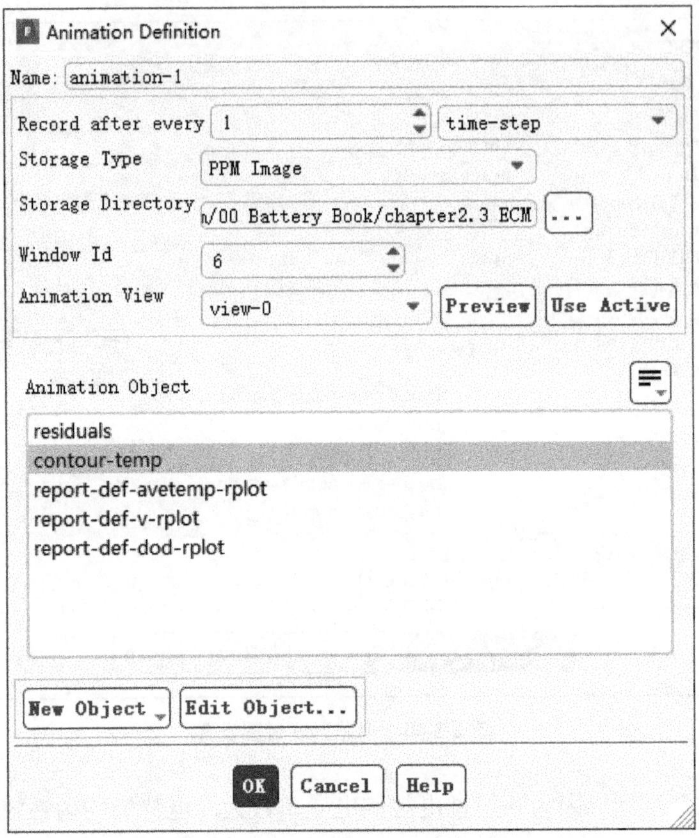

图 2-3-41　温度云图动画 Animation Definition 设置

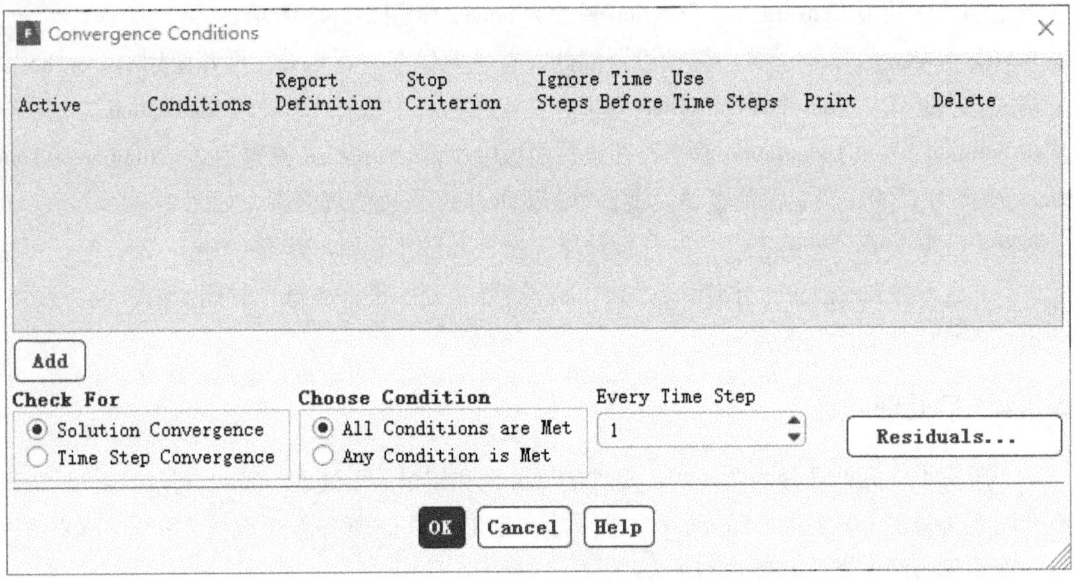

图 2-3-42　Convergence Conditions 面板

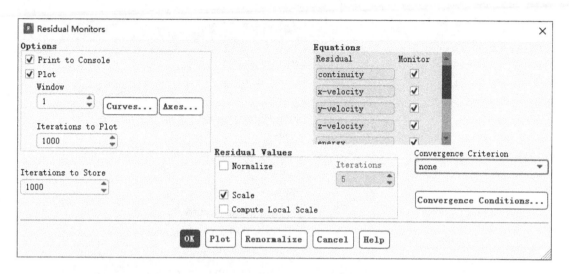

图 2-3-43　Residual Monitors 设置

Temperature，在 Surfaces 中首先通过 surface type 方法选中所有的 wall type，然后在 Filter Text 中输入 box，取消所有包含 box 的面，单击 Save/Display 按钮，得到模组内部温度分布，相关设置如图 2-3-45 和图 2-3-46 所示。

　　云图是很好的宏观分析物理现象的工具，由于其包含的往往是场的信息，信息量比较大，故定性研究变化趋势较好。由图 2-3-46 可见，由于采用了液冷冷却方式，模组在靠近水冷板处的温度较低，读者还可以从单个电芯温差、整体温差、电芯温度一致性等多个角度来进行后处理分析，在此不做赘述。

　　（2）后处理——模组内部温度分布动画　在结构树 Result→Animations 中，双击 Solution Animation Playback→Animation Sequences，选择 animation-1，单击播放按钮查看动画，通过调整 Replay Speed 来调整播放速度，在调试至满意后，可通过 Write/Record Format→MPEG→Write，将动画输出，如图 2-3-47 所示。

　　（3）后处理——电流矢量图　模组内部电流矢量分布图后处理方法如下，在结构树 Result→Graphics→Contours 中，右键选择 New，设置如图 2-3-48 所示，修改名称为 vector-current，Colorby 选择 User Defined Memory→Magnitude of Current Density，在 Surfaces 中首先通过 surface type 方法选中所有的 wall type，然后在 Filter Text 中输入 box，取消所有包含 box 的面。单击 custom Vectors，设置如图 2-3-49 所示。单击 Vector Options，勾选 Fixed Length 并设置为 0.3（见图 2-3-50）。最后修改 Scale 值为 0.004，单击 Save/Display 按钮。模组内部矢量图分布如图 2-3-51。

　　这里需要说明的是，自 2020R2 版本及以后 Color by 下拉菜单中取消了 User Defined Memory 选项，读者在 Battery Variables 中设置即可。

　　（4）后处理——冷却通道流线图　模组冷却通道流线图后处理方法如下：在结构树

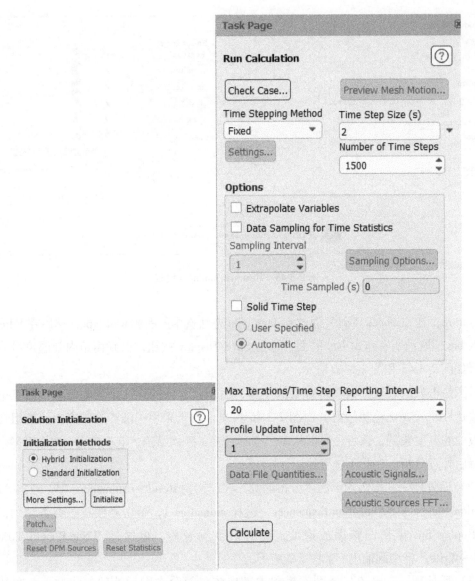

图 2-3-44　初始化及求解设置

Result→Graphics→Pathlines 中右键，选择 New，设置如图 2-2-47 所示，保持默认名称为 path-lines-1，Color by 选择 Velocity→Velocity Magnitude，在 Release from Surfaces 中选择 inlet-water，其余保持默认，单击 Save/Display 按钮，模组冷却通道流线图分布如图 2-2-48 所示。

（5）后处理——电压随时间变化图　图 2-3-52 为模组电压随时间变化曲线。

（6）后处理——监测点温度随时间变化图　图 2-3-53 为电芯平均温度监测点随时间变化曲线，可较为清楚看出电芯温度变化趋势、不同电芯间温度差异以及是否达到平衡状态。

（7）后处理——计算过程中迭代残差图　仿真计算残差图如图 2-3-54 所示。

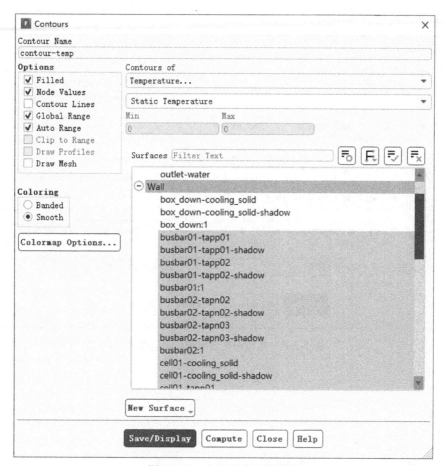

图 2-3-45　电池温度云图设置

图 2-3-46　电池温度云图

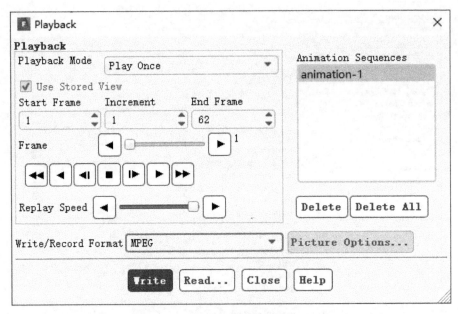

图 2-3-47　电池温度云图动画输出设置

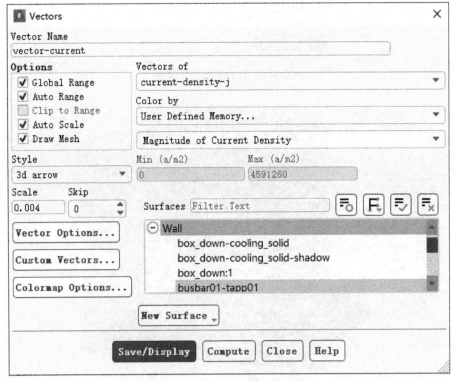

图 2-3-48　电池电流矢量图设置

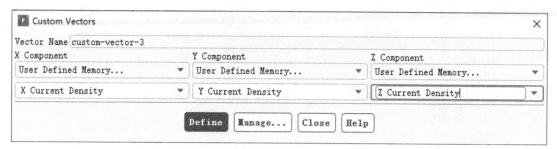

图 2-3-49　电池电流矢量图设置

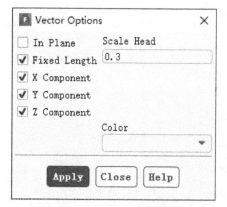

图 2-3-50　电池电流矢量图设置

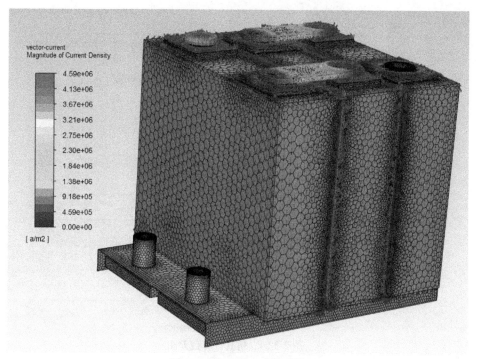

图 2-3-51　电池电流矢量图

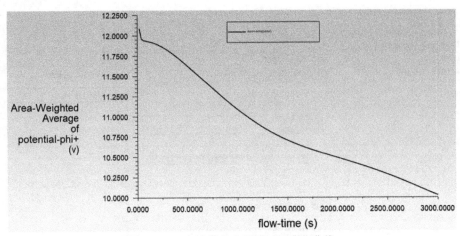

图 2-3-52　电池模组电压随时间变化曲线

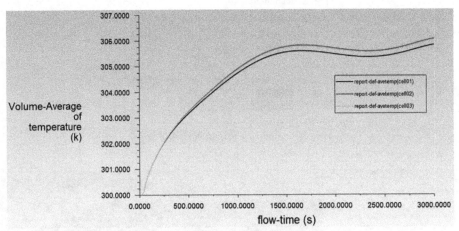

图 2-3-53　电芯平均温度监测点随时间变化曲线

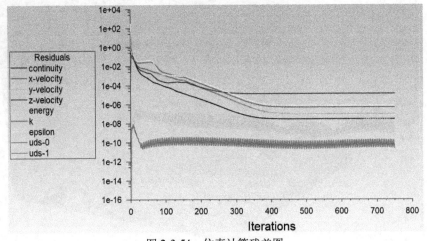

图 2-3-54　仿真计算残差图

2.4　电池 NTGK 模型仿真

2.4.1　理论部分

与 ECM 模型一样，NTGK 模型也是一个基于经验的电化学子模型，意味着它也需要试验测试数据来标定模型中的相关参数。NTGK 模型需要的试验测试数据为倍率放电测试曲线（Discharging Curve at Different Crates）。NTGK 模型使用非常简单，求解效率高；但由于模型假设的限制，当负载变化剧烈时，其跟随性有可能失真。从本质上来讲，NTGK 模型是 ECM 模型的一个真子集，从工程应用的角度来讲，当客户只有倍率放电测试曲线时，可以尝试使用 NTGK 模型，同时谨记其限制。

NTGK 模型工作原理：在对 NTGK 模型有了一个大体了解，明白其特点、定位及限制之后，有必要简单了解一下 NTGK 模型的工作原理。在图 2-4-1 左上角为电池电化学反应中的控制方程，分别为能量守恒以及电流守恒，但此方程并不封闭，其中的 $\dot{q}$（发热量）和 j（迁移电流）需要使用其他方程来获得，Fluent MSMD 模型中所有的子电化学模型都是以不同方式来封闭上述 $\dot{q}$ 和 j。对于 NTGK 模型来说，Fluent 软件可以从倍率放电曲线中进行提取信息，将 Y 和 U 拟合为放电深度 DOD 的函数，在左下角通过 Y 和 U 即可得到 q 和 j，至此方程封闭。

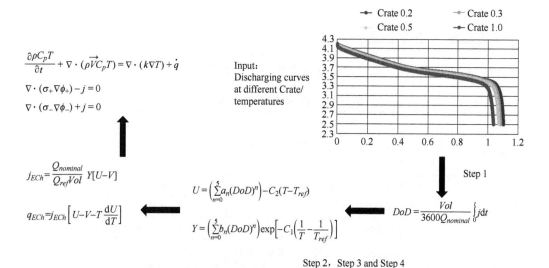

图 2-4-1　NTGK 模型工作原理

上述提到的 NTGK 模型参数拟合过程，需要 4 个步骤从试验数据中得到拟合参数，如图 2-4-2 所示。第一步将倍率放电曲线从电压随时间变化转换为电压随 DOD 变化曲线；第二步将 DOD 从 0 至 1 均分为若干区间（如 20），得到不同 DOD 对应的电压值；第三步将此倍率放电曲线第二步的信息放置于 Step3 所在图中相应位置（注意 Step3 图横坐标为电流密度，取电流也可，这里只是示意）；第四步对另一条倍率放电曲线重复第一步至第三步，得到如 Step3 的图，将同一 DOD 数据点连线，其在纵轴的截距即为此 DOD 下的 U（电流为 0，U 即开路电压），连线的斜率即为此 DOD 下的电阻，也即 NTGK 模型中的 $1/Y$。最后通过程序使用 Step3 得到的数据点矩阵拟合出 Y 和 U 分别与 DOD 的关系式。

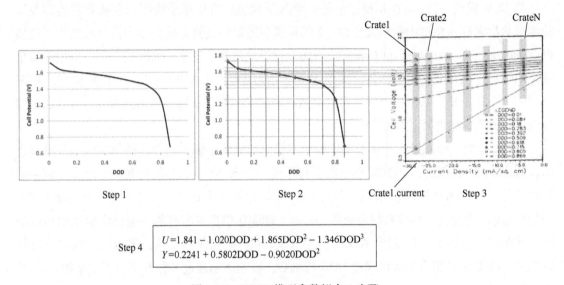

Step 4

$$U = 1.841 - 1.020\text{DOD} + 1.865\text{DOD}^2 - 1.346\text{DOD}^3$$
$$Y = 0.2241 + 0.5802\text{DOD} - 0.9020\text{DOD}^2$$

图 2-4-2　NTGK 模型参数拟合 4 步骤

2.4.2　仿真输入条件汇总

在 Fluent 中使用 NTGK 电化学模型所需的仿真输入见表 2-4-1。

表 2-4-1　NTGK 模型仿真输入汇总

数　据	举　例	备　注
CAD 模型	电芯、母排、极耳、冷却系统、支撑结构、导热及绝缘结构等	
试验测试数据	倍率放电曲线 Discharing Curve	Fluent MSMD 模块
	电负载边界条件	如电池发热量、NEDC 工况、快充工况等
	通用边界条件	进/出口条件、环境温度等
材料物性	除非电芯外，极耳、母排、导热胶、绝缘材料、箱体、支撑结构、冷却结构、冷却液	密度、比热容、热导率、电导率、焊接热阻、接触热阻等
	电芯	除上述外，还有正负电势电导率

为避免 NTGK 计算过程可能出现由于测试数据带来的问题，基于对理论的理解以及大量的工程实践，在此总结了一些对倍率放电数据的要求，以期尽可能减少在仿真中的误差以及其他问题。主要有以下几点（见图 2-4-3）：

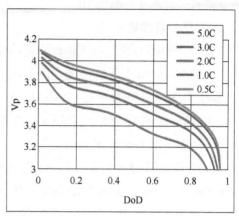

	Crate 1.0 TEMPERATURE 300	
	5.0000e+00	4.1063e+00
	1.0000e+01	4.1050e+00
	1.5000e+01	4.1038e+00
	2.0000e+01	4.1025e+00
	2.5000e+01	4.1013e+00
	3.0000e+01	4.1001e+00
	3.5000e+01	4.0988e+00
	4.0000e+01	4.0976e+00
	4.5000e+01	4.0964e+00
	5.0000e+01	4.0952e+00
	5.5000e+01	4.0940e+00
	6.0000e+01	4.0928e+00
	6.5000e+01	4.0916e+00
	7.0000e+01	4.0904e+00
	7.5000e+01	4.0892e+00
	8.0000e+01	4.0880e+00
	8.5000e+01	4.0868e+00

中间表头定义为，在300K温度下以1C倍率进行放电的测试曲线。右侧两列数据分别为时间(s)和电压值(V)

关于NTGK数据格式的修改程序请联系第9页中的售后支持二维码

图 2-4-3　NTGK 模型对倍率放电曲线的要求

1）在同一温度下往往需要做多组不同倍率放电曲线，如 0.5C、1.0C、2.0C 等，至少要做两组不同倍率的数据。

2）建议在不同温度下做上述 1 要求的测试数据，这对于在宽温度范围内的计算准确度以及可能的容量衰减效应均有益处。温度跨度如−15℃、0℃、20℃、40℃。

2.4.3　几何模型说明

与 CHT 以及 ECM 仿真使用同一套几何模型和网格模型，详见图 2-2-1。

2.4.4　NTGK 模型仿真流程

电池 NTGK 仿真步骤中部分设置环节与之前章节部分相同，为节省篇幅，在此只列出与之前不同部分的设置，用户需要参考之前章节完成相同环节的设置。

1. 一般性操作及设置

（1）启动 Fluent Launcher　启动 Fluent Launcher，勾选 3D Dimension，勾选 Display Mesh After Reading，勾选 Double Precision，Processing Options 选择并行且 Solver Processes 选择 6 核，在 Working Directory 中设置工作路径，如图 2-2-14 所示。

（2）读入网格并检查　菜单 File→read mesh，选中 Geom-1-3cell-CHT2-ST-VM. msh. gz，网格导入完成后软件会自动显示网格（因为在启动界面勾选了 Display Mesh After Reading）。

（3）Fluent 网格检查　见图 2-2-15 及相应章节。

（4）通用设置　电池模组内流动速度较低，故选择压力基求解器；本算例选择瞬态求解，其余保持默认，如图 2-3-5 所示。

（5）相关物理模型选择　由于需要得到模组的温度场分布，故打开能量方程；湍流模型选择 Realizable k-e 模型及标准壁面函数。关于流动状态的确定，一般需要先计算雷诺数，根据其与临界雷诺数的大小来确定流动为湍流还是层流，在电池液冷冷却设计中几乎均为湍流，故此处省去计算和判断环节。

2. MSMD 模块设置

（1）激活 MSMD 模块　在 Fluent 中进行电池电化学仿真之前，必须提前激活其相对应的模块。目前 Fluent MSMD 模块还是以 addon-module 的方式存在，激活有两种方式：方法 1：在 console 中输入 TUI 命令行：define/model/addon-module，选择 8；方法 2：在右上角搜索框中输入 addon，直接调用，选择 8，如图 2-3-7 所示。模块激活后会在 Fluent 结构树 models 下出现 MSMD Battery Model 模块。

备注：在 2020R2 版本之前，Fluent 电池模型名称为 MSMD 模块，自 2020R2 版本改名为 Battery Model。另外，自 2021R1 版本，Battery Model 成为 Fluent 内置模块，无需 TUI 激活即可使用，但依然支持 TUI 激活。在本书中，MSMD 模块以及 Battery Model 可以认为是等价的。

（2）设置 MSMD 模块——设置模型选项　在结构树 Models 中双击 MSMD Battery Model，在弹出的面板勾选 Enable MSMD Battery Model。在 E-Chemistry Models 下选择电化学子模型，NTGK Empirical Model；在 Electrical Parameters 下面的 Nominal Cell Capacity 中填写电池的标称容量，本案例为 60A·h；Solution Options 中选择 Specified C-Rate（特定倍率），在右侧 C-Rate 框中填入 1，也即 1C 倍率放电。其余保持默认，单击 Apply，如图 2-4-4 所示。

这里需要说明的是，若电芯的正电势电导率和负电势电导率均在 1E6 simens/m 及以上量级时，则可采用 Solution Method for E-Field 下面 Circuit Network Method，这个方法会比目前默认的 Solving Transport Equation 速度快 2 ~ 10 倍，同时保证相同的准确度。其余设置 Circuit Network Method 与 Solving Transport Equation 完全一致。

（3）负载输入　与 ECM 模型中相同，如图 2-3-9 和图 2-3-10 所示。

（4）设置 MSMD 模块——设置 Model Parameters　在 MSMD Battery Model 的第二个标签 Model Parameters 中进行如下设置，见图 2-4-5：设置 Initial DoD（初始放电深度）为 1，表示电池处于完全充满状态；Reference Capacity 的目的是当试验室测试的容量与标称容量不一致时，以测试容量为准，在本案例中填写 60Ah。

目前 NTGK 方法的 Data Type 有 2 种：第一种是 Polynomial，拟合关系是用 5 阶多项式来实现的，使用的比较多，尤其是只有单一温度下的 NTGK 数据时；第二种是 Table，在多温度倍率放电曲线条件下使用，先通过不同温度下拟合关系生成 table，再在计算中通过查表来获取数据。在使用 Fluent 自带的参数拟合工具以后，建议单击一下 Reset，以确认拟合后的参数填充到下图相应的位置。

（5）参数拟合　在上述面板中 NTGK 设置参数中，我们需要使用倍率放电数据拟合出 Y/U 与 DOD 的函数关系，拟合过程需要使用 Fluent 自带的参数拟合工具，在 console 中输入以下命令 define /models/battery-model/parameter-estimation-tool，来激活参数拟合工具，如图 2-4-6 所示。

图 2-4-6 中各项解释：define /models/battery-model/parameter-estimation-tool（pet）用于

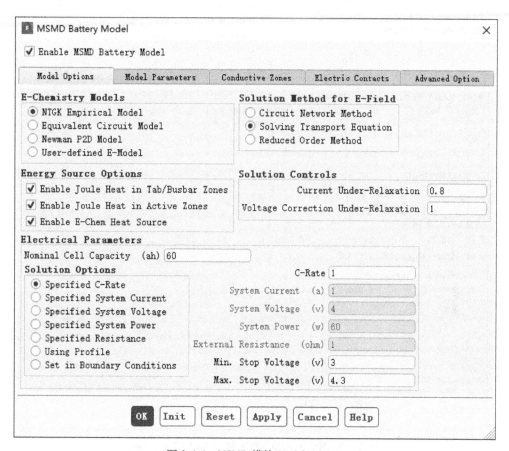

图 2-4-4　MSMD 模块 Model Options

激活参数拟合工具，Model Option 输入 1 表示要为 NTGK 模型拟合参数，Number of Temperature levers 输入 1 表示目前的放电曲线是在一个温度下获取的，Number of discharging curves per temperature level 输入 6 表示在一个温度下测试了 6 条倍率放电数据，Temperature 输入 300 表示当前输入的数据测试温度为 300K，file name for curve 1/2/3/4/5/6 为对应 300K 温度下的 6 条测试数据文件名称。

需要说明的是，需要将测试数据文件要与算例在同一个文件夹内。

完成上述操作后，Fluent 会将拟合结果打印在 console 中，如图 2-4-7 所示，一般情况用户需要从 Curve-Fitting Results 中检查数据的一致性，着重检查其中的 Y 和 U 的一致性。在下图中显示了 5 阶多项式的拟合结果，建议用户单击 MSMD Battery Model 面板上的 Reset 按钮，并检查 Model Parameters 中的参数是否与 5 阶多项式系数相同。

拟合之后在工作目录下会生成一个 "fitting result" 文件夹，文件夹下面会有不同放电倍率下的拟合数据与试验数据对比文件 .dat 和 .xy（见图 2-4-8），用户可以在 excel 或者数据分析软件中进行画图分析对比。当然 Fluent 提供了更简单的对比方法，文件夹下面会有一个 .scm 文件，可在 Fluent 中通过 file→read→scheme 选中此文件，Fluent 会在文件夹下自动生

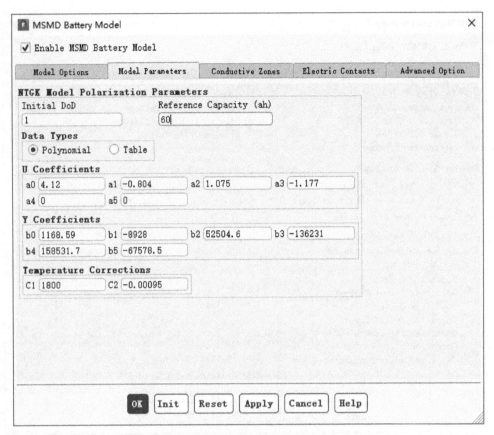

图 2-4-5　MSMD 模块 NTGK 模型 Model Parameters

成不同放电倍率下拟合数据与试验数据的对比图片，如图 2-4-9 所示。通过这些便捷工具，用户可以迅速判断参数拟合是否合理。

以上通过 TUI 命令来进行参数拟合的方法在数据量很大的时候效率会比较低，Fluent 从 2020R1 开始，内置了通过图形界面的方法来进行参数拟合，大大简化了此步骤的工作量，如图 2-4-10 所示。当然为区分不同温度对应的倍率放电数据，使用图形界面的参数拟合工具前需将温度信息添加在测试数据中，如图 2-4-11 所示。读者如果需要对大量数量添加温度相关信息，可联系作者以获取批量添加温度信息的程序。

（6）设置 MSMD 模块——设置导电区域　在 MSMD Battery Model 的 Conductive Zones 需要定义电池模组的内部区域以及连接关系，在 Active Components 中选择所有电芯本体部分，在 Tab Components 中选择所有的极耳部分，在 Busbar Components 中选择所有的 busbar，如图 2-4-12 所示。

需要说明的是，图 2-4-12 为 2019R3 及之前版本控制面板，在 2021R1 版本，进一步精简了控制面板，将 Tab Components 和 Busbar Components 合并为 Passive Components，如图 2-3-22 所示，差别并不大。此处关于 Active Component 和 Passive Component 的区别是，两者都可以导电，但 Active Component 还会有化学反应进行。

```
/define/models/battery-model> pet
Parameter Estimation for Model:
     1: NTGK Model
     2: ECM Model
     3: Thermal Abuse Model
Model option:  [1] 1
Number of temperature levels: [1] 1
Number of discharging curves per temperature level: [0] 6

-- Make sure every input file has this format --
     Crate        1.0
     time_1       voltage_1
     time_2       voltage_2
     ...          ...
-------------------------------------------------------

Temperature (K) [300] 300
  file name for curve 1 [] ntgk_1C.txt
  file name for curve 2 [] ntgk_2C.txt
  file name for curve 3 [] ntgk_3C.txt
  file name for curve 4 [] ntgk_4C.txt
  file name for curve 5 [] ntgk_5C.txt
  file name for curve 6 [] ntgk_05C.txt
Battery capacity (Ah) [14.6] 60
Number of DOD-levels [20] 30
```

图 2-4-6　NTGK 模型参数拟合

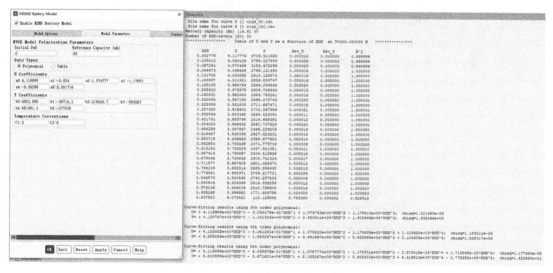

图 2-4-7　NTGK 模型参数拟合结果

　　（7）设置 MSMD 模块——设置正/负极及检查电池连接性　在定义完电池各部分外，还需要 MSMD Battery Model 的 Electric Contacts 定义内部或外部的接触面，主要有 3 个功能，最主要的功能是 External Connectors 中定义电池与外部连接时的总正极面（Positive Tab）和总负极面（Negative Tab），另外一个功能是定义虚拟连接（Virtual Connection），最后一个功能

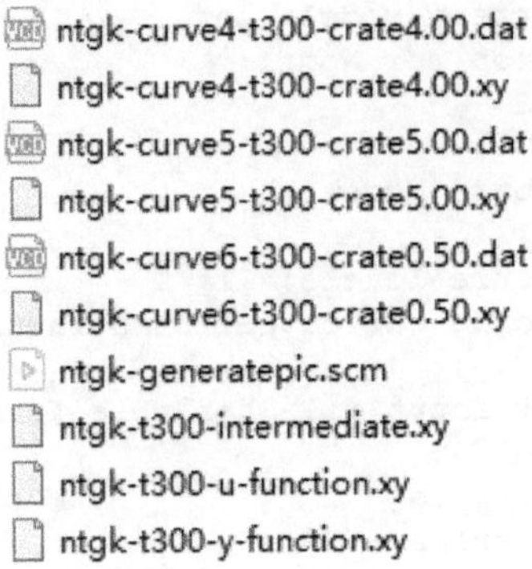

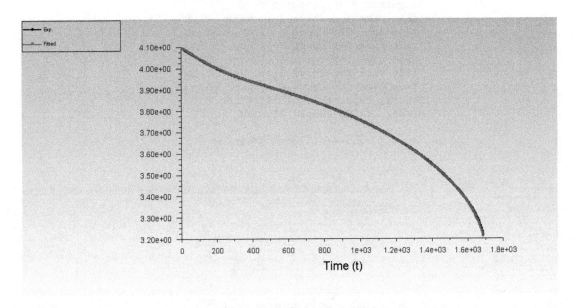

ntgk-curve4-t300-crate4.00.dat
ntgk-curve4-t300-crate4.00.xy
ntgk-curve5-t300-crate5.00.dat
ntgk-curve5-t300-crate5.00.xy
ntgk-curve6-t300-crate0.50.dat
ntgk-curve6-t300-crate0.50.xy
ntgk-generatepic.scm
ntgk-t300-intermediate.xy
ntgk-t300-u-function.xy
ntgk-t300-y-function.xy

图 2-4-8　NTGK 模型参数拟合后生成的文档

Exp.
Fitted
4.10e+00
4.00e+00
3.90e+00
3.80e+00
3.70e+00
3.60e+00
3.50e+00
3.40e+00
3.30e+00
3.20e+00
0
200
400
600
800
1e+03
1.2e+03
1.4e+03
1.6e+03
1.8e+03
Time (t)

图 2-4-9　NTGK 模型在某一倍率下试验数据与拟合数据的对比图

Parameter Estimation
Input Parameters
Testing Battery's Capacity (Ah)
Number of DOD Levels
20
Load Testing Files
Fit Parameters
Close
Help

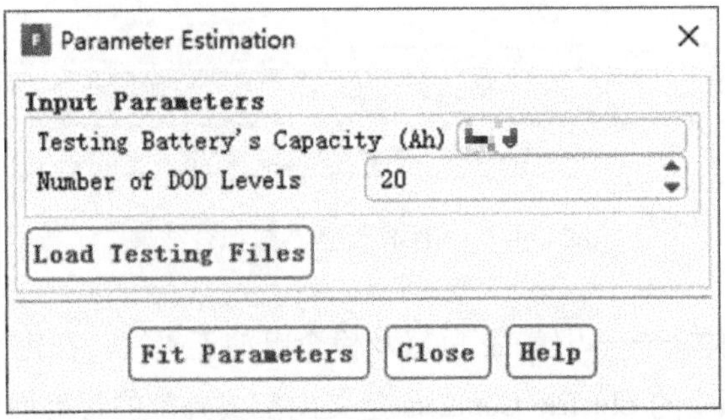

图 2-4-10　NTGK 图形界面参数拟合工具

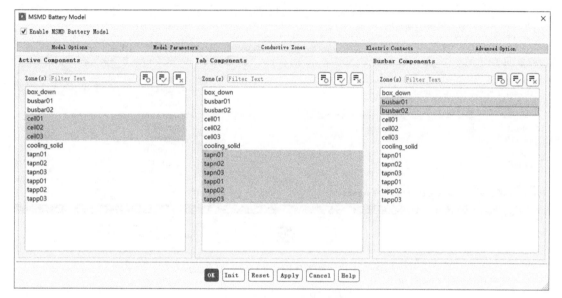

图 2-4-11　图形界面参数拟合工具需要的 NTGK 数据格式

图 2-4-12　MSMD 模块 NTGK 模型设置导电区域

是在 Contact Surfaces 中选择相应的面后给其赋予相应的接触阻抗（Specific Contact Resistance）。完成此步骤设置后，最好单击面板左下方的 Print Battery System Connection Information，Fluent 会在 console 里面打印出基于当前设置下电池间的连接关系，用户可以在进行下一步之前进行设置检查，详见图 2-4-13 和图 2-4-14。

　　虚拟连接技术一般用在电池设计的概念设计或初期设计阶段中，在此阶段，客户需要迅速得到电池的电化学以及热特性，而对准确度关注不是特别高，虚拟连接允许客户在此阶段不为 busbar 建模和划分网格，而是通过虚拟连接定义电池间的连接关系。考虑到 busbar 的薄壁几何特征，这样的简化可以在牺牲较少准确度的前提下，快速得到结果。使用虚拟连接时，需要用户提前定义好电池间连接关系的 txt 文档，其格式如图 2-4-15 所示。

　　（8）Standalone 模式　在设置 MSMD 模块之后，真正求解计算之前 Fluent MSMD 模块提供了 standalone 模式，用于客户初步检查电化学设计是否合理正确，其功能是在 MSMD Battery Model 面板的 Advanced Option 中，单击 Run Echem Model Standalone 即可，如图 2-4-16 所示。

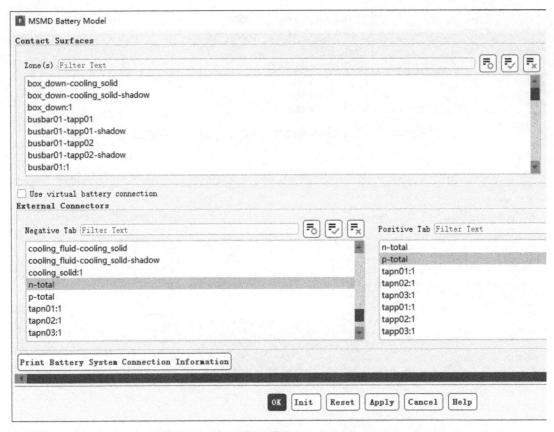

图 2-4-13　MSMD 模块 Electrics Contacts

在此模式下，Fluent 仅求解电势方程不考虑温度对其影响，进行简单设置后，单击 Draw Profile 后可以近乎实时得到结果。Standalone 还有简单的后处理功能，用户可以方便地将 soc、voltage、current、power 随时间变化趋势展示出来，如图 2-4-17 和图 2-4-18 所示。需要说明的是，如果 Standalone 模式下后处理结果就有问题的话，那么 Full MSMD 模式下也不会得到正确的结果。此外 Standalone 模式还可以作为调试、校正电池负载 Profile 文件的有效工具。

3. 设置材料物性

（1）设置电池材料物性　在 Materials→Solid 中右键，选择 New，在弹出的面板中按照以下进行设置，Name 改为 emat；Chemical Formula 改为 e；Density（密度）2092kg/m³；c_p（比热容）：678J/（kg·K）；UDS Diffusivity：在下拉菜单中选择 defined-per-uds，uds-0：1.19e6，uds-1：9.83e5；Thermal Conductivity（热导率）：下拉菜单中选择 Orthotropic，Conductivity 0、Conductivity 1、Conductivity 2 分别填入 0.5、18.5、18.5，按照 Direction 0 Components 和 Direction 1 Components 的规定，以上 conductivity 0/1/2 分别对应 X、Y、Z 方向的热导率，如图 2-3-29 和图 2-3-30 所示。

这里需要说明的是，以上的 UDS Diffusivity 在 2020R2 及以后版本与 Electrical

```
Battery Network Zone Information:
--------------------------------------
 Battery Serial 1
   Parallel 1
         Active zone:  cell03
 Battery Serial 2
   Parallel 1
         Active zone:  cell02
 Battery Serial 3
   Parallel 1
         Active zone:  cell01
--------------------------------------

 Passive zone 0:
        tapp03
 Passive zone 1:
        tapn03
        busbar02
        tapn02
 Passive zone 2:
        tapp02
        busbar01
        tapp01
 Passive zone 3:
        tapn01

 Active zone list at  odd level:
        cell03
        cell01
 Active zone list at even level:
        cell02

Number of battery series stages =3;  Number of batteries in parallel per series stage=1
****************END OF BATTERY CONNECTION INFO**************
```

图 2-4-14　电池系统连接信息

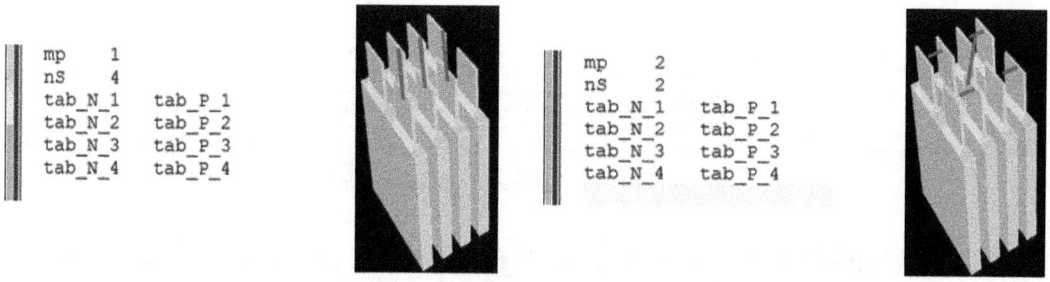

图 2-4-15　MSMD 模块虚拟连接技术

Conductivity 进行了合并，在 Electrical Conductivity 的下拉菜单中可找到相应选项。

（2）设置正极材料物性　默认使用铝的材料属性即可，修改 UDS 为 user-defined，并选择 battery_e_cond：：msmdbatt，如图 2-3-31 所示。

这里需要说明的是，以上的 UDS Diffusivity 在 2020R2 及以后版本与 Electrical Conductivity 进行了合并，在 Electrical Conductivity 的下拉菜单中可找到相应选项。

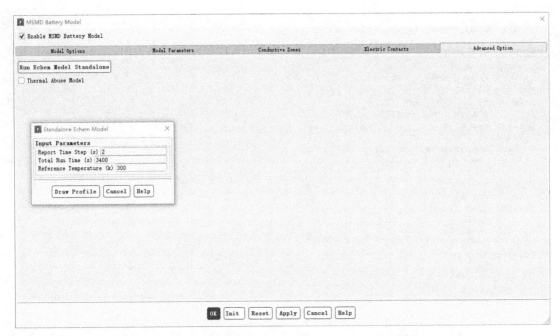

图 2-4-16　MSMD 模块 Advanced Option-standalone 模式

图 2-4-17　MSMD 模块 Advanced Option-standalone 设置

（3）设置负极材料物性　在本案例中，负极材料为铜。在结构树 Materials→Solid 中右键，选择 New，在弹出的设置面板中单击 Fluent database，在材料列表中找到铜（Copper），单击 Copy 完成复制铜材料，修改 UDS 为 user-defined，并选择 battery_e_cond∷ msmdbatt，单击 Change/Create，如图 2-3-32 所示。

这里需要说明的是，以上的 UDS Diffusivity 在 2020R2 及以后版本与 Electrical Conductivity 进行了合并，在 Electrical Conductivity 的下拉菜单中可找到相应选项。

（4）设置硅胶材料物性　在本算例中，电芯之间的隔热材料为硅胶。在结构树 Materials→Solid 中右键，选择 New，在弹出的设置面板中如下图设置，Density（密度）：2750kg/m^3；c_p（比

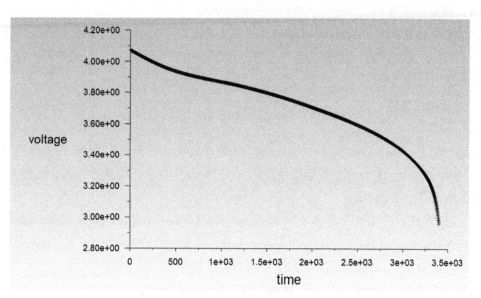

图 2-4-18　MSMD 模块 NTGK 模型 Advanced Option-standalone 结果处理

热容）：1500J/kg·K；Thermal Conductivity（热导率）：2W/m·K；修改 UDS 为 user-defined，并选择 battery_e_cond::msmdbatt，单击 Change/Create，完成硅胶材料设置，如图 2-3-33 所示。

这里需要说明的是，以上的 UDS Diffusivity 在 2020R2 及以后版本与 Electrical Conductivity 进行了合并，在 Electrical Conductivity 的下拉菜单中可找到相应选项。

（5）设置冷却液材料物性　在本算例中，使用液态水作为冷却媒质。在结构树 Materials→Fluid 中右键，选择 New，在弹出的设置面板中单击 Fluent Database，在 Database Material 中选择 water-liquid（h2o<l>），单击 Copy，完成冷却液材料物性设置，如图 2-2-23 所示。

4. 设置计算域

（1）设置流体域 Cell Zone Condition

在结构树 Cell Zone Conditions→Fluid 中，双击 cooling_fluid 流体域，从 Material Name 下拉菜单中选择之前定义的 water-liquid，其余保持默认，如图 2-2-24 所示。

（2）设置固体域 Cell Zone Condition——电芯部分

在结构树 Cell Zone Conditions→Solid 中选择 cell01 并双击，在 Material Name 下拉菜单中选择 emat，将电芯材料赋值于电芯几何；在 cell01 右键 Copy，将 cell01 设置复制到其余电芯，如图 2-3-34 和图 2-3-35 所示。

（3）设置固体域 Cell Zone Condition——极耳部分

在结构树 Cell Zone Conditions→Solid 中选择 tapn01 并双击，在 Material Name 下拉菜单中选择 copper，将负极耳材料赋值于负极耳几何，其余保持默认；在 tapn01 右键 Copy，将 tapn01 设置复制于其余极耳，如图 2-2-33 所示。

正极耳默认为铝，在此就不做修改。

（4）设置固体域 Cell Zone Condition——硅胶部分

在结构树 Cell Zone Conditions→Solid 中选择 guijiao1 并双击，在 Material Name 下拉菜单中选择 guijiao，将硅胶材料赋值于硅胶几何，其余保持默认，如图 2-2-34 所示；对 guijiao2 固体域重复上述操作。

5. 设置边界条件

（1）设置 BC——inlet

在结构树 Boundary Conditions→Inlet 中双击 inlet-water，打开的面板 Momentum 标签设置 Velocity Magnitude 为 0.1m/s，其余保持默认；在 Thermal 标签下设置冷却水的温度为 300K，如图 2-2-35 和图 2-2-36 所示。

（2）设置 BC——outlet　在结构树 Boundary Conditions→Outlet 中双击 outlet-water，在打开的面板 Momentum 标签设置 Gauge Pressure 为 0 pascal，其余保持默认；在 Thermal 标签下设置冷却水的温度为 300K，如图 2-2-37 和图 2-2-38 所示。

（3）设置 BC——壁面　在结构树 Boundary Conditions→Wall 中双击 box_down：1，在打开的面板 Thermal 标签设置如图 2-2-39 所示，其余保持默认设置；在 box_down：1 右键 Copy，复制到其他通过自然对流散热的壁面。在 Wall 列表中凡是以 xxx 和 xxx-shadow 结尾的壁面均为 Coupled 面，无需对其进行相关设置。

上述壁面边界条件的意思是，壁面通过对流与外界进行热交换，壁面传热系数为 5W/m^2·K，外界环境温度为 300K。

（4）设置 Method 和 Control　在 Solution→Method 中设置保持默认；在 Solution→Controls 中设置保持默认，如图 2-3-36。

6. 设置后处理监测值

（1）设置 Report 和 Monitor——电芯平均温度监测　为监测计算过程中电芯温度的变化趋势以及收敛判断考虑，在此对电芯平均温度进行监测，设置过程如下：在结构树 Solution→report definitions 中右键，选择 New→Volume Report→Volume-Average，在弹出的面板中修改 Name 为 report-def-avetemp，Options 勾选 Per Zone，Field Variable 选择 Temperature，Cell Zones 选择所有的电芯，Create 勾选 Report Plot，单击 OK 按钮，设置如图 2-4-19 所示。

（2）设置 Report 和 Monitor——电芯电压监测

在结构树 Solution→Report Definitions 中右键，选择 New→Surface Report→Area-Weighted Average，在弹出的面板中修改 Name 为 report-def-v，Options 勾选 Per Surface，Field Variable 选择 User Defined Scalar→Potential Phi+，Surfaces 选择 p-total，Create 勾选 Report Plot，单击 OK 按钮，设置如图 2-4-20 所示。

这里在使用 2020R1 及以前版本的读者需要注意的一点是，为监测整个模组或 pack 的电压，在串联电芯数目为奇数时，监测总正极耳的正电势（Potential Phi+）即可，若串联电芯数目为偶数时，则需要监测总负极耳的负电势（Potential Phi-）。但是在 2020R2 及以后版本，只需要监测后处理变量 Battery Variables 下面的 Cell Voltage 即可，如图 2-3-38 所示。

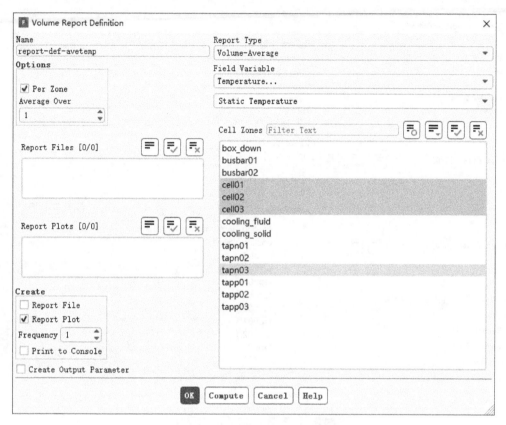

图 2-4-19　电池电芯平均温度监测设置

（3）设置 Report 和 Monitor——电芯放电深度监测

在结构树 Solution → Report Definitions 中右键，选择 New → Volume Report → Volume-Average，在弹出的面板中修改 Name 为 report-def-dod，Options 勾选 Per Zone，Field Variable 选择 User Defined Memory → Depth of Discharge，Cell Zones 选择所有的电芯，Create 勾选 Report Plot，单击 OK 按钮，设置如图 2-4-21 所示。

这里读者需要注意的一点是，2020R1 及以前版本使用上述方法监测 DoD 即可，但是在 2020R2 及以后版本，则需要监测后处理变量 Battery Variables 下面的 State of Charge 然后简单运算（DoD = 1-SoC）即可，如图 2-3-38 所示。

（4）设置后处理动画——pack 内部固体温度分布

对于瞬态计算，对于定性的云图、矢量图制作成动画，展示效果会更好，Fluent 提供生成动画的功能。在本案例，以电池模组内部件也即电芯及其附属部件表面温度云图为例演示制作动画全过程。制作动画有 4 个步骤：

1）单击 Solution→Initialization，确保算例中有后处理所需数据。

2）Result→Graphics→Contour，设置过程如之前温度云图步骤，具体如图 2-4-22 所示。

3）Solution→Calculation Activities→Animaiton Definition，设置如图 2-4-23 所示，名称采

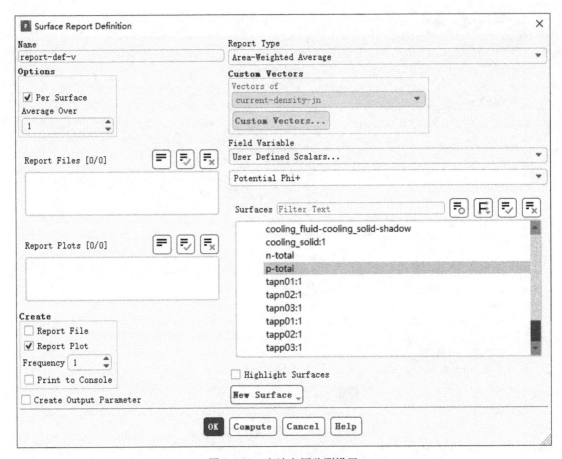

图 2-4-20　电池电压监测设置

用默认的 animation-1，每一个时间步保存一次（Record after every 1 time-step），保存类型（Storage Type）选择 PPM Image，设置好保存路径（Storage Directory），Animation Object 选择上一步设置好的温度云图，Animation View 可从下拉菜单中选择或用户自建一个视角，使用 Preview 功能进行预览，单击 OK 按钮。

4）最后拼接为动画导出。

（5）设置收敛准则　因为大多数锂电池的电导率较大，电势的均匀性较好，因此其残差一般要小于 1e-9，在此不以残差作为收敛判据，通过内迭代步数来控制 UDS 残差达到要求。实现过程：在结构树 Solution→Report Plots→Convergence Conditions 中，单击 Residual，Convergence Criterion 设置为 none，如图 2-4-24 所示。

7. 初始化及求解设置

算例设置到此，首先要保存一下 case，推荐使用 . gz or. h5 文档格式。

在结构树 Solution→Initiation 中双击，在设置面板中选择 Hybrid Initialization 方法；在结构树 Solution→Run Calculation 中双击，在设置面板中 Time Step Size 的设置如图 2-4-25 所示，Number of Time Steps 设置为 1500，其余保持默认设置，单击 calculate，进行仿真求解。

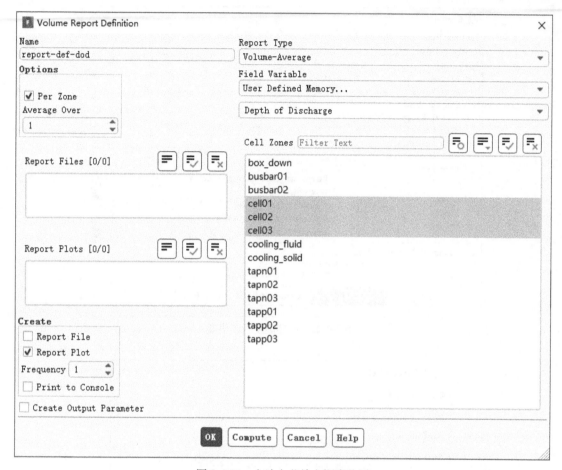

图 2-4-21　电池电芯放电深度监测

对于瞬态电化学仿真，一般在初始的几步计算需要使用较小的时间步长，如 1~2s，等计算稳定后，可逐步增加到大的时间步长，如 30s。需要注意的是，在每个时间步长内，电势残差、能量残差均需达到所需的水平。

2.4.5　后处理

1. 后处理——模组内部温度分布

模组内部温度场分布后处理方法如下，在结构树 Result→Graphics→Contours 中右键，选择 New，设置如图 2-4-26 所示，修改名称为 contour-temp，Contours of 选择 Temperature，在 Surfaces 中首先通过 surface type 方法选中所有的 wall type，然后在 Filter Text 中输入 box，取消所有包含 box 的面，单击 Save/Display 按钮，模组内部温度分布如图 2-4-27 所示。

2. 后处理——模组温度分布动画

在 Fluent 利用之前设置进行动画制作非常便捷，在结构树 Result→Animations 中，双击 Solution Animation Playback→Animation Sequences，选择 animation-1，单击播放按钮查看动画，

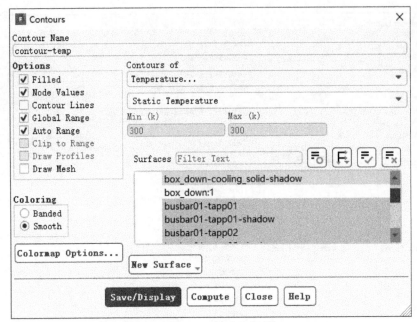

图 2-4-22　电芯温度云图设置

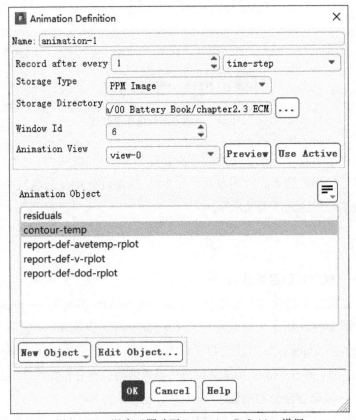

图 2-4-23　温度云图动画 Animation Definition 设置

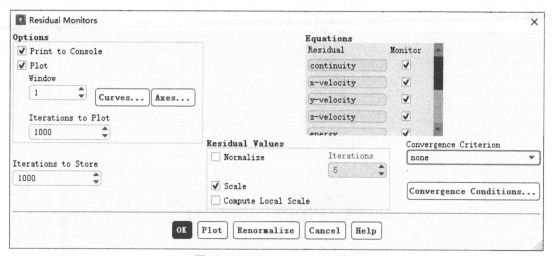

图 2-4-24　Residual Monitors 设置

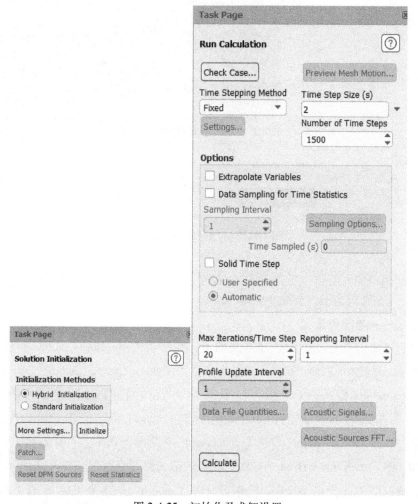

图 2-4-25　初始化及求解设置

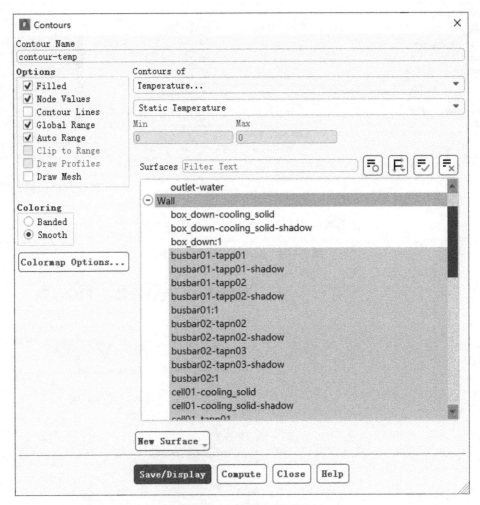

图 2-4-26　电池温度云图设置

通过调整 Replay Speed 来调整播放速度，在调试至满意后，可通过 Write/Record Format→MPEG→Write，将动画输出，如图 2-4-28 所示。

3. 后处理——电流矢量图

模组内部电流矢量分布图后处理方法如下：在结构树 Result→Graphics→Contours 中右键，选择 New，设置如图 2-4-29 所示，修改名称为 vector-current，Colorby 选择 User Defined Memory→Magnitude of Current Density，在 Surfaces 中首先通过 surface type 方法选中所有的 wall type，然后在 Filter Text 中输入 box，取消所有包含 box 的面，单击 Custom Vectors，设置见图 2-4-30。单击 Vector Options 勾选 Fixed Length 并设置为 0.3（见图 2-4-31），最后修改 Scale 值为 0.004，单击 Save/Display 按钮，模组内部矢量图分布如图 2-4-32 所示。

这里需要说明的是，自 2020R2 版本及以后 Color by 下拉菜单中取消了 User Defined Memory 选项，读者在 Battery Variables 中设置即可。

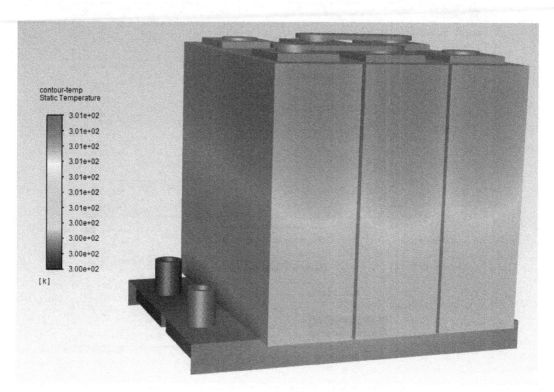

图 2-4-27　电池温度云图

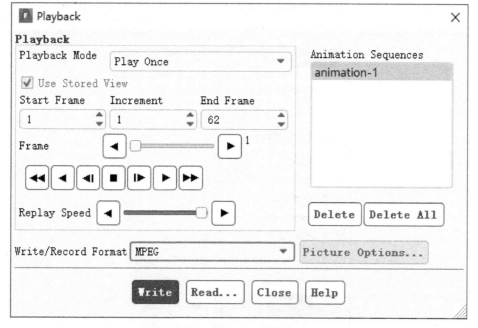

图 2-4-28　电池温度云图动画输出设置

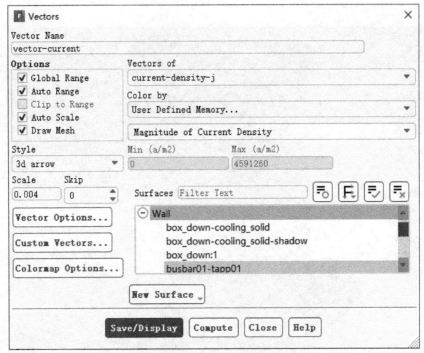

图 2-4-29　电池电流矢量图设置

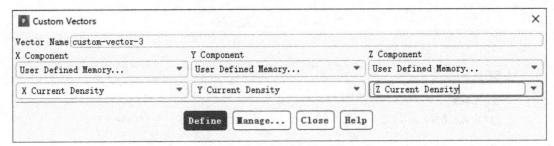

图 2-4-30　电池电流矢量图设置

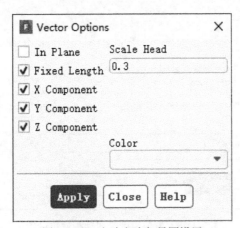

图 2-4-31　电池电流矢量图设置

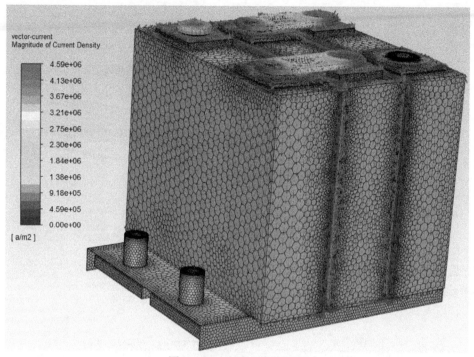

图 2-4-32 电池电流矢量图

4. 后处理——冷却通道流线图

模组冷却通道流线图后处理方法如下：在结构树 Result→Graphics→Pathlines 中右键，选择 New，设置如图 2-4-33 所示，保持默认名称为 pathlines-1，Color by 选择 Velocity→Velocity Magnitude，在 Release from Surfaces 中选择 inlet-water，其余保持默认，单击 Save/Display 按钮，模组冷却通道流线图分布如图 2-4-34 所示。

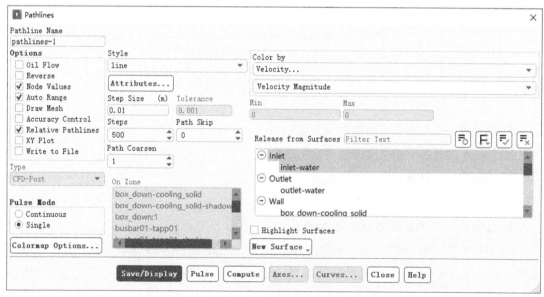

图 2-4-33 电池冷却液流线图设置

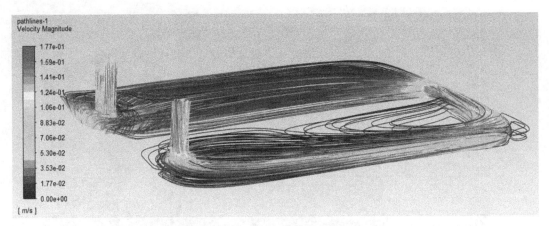

图 2-4-34　电池冷却液流线图

5. 后处理——电压随时间变化图

图 2-4-35 为计算过程中监测的电压随时间变化曲线。

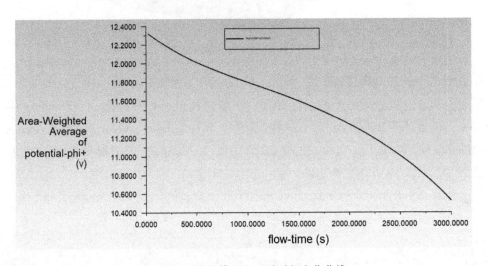

图 2-4-35　电池模组电压随时间变化曲线

6. 后处理——监测点温度随时间变化图

图 2-4-36 为电芯平均温度随时间变化曲线。

7. 后处理——计算过程中迭代残差

图 2-4-37 为仿真计算残差图。

8. 后处理——DoD 随时间变化曲线

图 2-4-38 为计算过程中放电深度 DoD 随时间变化的曲线，因为本算例中采用的恒定倍率放电，故 DoD 呈现出线性上升的趋势。读者可选用组合式的边界条件负载进行相关测试。

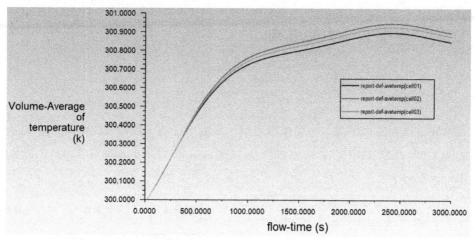

图 2-4-36　电芯平均温度随时间变化曲线

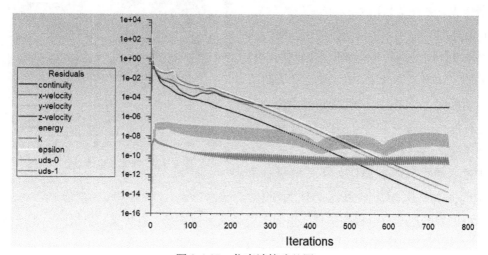

图 2-4-37　仿真计算残差图

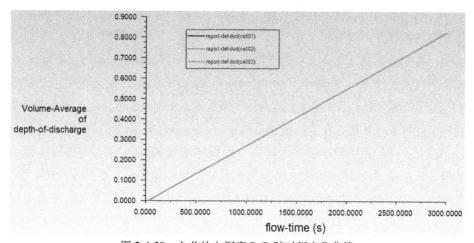

图 2-4-38　电芯放电深度 DoD 随时间变化曲线

2.5 详细三维锂离子电池模型

2.5.1 理论部分

本文锂离子详细电化学模型旨在模拟非常小尺度电极的详细物理化学现象。如果用户对电池模组或 Pack 级别的电化学或热管理感兴趣，可以使用 Fluent 中另外一个内置模块 MSMD Battery Model 来进行仿真。

锂电池通常都是通过堆叠或卷制多层电极形成类似三明治的结构。每个电极由阳极电池收集器、阳极、隔膜、阴极和阴极电池收集器构成，如图 2-5-1 所示。

在放电时，储存在阳极材料中的锂扩散出，并在 SEI 膜处进行电化学反应，然后以锂离子的形式溶解在电解质中。锂离子从阳极扩散到阴极侧，并在阴极 SEI 处进行电化学反应，最终嵌入阴极材料中。在充电过程，锂和锂离子的运动正好与上述相反。

本模型使用的限制条件如下：电极计算域必须为固体，电解质计算域必须为流体。

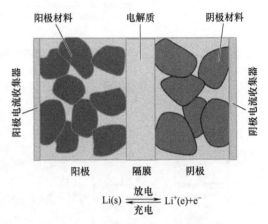

图 2-5-1 锂离子电池工作示意图

目前此模型只能用于全电极的仿真，也即模型必须包括正极、电解质和负极区。半电池模型目前不支持。

控制方程

图 2-5-2 为此模型的的控制方程汇总，包括阴极、阳极和电解质的电流通量、质量通量、电荷守恒和质量守恒等方程。

方程中，各参数的意义如下：i_0 为交换电流常数（exchange current constant）；α_a、α_c 分别为阳极和阴极的迁移系数（transfer coefficients）；α_1、α_2、α_3 为反应速率指数；U 为平衡电势；R 为通用气体常数；T 为温度；$f_\pm$ 为活性系数（activity coefficient）；c 为电极中的锂浓度或电解质中的锂离子浓度；N 为质量通量矢量（mass flux vector）；J 为电流矢量（electric current vector）；J_s、J_e 分别为电极和电解质中的电流通量矢量；N_s 为电极固体域中的锂组分质量通量矢量；N_e 为电极固体域中的锂离子组分质量通量矢量；Φ_s、Φ_e 分别为电极和电解质的电势；c_s、c_e 分别为电极和电解质中锂浓度；σ 为电极中的电导率；κ 为电解质中的离子电导率；D_s 为电极中锂质量扩散率；D_e 为电解质中锂离子质量扩散率；F 为法拉第常数；t^+ 为锂离子迁移数；k_D 为扩散率。

此模型数值仿真的难点有以下几点：

1）强烈的非线性耦合使得收敛困难；

2）模拟是瞬态过程，需要每一个时间步得到精确解；

3）电势方程没有瞬态项，因此必须从第一个时间步就要有好的解；

4）强耦合要求锂浓度始终维持在限定范围内，即使在每个时间步内的开始。

		阳极/阴极	电解质
电流通量		$\vec{J}_s = -\sigma\nabla\phi_s$	$\vec{J}_e = -k\nabla\phi_e + \boxed{k_D\nabla\ln c_e}$
质量通量		$\vec{N}_s = -D_s\nabla c_s$	$\vec{N}_e = -D_e\nabla c_e + \boxed{\dfrac{\vec{J}_e t^+}{F}}$
电荷守恒	$\nabla\cdot\vec{J}=0$	$\nabla\cdot(\sigma\nabla\phi_s)=0$	$\nabla\cdot(k\nabla\phi_e) - \boxed{\nabla\cdot(k_D\nabla\ln c_e)}=0$
质量守恒	$\dfrac{\partial c}{\partial t}=\nabla\cdot\vec{N}$	$\dfrac{\partial c_s}{\partial t}=\nabla\cdot(D_s\nabla c_s)$	$\dfrac{\partial c_e}{\partial t}=\nabla\cdot(D_e\nabla c_e) - \boxed{\nabla\cdot\left(\dfrac{t^+\vec{J}_e}{F}\right)}$

$$k_D = \frac{2RTk}{F}(1-t^+)\left(1+\frac{\mathrm{d}(\ln f_\pm)}{\mathrm{d}(\ln c)}\right)$$

$$i_{se} = kFc_e^{\alpha_a}(c_{s,max}-c_s)^{\alpha_c}c_s^{\alpha_a}\left[\exp\left(\frac{\alpha_a F}{RT}(\phi_s-\phi_e-U)\right) - \exp\left(-\frac{\alpha_c F}{RT}(\phi_s-\phi_e-U)\right)\right]$$

图 2-5-2　详细 3D 电化学模型控制方程

解决方案：

1）调整 Faradiac flux 松弛因子；

2）AMG Solver 设置的最值实践。

2.5.2　仿真输入条件汇总

1）电极的 CAD 模型。

2）图 2-5-2 中方程中各参数。

3）电和热负载边界条件。

2.5.3　几何模型说明

图 2-5-3 为本算例使用的几何模型，其中包括正极、负极和电解质，考虑到模型的对称性及减少计算量，采用了对称的边界条件。

2.5.4　三维详细电化学模型仿真流程

1. 一般性操作及设置

（1）启动 Fluent Launcher　启动 Fluent Launcher，勾选 3D Dimension，勾选 Display Mesh

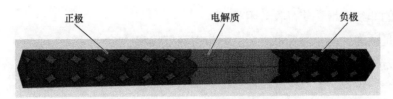

正极　　　　　　　电解质　　　　　　　负极

图 2-5-3　几何模型

After Reading，勾选 Double Precision，Processing Options 选择并行且 Solver Processes 选择 6 核，在 Working Directory 中设置工作路径，如图 2-5-4 所示。

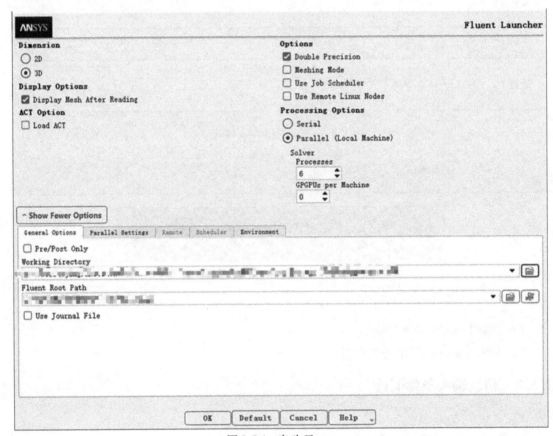

图 2-5-4　启动 Fluent

（2）读入网格并检查　在菜单 File→read case 中，选中 GrahamKee-paper. cas. gz，网格导入完成后软件会自动显示网格（因为在启动界面勾选了 Display Mesh After Reading）。

（3）Fluent 网格检查　在进行具体设置求解之前，对导入的网格一定要进行检查，主要检查为以下 4 方面：

1）计算域尺寸检查，确认计算的范围与计算模型范围相符，主要是通过 x,y,z 坐标最大最小值来判断，如若范围不符，往往需要通过 scale 来缩放到合理范围；

2）最小体积检查，不可为负；

3）网格正交质量，Orthogonal Quality 一般建议大于 0.1，最好大于 0.15；

4）最大 aspect ratio 检查，对于特定物理模型（如 PEMFC 质子交换膜燃料电池）或物理现象（如自然对流）需要检查此项，如图 2-5-5 所示。

网格检查功能通过 General→Check & Report Quality 来实现，本案例会出检查结果如下，框注的部分分别为计算域尺寸范围、最小体积、网格正交质量和最大的 aspect ratio。

```
Domain Extents:
  x-coordinate: min (m) = -1.084202e-22, max (m) = 2.920000e-05
  y-coordinate: min (m) = 8.875000e-07, max (m) = 2.662500e-06
  z-coordinate: min (m) = 8.875000e-07, max (m) = 2.662500e-06
Volume statistics:
  minimum volume (m3): 3.544835e-24
  maximum volume (m3): 1.202293e-20
  total volume (m3): 9.199825e-17
Face area statistics:
  minimum face area (m2): 1.020503e-16
  maximum face area (m2): 7.223183e-14
Checking mesh.....................................
Done.

Mesh Quality:

Minimum Orthogonal Quality = 2.18526e-01 cell 17289 on zone 34 (ID: 77672 on partition: 2) at location ( 9.15286e-06  1.05544e-06  2.45886e-06)
(To improve Orthogonal quality , use "Inverse Orthogonal Quality" in Fluent Meshing,
  where Inverse Orthogonal Quality = 1 - Orthogonal Quality)

Maximum Aspect Ratio = 1.20874e+01 cell 6569 on zone 34 (ID: 102448 on partition: 3) at location ( 3.71984e-06  1.36834e-06  9.15844e-07)
```

图 2-5-5　网格质量检查

（4）通用设置　选择压力基求解器，选择瞬态求解。

（5）相关物理模型选择　打开能量方程，其余默认设置。

2. Lithium-on Battery Model 模块设置

（1）激活 Lithium-on Battery Model 模块　新的 Lithium-on Battery Model 需要打开 beta-feature-access，有以下两种方法：

1）方法 1：TUI：define/beta-feature-access；输入 yes，见图 2-5-6。

2）方法 2：在右上角搜索框中输入 beta，选中相应的 TUI 调用；输入 yes，见图 2-5-7。

```
> define/beta-feature-access
Enable beta features? [yes]

Beta features are already enabled.
```

图 2-5-6　使用 TUI 的方法激活

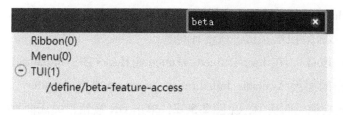

图 2-5-7　使用搜索框的方式激活

（2）UDF 文件准备　打开 li-ion-battery. c 文件，注意检查图 2-5-8 标注部分与模型对应关系是否正确。此步骤涉及到 UDF 与模型网格信息之间的关联，请特别注意。读者使用自已的模型进行计算时，需要按照以下格式对 UDF 进行相应修改，关于 UDF 中其余变量的说明见图 2-5-9。

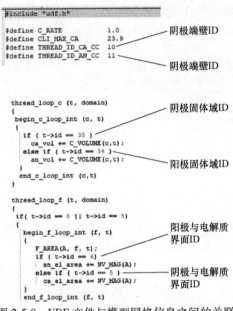

图 2-5-8　UDF 文件与模型网格信息之间的关联

```
#include "udf.h"

#define C_RATE           1.0     /* 表示放电倍率为1C*/
#define CLI_MAX_CA       23.9    /*阴极侧最大锂浓度*/
#define THREAD_ID_CA_CC  10      /*阴极负载端壁面ID*/
#define THREAD_ID_AN_CC  11      /*阳极负载端壁面ID*/

static real ca_cc_area=0.; /* cathode tab Area 阴极极耳面积*/
static real ca_el_area=0.; /* cathode-electrolyte Interface Area 阴极与电解质界面面积*/
static real ca_vol=0.;     /* cathode Volume阴极体积 */
static real an_cc_area=0.; /* anode tab Area阳极极耳面积 */
static real an_el_area=0.; /* anode-electrolyte Interface Area 阳极与电解质界面面积*/
static real an_vol=0.;     /* anode Volume阳极体积 */
```

图 2-5-9　部分 UDF 解释

（3）设置 UDF　详细三维电化学模型支持用户自定义材料物性和反应速率常数，这部分需要使用到 UDF。在 User-Defined→Functions 中，选择 Compiled UDFs，单击 Add→li-ion-battery.c，单击 Build，然后单击 Load，完成 UDF 的关联，见图 2-5-10。这步骤需要检查 console 中的信息，确保 UDF 加载过程没有问题。

（4）Function Hooks　在 User-Defined→Function Hooks 中，Initialization 处单击 Edit，见图 2-5-11；在弹出的面板 Available Initialization Functions 中选中 battery_init::libudf→单击 Add，UDF 会进入右侧的面板中，见图 2-5-12，单击 OK 按钮，关闭面板，完成在 Hooks 面板中的确认。

（5）激活及设置 Lithium-ion Battery Model 模块　在结构树 Models→Electric Potential 中，勾选 Potential Equation，勾选 Lithium-ion Battery Model，激活 Lithium-ion Battery Model。分别

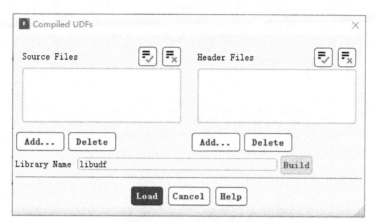

图 2-5-10　Compiled UDFs

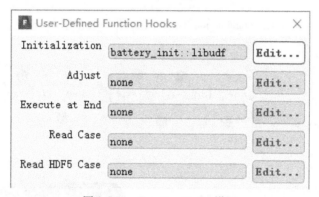

图 2-5-11　Function Hooks 设置

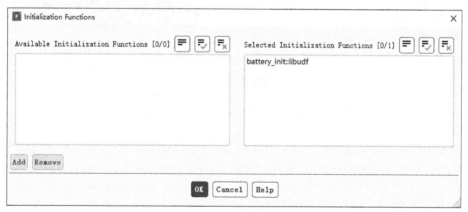

图 2-5-12　Function Hooks 设置

设置 Negative Electrode（负极）/Electrolyte（电解质）/Positive Electrode（正极），如图 2-5-13 所示。

在 Echem Rate 标签下，进行如下设置，如图 2-5-14 所示，设置框中参数与方程的关联关系以及各项与化学反应的关联也一并标注在图中。

113

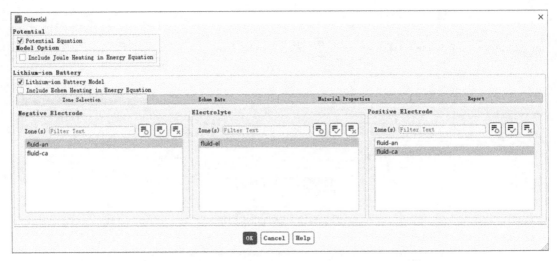

图 2-5-13　Lithium-ion Battery Model 中 Zone Selection 设置

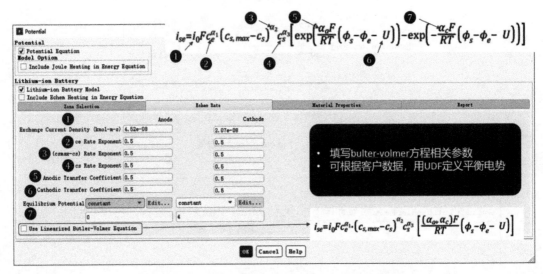

图 2-5-14　Lithium-ion Battery Model 中 Echem Rate 设置

在 Material Properties 标签下，进行如下设置，如图 2-5-15 所示，设置框中参数与方程的关联关系也一并标注在图中。

3. 设置材料物性

（1）设置电解质 electrolyte 材料属性　在 Materials→Fluid 中右键，选择 New，在弹出的面板中按照以下进行设置：Name 改为 electrolyte；Density（密度）：1.225kg/m³；c_p（比热容）：1006.43J/（kg · K）；Thermal Conductivity（热导率）：0.0242W/（m · K）；确保 Electrical Conductivity 和 Lithium Diffusivity 输入为合理值；如图 2-5-16 所示。

（2）设置电解质 anode 材料属性　在 Materials→Solid 中右键，选择 New，在弹出的面板中按

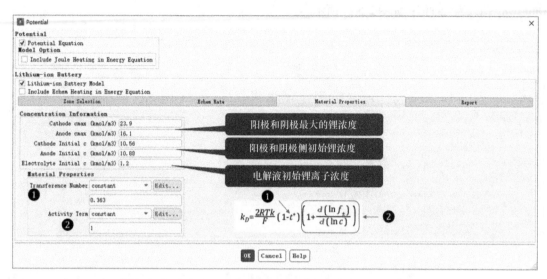

图 2-5-15　Lithium-ion Battery Model 中 Material Properties 设置

图 2-5-16　电解质材料物性设置

照以下进行设置：Name 改为 anode；Density（密度）：2500kg/m³；c_p（比热容）：700J/(kg·K)；Thermal Conductivity（热导率）：5e-06W/(m·K)；确保 Electrical Conductivity 和 Lithium

Diffusivity 输入为合理值；如图 2-5-17 所示。

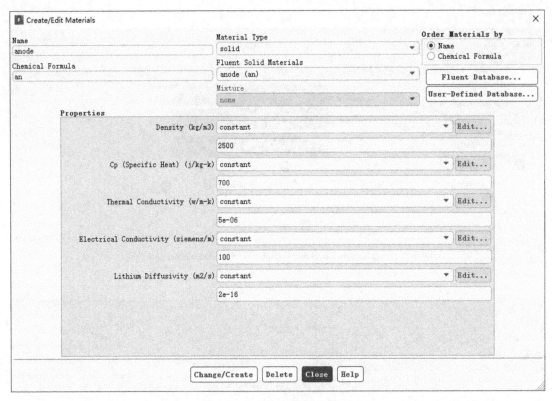

图 2-5-17　阳极材料物性设置

（3）设置电解质 cathode 材料属性　在 Materials→Solid 中右键，选择 New，在弹出的面板中按照以下进行设置：Name 改为 cathode；Density（密度）：1500kg/m^3；c_p（比热容）：700J/(kg·K)；Thermal Conductivity（热导率）：5e-06W/(m·K)；确保 Electrical Conductivity 和 Lithium Diffusivity 输入为合理值；如图 2-5-18 所示。

4. 设置计算域

（1）设置流体域 Cell Zone Condition　在结构树 Cell Zone Conditions→Fluid 中，双击 fluid-el 流体域，从 Material Name 下拉菜单中选择之前定义的 electrolyte，其余保持默认，见图 2-5-19。

（2）设置固体域 Cell Zone Condition——阳极　在结构树 Cell Zone Conditions→Solid 中，双击 fluid-an 流体域，从 Material Name 下拉菜单中选择之前定义的 anode，其余保持默认，见图 2-5-20。

（3）设置固体域 Cell Zone Condition——阴极　在结构树 Cell Zone Conditions→Solid 中，双击 fluid-ca 流体域，从 Material Name 下拉菜单中选择之前定义的 cathode，其余保持默认，见图 2-5-21。

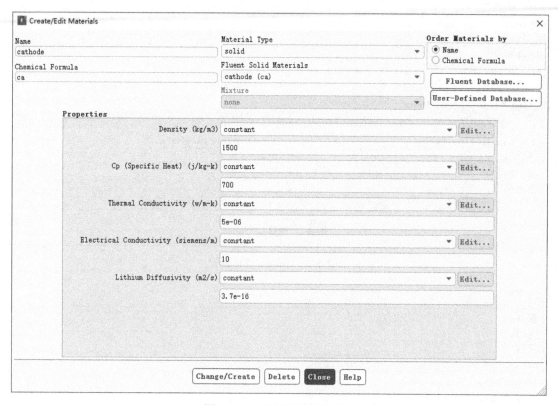

图 2-5-18　阴极材料物性设置

图 2-5-19　电解质计算域设置

5. 设置边界条件

（1）设置 BC——阳极　在 Boundary Conditions→wall 中双击 wall-an-cc，Thermal 标签设置保持默认，此处 Heat Flux 为 0 表示为绝热壁面，见图 2-5-22；在 Potential 标签下选择 Po-

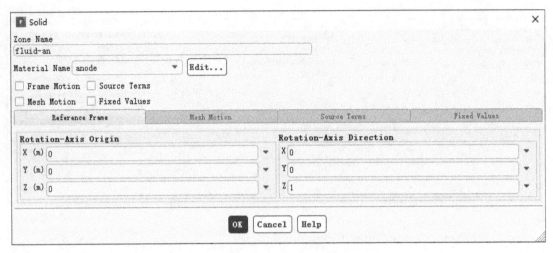

图 2-5-20　阳极计算域设置

图 2-5-21　阴极计算域设置

tential Boundary Condition 为 Specified Value（电压值），并设置电压为 0 volts，单击 OK 按钮，见图 2-5-23。

　　这里需要说明的是，电的边界既支持电压边界条件（Specified Value），也支持电流边界条件（Specified Flux），但在阳极一般都是指定为电压边界条件。

　　（2）设置 BC——阴极　在 Boundary Conditions→wall 中双击 wall-ca-cc，Thermal 标签设置保持默认，见图 2-5-24；在 Potential 标签下选择 Potential Boundary Condition 为 Specified Flux（电压值），并设置电流密度为 -8amps/m²，单击 OK 按钮，见图 2-5-25。

　　注：当电流密度为负时表示电流流出区域，也即放电；电流密度为正时表示电流流入区域，也即充电。

　　（3）设置 BC——电解质与电极交界面　在 Boundary Conditions→wall 中双击 wall-fluid-

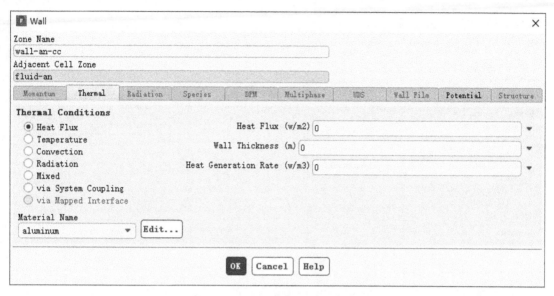

图 2-5-22　阳极壁面 Thermal 设置

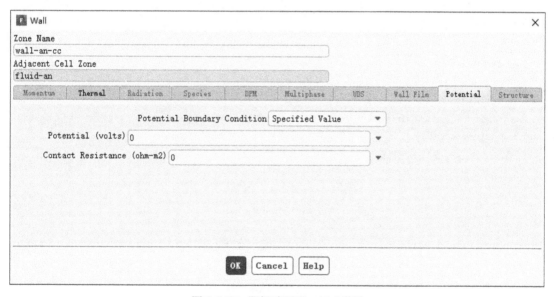

图 2-5-23　阳极壁面 Potential 设置

el，Thermal 标签设置保持默认，见图 2-5-26；在 Potential 标签下选择 Potential Boundary Condition 为 Specified Flux（电流值），并设置电流为 0 amps/m²，见图 2-5-27。

其余壁面保持默认设置。

6. 设置 Method 和 Control

为保证收敛，一般将 Faradaic Interface Current 的松弛因子设为较小值，本算例设置为 0.1，见图 2-5-28。由于本例中无流动，故将 Flow 和 Energy 方程关闭，单击 Equation，将

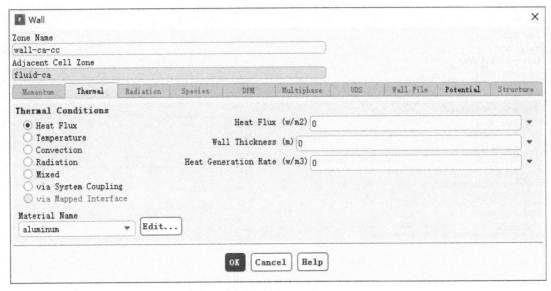

图 2-5-24　阴极壁面 Thermal 设置

图 2-5-25　阴极壁面 Potential 设置

Flow 和 Energy 取消选择即可，见图 2-5-29。为保证电势方程的收敛性，还需要做如下设置：单击 Advanced Solution Controls，将 Potential 对应的 Cycle Type 改为 W-Cycle，Termination 修改为 0.01，AMG Method Stabilization Method 选择 BCGSTAB，见图 2-5-30。

7. 设置后处理监测值

（1）设置 Report 和 Monitor——电压监测　在结构树 Solution→Report Definitions 中右键，选择 New→Surface Report→Area-Weighted Average，在弹出的面板中修改 Name 为 voltage，

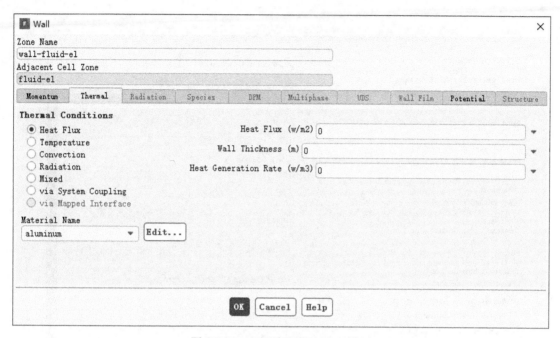

图 2-5-26　电解质壁面 Thermal 设置

图 2-5-27　电解质壁面 Potential 设置

Field Variable 选择 Potential→Electric Potential，Surfaces 选择 wall-ca-cc，Create 勾选 Report File 和 Report Plot，单击 "OK" 按钮，设置如图 2-5-31 所示。

（2）设置收敛准则　在 Solution → Report Plots → Convergence Conditions 中，单击

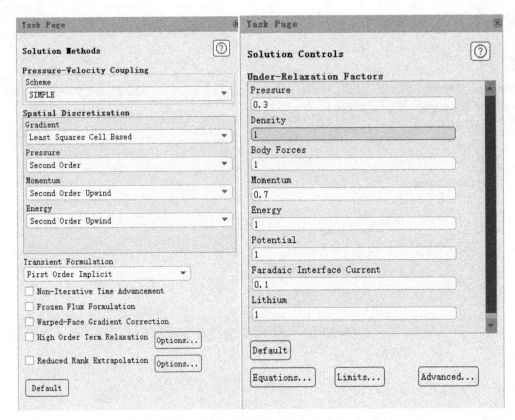

图 2-5-28　Method 和 Control 设置

图 2-5-29　Equation 设置

Residuals（见图 2-5-32），在 Convergence Criterion→absolute 中，potential 其残差一般要小于 1e-9，lithium 其残差一般要小于 1e-12，如图 2-5-33 所示。

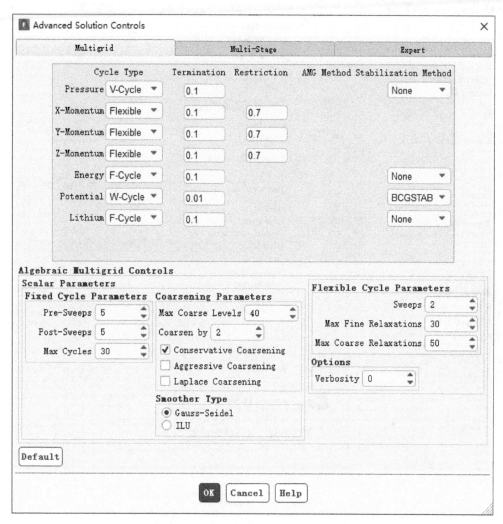

图 2-5-30　Advanced Solution Controls 设置

8. 初始化及求解设置

算例设置到此，首先要保存一下 case，推荐使用 . gz 或 . h5 文档格式。在结构树 Solution→Initiation 中双击，在设置面板中选择 Hybrid Initialization 方法；在结构树 Solution→Run Calculation 中双击，在设置面板中 Time Step Size 设置为 1，Number of Time Steps 设置为 3000，Max Iterations/Time Step 设置为 1000，其余保持默认设置。单击 calculate 进行仿真求解，见图 2-5-34。需要注意的是，在每个时间步内，电势残差、能量残差均需达到所需的水平，若上述设置满足不了，则可以通过减小时间步长和增大内迭代步的方法来使其满足要求。

受限于物理模型的限制，这类算例一般计算较慢，并且增加计算核数对其计算加速性影响较小，读者并不需要投入太多计算资源，但需要等待较长时间来获得结果。

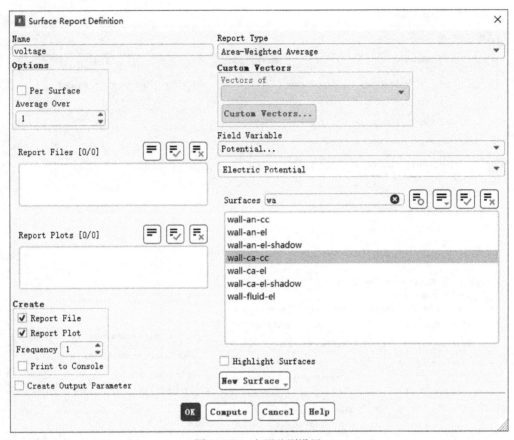

图 2-5-31　电压监测设置

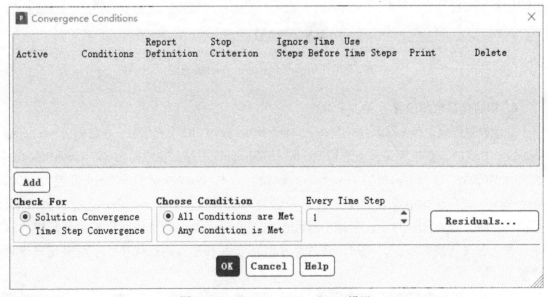

图 2-5-32　Convergence Conditions 设置

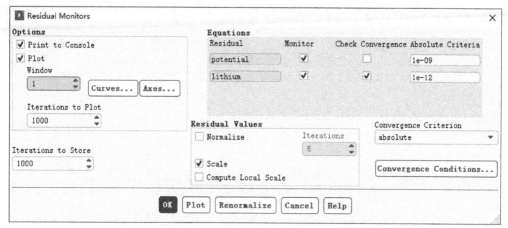

图 2-5-33　Residual Monitors 设置

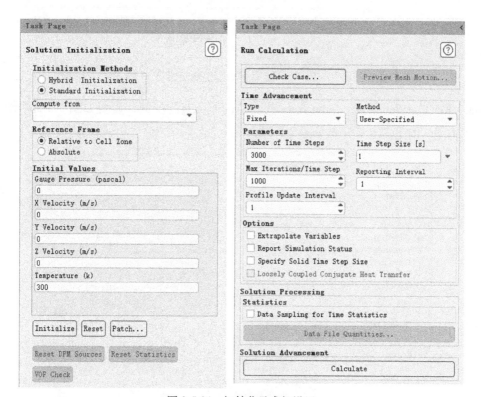

图 2-5-34　初始化及求解设置

2.5.5　后处理

1. 后处理——计算过程中迭代残差

图 2-5-35 为计算过程中残差图。

2. 后处理——电极内部电势分布

在 Result → Graphics → Contours 中，Contour Name 修改为 potential，Contours of 选择

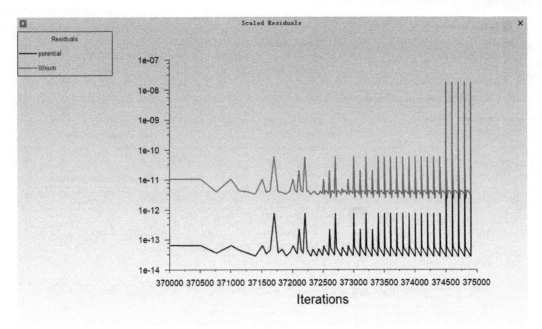

图 2-5-35　计算过程中残差图

Potential→Electricl Potential，在 Surfaces 列表中选择所有的壁面，设置如图 2-5-36 所示，单击 Save/Display 按钮，电势分布见图 2-5-37。

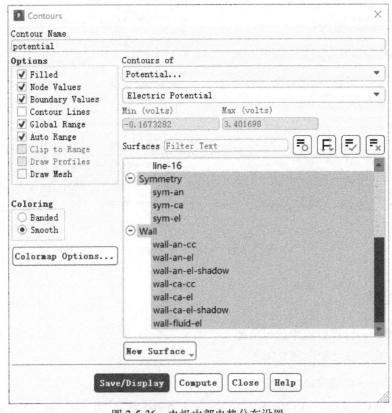

图 2-5-36　电极内部电势分布设置

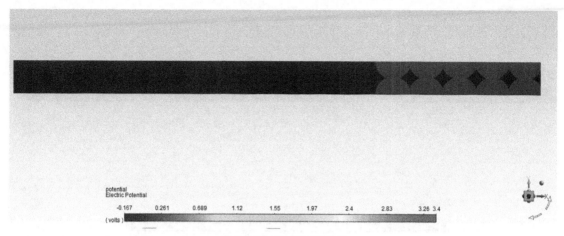

图 2-5-37　电极电势分布

3. 后处理——电极内部锂离子浓度分布

在 Result→Graphics→Contours 中，Contour Name 修改为 Contour-2，Contours of 选择 Lithium→Lithium Concentration，在 Surfaces 列表中选择所有的壁面，设置如图 2-5-38 所示，单击 Save/Display 按钮，结果见图 2-5-39。

图 2-5-38　电极内部锂离子浓度分布设置

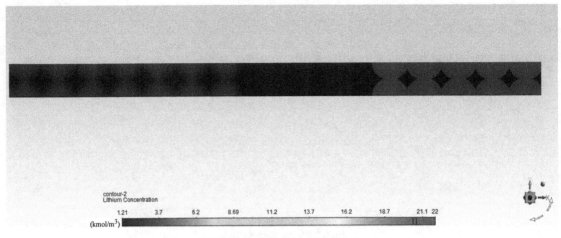

图 2-5-39　电极锂离子浓度分布

4. 后处理——电压随时间变化图（见图 2-5-40）

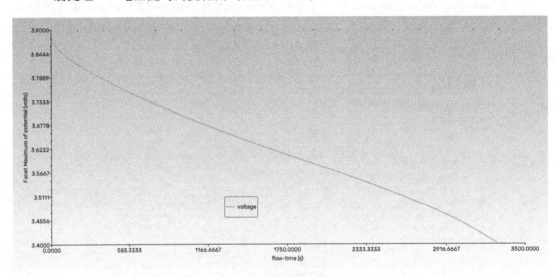

图 2-5-40　电压随时间变化图

2.6　电池模型的 UDF 接口

Fluent MSMD Battery Model 可以满足绝大多数读者对电池仿真的需求，但对于那些希望修改现有电化学模型或开发自己电化学模型的读者来说，现有模型的修改不方便，导致工作量会较大，通过 UDF 二次开发是一个较为简单的解决方法。

这里需要说明的是，在 2021R1 版本之前，MSMD Battery Model 为 Fluent 的附加模块（add-on module），使用 UDF 进行二次开发需要通过 MakeFile 的途径来做，门槛极高并且极易出错，不建议读者使用此方法。自 2021R1 开始，MSMD Battery Model 成为 Fluent 内置的模块，这使得通过 UDF 进行电化学模型的二次开发变得极为容易。本节旨在介绍 2021R1 及以后版本电池模型的 UDF 接口。

2.6.1　电池模型 UDF 接口

2021R1 Fluent 发布的 UDF 接口列表如下：

1）DEFINE_BATTERY_PARAMETER_NTGK（cell_t c，Thread* t，real soc，real* U，real Y）。

2）DEFINE_BATTERY_PARAMETER_ECM（cell_t c，Thread* t，real soc，int mode，real* VOC，real* Rs，real* R1，real* C1，，real* R2，real* C2）。

3）DEFINE_BATTERY_ENTROPIC_HEAT（real soc）。

4）DEFINE_BATTERY_ECHEM_MODEL（int zero_start，int mode，real temperature，real voltage，real current，real dtime，real* j_tmp，real* Qe_tmp，real* voltage_end）。

5）DEFINE_BATTERY_P2D_OCP（real x，real T）。

6）DEFINE_BATTERY_P2D_PROPERTY_ELECTROLYTE（real Ce，real T）。

7）DEFINE_BATTERY_P2D_PROPERTY_ELECTRODE（real Cs，real T）。

8）DEFINE_BATTERY_P2D_BV_RATE（real Ce，real Cs，real Cs_max，real T，real eta，real i_0，real alpha_a，real alpha_c，int mode）。

9）DEFINE_BATTERY_P2D_POSTPROCESSING（cell_t c，Thread* t，real T，real Vp，real Vn）。

在上述的 UDF 接口中，第一个为 NTGK 模型的 UDF 接口，第二个为 ECM 模型的 UDF 接口，第三个为熵热的 UDF 接口，第四个为用户自定义电化学模型 UDF 接口，后五个为 Newman P2D 模型的 UDF 接口。在此仅以前两个为例，介绍如何修改相应的 UDF。

2.6.2　电池 ECM 模型 UDF 接口

ECM 模型 UDF 接口的宏 DEFINE_BATTERY_PARAMETER_ECM（cell_t c，Thread* t，real soc，int mode，real* VOC，real* Rs，real* R1，real* C1，real* R2，real* C2）与其他 UDF 宏一样，规定了需要调用其时相应的参数，其使用方法也与其他宏相类似。

在撰写时，首先要调用 UDF 的表头，也即#include "udf.h"，其后引用 ECM UDF 宏，给 udf 起名并在宏结构内分别对形参进行一一定义即可。由 2.3.1 节可知，ECM 模型需要定义模型中各参数（如 VOC、Rs、R1、C1、R2、C2）与 soc 的函数关系，读者现在只需要在宏结构内定义好各参数与 soc 的对应关系。如下：

1）Udf 名称为 ecm_model_parameter；

2）*Voc = 3.685 − 1.031*exp（−35.0*soc）+ 0.2156*soc − 0.1178*soc*soc + 0.3201*soc*soc*soc；

3）*RRs = 0.07446 + 0.1562*exp（−24.37*soc）；

4) *RR1　　$= 0.04669+0.3208^* \exp$ $(-29.14^* soc)$;

5) *RR2　　$= 0.04984+6.603^* \exp$ $(-155.2^* soc)$;

6) *CC1　　$= 703.6$ $-752.9^* \exp$ $(-13.51^* soc)$;

7) *CC2　　$= 4475.0$ $-6056.^* \exp$ $(-27.12^* soc)$;

最终的 UDF 如图 2-6-1 所示,保存为 .c 文件。

```
#include "udf.h"
DEFINE_BATTERY_PARAMETER_ECM(ecm_model_parameter, c, t, soc,
mode, Voc, RRs, RR1, CC1, RR2, CC2)
{
    *Voc = 3.685 - 1.031*exp(-35.0*soc) + 0.2156*soc -
0.1178*soc*soc + 0.3201*soc*soc*soc;
    *RRs = 0.07446 + 0.1562*exp(-24.37*soc);
    *RR1  = 0.04669 + 0.3208*exp(-29.14*soc);
    *RR2  = 0.04984 + 6.603*exp(-155.2*soc);
    *CC1  = 703.6   - 752.9*exp(-13.51*soc);
    *CC2  = 4475.0  - 6056.*exp(-27.12*soc);
}
```

图 2-6-1　ECM UDF

在 User-Defined→Functions 中,选择 Compiled UDFs,单击 Add→test_Ecm_parameters_1. c,
然后单击 Build,最后单击 Load,完成 UDF 的关联,如图 2-6-2 所示。

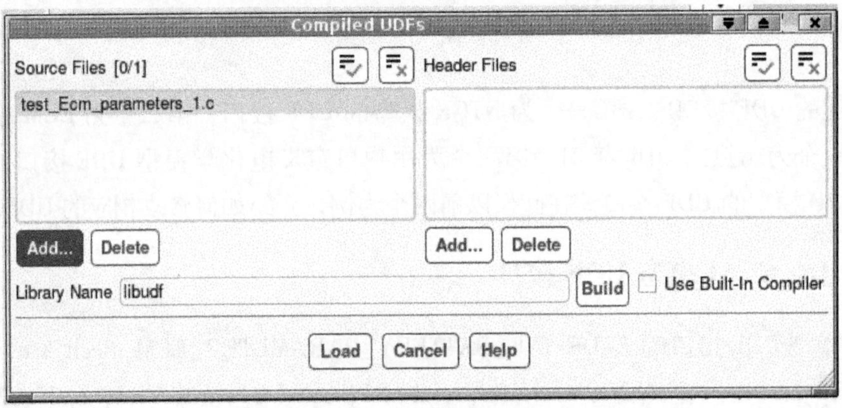

图 2-6-2　Compiled UDFs

在 Battery Model 中正常设置 ECM 模型,在 UDF 标签下会有 ECM Model Parameters 选项,
在其后下拉菜单中选择 ecm_model_parameter:libudf,如图 2-6-3 所示。

其余设置均按照 2.3 节进行即可,在此不再赘述,图 2-6-4 为使用 Battery Model 的自带
的 ECM 模型和使用 UDF 的结果对比,两者吻合得非常好。

2.6.3　电池 NTGK 模型 UDF 接口

NTGK 模型 UDF 接口的宏 DEFINE_BATTERY_PARAMETER_NTGK(cell_t c, Thread* t,

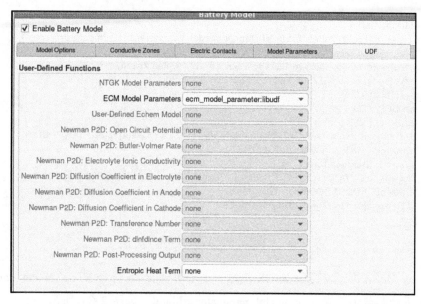

图 2-6-3　调用 ECM UDF

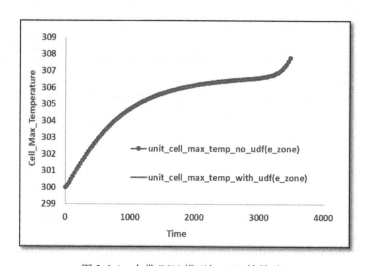

图 2-6-4　自带 ECM 模型与 UDF 结果对比

real soc，real* U，real Y）与其他 UDF 宏一样，规定了需要调用其时相应的参数，其使用方法也与其他宏相类似。

在撰写时，首先要调用 UDF 的表头，也即 #include " udf. h"，其后引用 NTGK UDF 宏，给 udf 起名并在宏结构内分别对形参进行一一定义即可。由 2.4.1 节可知，NTGK 模型需要定义模型中各参数（如 Y、U）与 DoD 的函数关系，读者现在只需要在宏结构内定义好各参数与 DoD 的对应关系。算例所用的 UDF 如图 2-6-5 所示：

导入 UDF 的操作，如图 2-6-2 所示。

```
#include "udf.h"
DEFINE_BATTERY_PARAMETER_NTGK(ntgk_model_parameter, c, t, temperature, soc, U, Y)
{
real a[] = {4.12585,-1.26316,1.921334,-6.88167,13.1938,-8.26136};
real b[] = {1266.046,-12507.2,95781.17,-151863,159395.6,-62232.84};
real c[]= {0.0,0.0};
real DOD = 1.0 - soc;
real T_ref = 288.16;
*U = a[0]+a[1]*DOD+a[2]*DOD*DOD+a[3]*DOD* DOD*DOD+a[4]*DOD* DOD*DOD
*DOD+a[5]* DOD* DOD*DOD *DOD*DOD;
*U -= c[1]*(temperature-T_ref);
*Y = b[0]+b[1]*DOD+b[2]*DOD*DOD+b[3]*DOD* DOD*DOD+b[4]*DOD* DOD*DOD
*DOD+b[5]* DOD* DOD*DOD *DOD*DOD;
*Y *= exp(c[0]*(1.0/T_ref-1.0/temperature));
}
```

图 2-6-5　NTGK UDF

在 Battery Model 中正常设置 NTGK 模型，在 UDF 标签下会有 NTGK Model Parameters 选项，在其后下拉菜单中选择 ntgk_model_parameter：libudf，如图 2-6-6 所示。

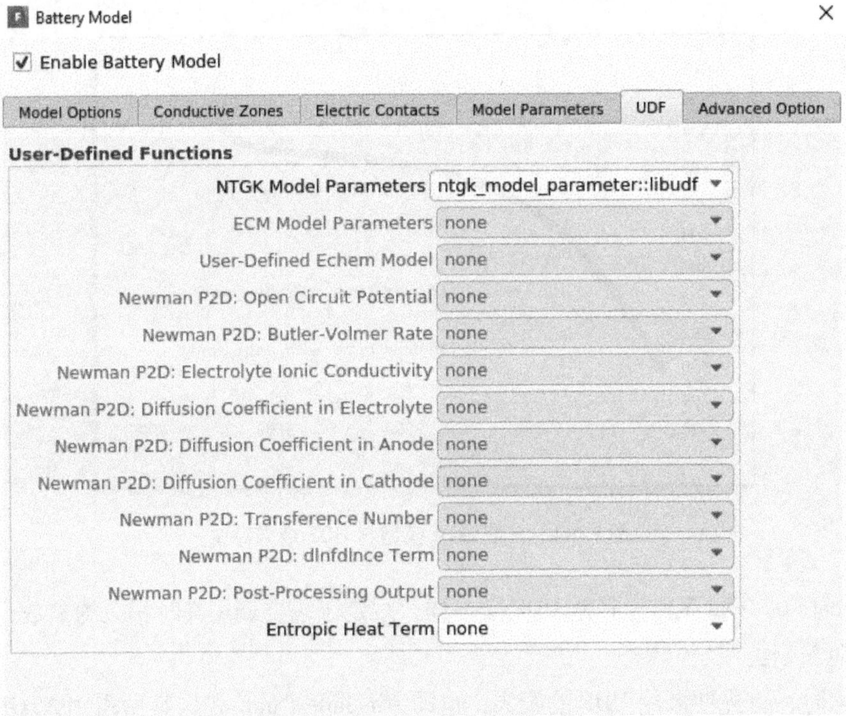

图 2-6-6　调用 NTGK UDF

其余设置均按照 2.4 章节进行设置即可，在此不再赘述，图 2-6-7 为使用 Battery Model 的自带的 NTGK 模型和使用 UDF 的结果对比，两者吻合得非常好。

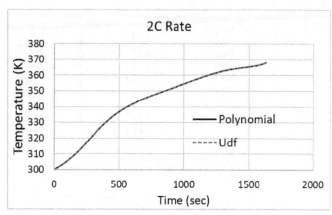

图 2-6-7　自带 NTGK 模型与 UDF 结果对比

2.7　电池热失控仿真

2.7.1　理论部分

电池的热失控问题是所有锂电池厂商，尤其是新能源车厂最关心的核心安全问题。电池在热失控过程会在极短时间内释放大量高温气体，并往往会伴随有燃烧现象，会对乘客生命安全带来极大威胁。电池热失控仿真可以让电池设计者对电池热失控特性、扩散模式以及可能的危害有定性和定量的认知，从而从主动或被动防护两方面来避免或减少热失控带来的影响。2020 年 5 月 12 日，3 项电动汽车强制性国家标准正式发布，特别是《电动汽车用动力蓄电池安全要求》标准，增加了电池系统热扩散的相关要求："电池包或系统由于某个电池热失控引起热扩散，进而导致乘员舱发生危险之前 5min，应提供热事件报警信号（整车报警，提醒乘员疏散）"。新国标的实施给电池热失控及热漫延仿真带来更高的要求。

导致电池热失控的原因很多，但大体可以分为以下几类：电器滥用、机械滥用和热滥用。

1. 热失控 3 个阶段

根据理论及电池热失控试验测试现象，有理论将热失控大致划分为以下 3 个阶段，见图 2-7-1：自生热阶段（50~140℃）；热失控阶段（140~850℃）；热失控终止阶段（850~常温）。阶段的划分方法存在着不同的说法，但核心是，跨越了哪个点热趋势将无法逆转。有理论认为这个点是隔膜的大规模溶解。在此之前，温度降下来，物质活性下降，反应会减缓。一旦突破这个点，正负极已经直接相对，电芯内部温度不可能被降低，无法终止反应的继续了。

目前，在热失控仿真领域，应用最广泛的为以下介绍的一方程理论和四方程理论。

2. 一方程热失控模型

一方程模型采用的是集总参数法，核心理念是将热失控过程中所有的反应用一个放热反

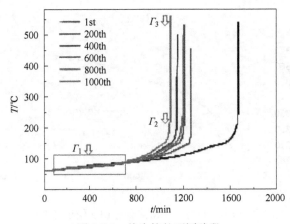

图 2-7-1   热失控的不同阶段

应来描述，并且这个放热反应符合阿累尼乌斯方程形式，方程如图 2-7-2 所示：

$$\frac{\mathrm{d}\alpha}{\mathrm{d}t} = A \cdot \exp(-E/RT)\alpha^{m}(1-\alpha)^{n}$$

$$\dot{q}_{\mathrm{abuse}} = HW \cdot \left| \frac{\mathrm{d}\alpha}{\mathrm{d}t} \right|$$

图 2-7-2   热失控—方程模型控制方程

上述公式中，A、m、n、α、R、E、T、H、W 均为模型常数。其中 A 为反应前指因子；m 和 n 为反应级数；α 为反应进度（0 表示未发生反应，1 表示反应完全结束）；R 为通用气体常数；E 为热失控反应的活化能；T 为温度；HW 为单位体积释放的热量。

3. NREL's 四方程热失控模型

与一方程整体集总参数法不同，四方程模型根据热失控过程中不同阶段起主导作用的不同机理引入 4 组反应方程（控制方程见图 2-7-3），分别如下：

1）SEI 膜分解反应（SEI layer decomposition）；

2）负极与电解质反应（Anode-electrolyte reaction）；

3）正极与电解质反应（Cathode-electrolyte reaction）；

4）电解质本身分解反应（Electrolyte decomposition reaction）。

以上 4 类反应会在不同温度时触发，见表 2-7-1。

表 2-7-1   四方程模型触发温度

反应序号	反　　应	可能的起始温度/℃
1	SEI 膜分解反应	80
2	负极与电解质反应	100
3	正极与电解质反应	130
4	电解质本身分解反应	180

$$\dot{q}_{abuse} = H_{sei} W_{sei} \left| \frac{dc_{sei}}{dt} \right| + H_{ne} W_{ne} \left| \frac{dc_{ne}}{dt} \right| + H_{pe} W_{pe} \left| \frac{d\alpha}{dt} \right| + H_e W_e \left| \frac{dc_e}{dt} \right|$$

$$\frac{dc_{sei}}{dt} = -A_{sei} \exp\left[-\frac{E_{sei}}{RT} \right] c_{sei}^{m_{sei}}$$

$$\frac{dc_{ne}}{dt} = -A_{ne} \exp\left(-\frac{t_{sei}}{t_{sei,ref}} \right) \exp\left[-\frac{E_{ne}}{RT} \right] c_{ne}^{m_{ne}}$$

$$\frac{d\alpha}{dt} = A_{pe} \exp\left[-\frac{E_{pe}}{RT} \right] \alpha^{m_{pe,1}} (1-\alpha)^{m_{pe,2}}$$

$$\frac{dc_e}{dt} = -A_e \exp\left[-\frac{E_e}{RT} \right] c_e^{m_e}$$

图 2-7-3　四方程模型对应的 4 个控制方程

在上述方程中，A、E 和 m 分别代表反应前指因子、活化能和反应级数。

下标 sei、ne、pe、e 分别代表 SEI 膜分解反应、负极-电解质反应、正极-电解质反应和电解质本身分解反应。

c_{sei}、c_{ne}、α 和 c_e 分别代表与各个反应反应物组分分数的无量纲变量，其中 c_{sei}、c_{ne} 和 c_e 的值从 1 变化到 0（1 代表暂未开始反应，0 代表反应结束），α 的值从 0 变化到 1（0 代表暂未开始反应，1 代表反应结束）。

t_{sei} 为 SEI 膜厚度的无量纲参数；$t_{sei,ref}$ 为 SEI 膜厚度的参考厚度。

T 为温度，R 为通用气体常数。

H 为反应热（J/kg），W 为介质中反应物的密度（kg/m^3）。

ANSYS FLUENT MSMD 模块已将上述一方程及四方程热失控模型包含在内，再加上 AN-SYS LS-dyna 和 Mechanical 可用来计算电池的结构相关仿真，因此针对最常见的机械滥用导致的热失控，ANSYS 目前可以模拟其整个过程。典型的流程（见图 2-7-4）是：首先通过 LS-dyna 或者 Mechanical 计算电池的机械滥用，如碰撞、针刺、挤压等，通过相关判断准则确定出内部短路区域；其次将内部短路区域信息设置在 FLUENT MSMD 模型中，即可对电池热失控进行仿真。

2.7.2　仿真输入条件汇总

与 ECM 和 NTGK 模型一样，热失控模型也是基于经验的模型，故同样需要试验数据来标定模型中的参数。热失控模型需要的试验数据为 ARC（Accelerating Rate Calorimetry）数据，在此不要与 DSC（Differential Scanning Calorimetry）数据混淆。

对 ARC 数据的要求有：①保证电池材料的自加热；②样本点覆盖从热引发至热失控反应完全结束；③在热失控阶段取样点要密。典型的 ARC 数据为两列，第一列为时间（单位为 s），第二列为温度（单位为 K），典型的 ARC 格式及曲线如图 2-7-5 所示。

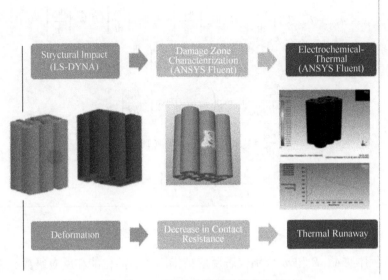

图 2-7-4　ANSYS 电池热失控全流程

| 0.02 300.0000202571001 |
| 0.04 300.0000420702226 |
| 0.06 300.000065551067 |
| 0.08 300.0000908187922 |
| 0.1 300.0001180004821 |
| 0.12 300.0001472316262 |
| 0.14 300.0001786566404 |
| 0.16 300.0002124294078 |
| 0.18 300.0002487138554 |
| 0.2 300.0002876845595 |
| 0.22 300.0003295273855 |
| 0.24 300.0003744401663 |
| 0.26 300.0004226334129 |
| 0.28 300.0004743310684 |
| 0.3 300.0005297712989 |
| 0.32 300.000589207333 |
| 0.34 300.0006529083399 |

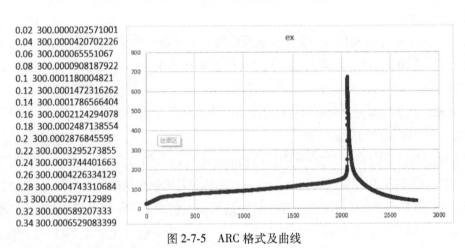

图 2-7-5　ARC 格式及曲线

2.7.3　热失控仿真流程

在 FLUENT 中计算热失控有两种模式：一种是单独热失控模式（勾选 Run Thermal Abuse Model Only，不求解子电化学模型）；另外一种耦合的模式（热失控模型和电化学模型同时求解）。这两种模式有不同的应用场景，单独热失控模式计算量小，不考虑电化学模型会损失一定准确度，但在热失控过程中，由于电化学生热量占整体热量比重较小，因此在设计初期其误差也是可以接受的；耦合的模式的缺点是计算量略大，其优点除更准确外还可以较好将热失控的 3 个阶段模拟出来。用户可根据自己的仿真阶段、计算资源多方面条件进行模型选择。

在本案例中，选择了较复杂的耦合模式，设置可分为两大部分：一部分是设置子电化学 NTGK 模型（这里仅以 NTGK 为例，热失控模型可以和 CHT、NTGK 以及 ECM 模型耦合）；另外一部分是设置热失控模型。

1. 一般性操作及设置

（1）启动 Fluent Launcher　启动 Fluent Launcher，勾选 3D Dimension，勾选 Display Mesh After Reading，勾选 Double Precision，Processing Options 选择并行且 Solver Processes 选择 6 核，在 Working Directory 中设置工作路径，如图 2-2-14 所示。

（2）读入网格并检查　在菜单 File → Read Mesh 中，选中 Geom-1-3cell-CHT2-ST-VM. msh. gz，网格导入完成后软件会自动显示网格（因为在启动界面勾选了 Display Mesh After Reading）。

（3）Fluent 网格检查　同 NTGK，见图 2-2-15 及相应章节。

（4）通用设置　电池模组内流动速度较低，故选择压力基求解器；本算例选择瞬态求解，其余保持默认，如图 2-3-5 所示。

（5）相关物理模型选择　由于需要得到模组的温度场分布，故打开能量方程；湍流模型选择 realizable k-e 模型及标准壁面函数。关于流动状态的确定，一般需要先计算雷诺数，根据其与临界雷诺数的大小来确定流动为湍流还是层流，在电池液冷冷却设计中几乎均为湍流，故此处省去计算和判断环节。

（6）激活 MSMD 模块　在 Fluent 中进行电池电化学仿真之前，必须提前激活其相对应的模块。目前 Fluent MSMD 模块还是以 addon-module 的方式存在，激活有两种方式：方法 1：在 console 中输入 TUI 命令行：define/model/addon-module，选择 8；方法 2：在右上角搜索框中输入 addon，直接调用，选择 8，如图 2-3-7 所示。模块激活后会在 Fluent 结构树 models 下出现 MSMD Battery Model 模块。

（7）设置 MSMD 模块-设置模型选项　同 NTGK，如图 2-4-4 相应的章节描述。

（8）设置 MSMD 模块——设置 Model Parameters　同 NTGK，如图 2-4-5 相应的章节描述。

（9）参数拟合　与 NTGK 模型相同，见图 2-4-6 和图 2-4-7 及相应的章节描述。

（10）设置 MSMD 模块——设置导电区域　与 NTGK 模型相同，见图 2-4-12 相应的章节描述。

（11）设置 MSMD 模块——设置正/负极及检查电池连接性　与 NTGK 模型相同，详见图 2-4-13 和图 2-4-14 相应的章节描述。

2. 热失控模型参数拟合

在 MSMD Battery Model 面板 Advanced Option 标签下，勾选 Thermal Abuse Model，系统默认采用一方程模型。从上述理论分析，可以得知一方程与四方程的原理是类似的，其参数拟合过程也是类似的，四方程模型需要对 4 个方程分别进行参数拟合，每个方程的拟合过程与一方程相同，因此我们仅以一方程拟合为例，来阐述参数拟合过程。

如之前子电化学模型参数相同，热失控模型参数拟合需要使用 FLUENT 内置的拟合工具，在 console 中输入 TUI 命令：define/models/battery-model/parameter-estimation-tool，以激活参数拟合工具；在 Model Option 输入，3 表示要为 thermal abuse model 进行参数拟合；File name for temperature testing data 输入 Stove_test_data_T. txt，为 ARC 数据文件名；Density* Cp 输入密度与比热容乘积；Battery external area 可输入 0（忽略向外对流传热）；Battery Volume 输入电芯体积；Battery's initial temperature 输入电池初始温度；Ambient temperature for convection 输入测试环境温度；External heat transfer coefficient 可输入 0（忽略向外对流传热）；Enclosure temperature for radiation 输入用于计算辐射的环境温度；Battery's surface emissivity 可输入 0（忽略向外的辐射传热）；Fix n=0 or not 输入 no，如图 2-7-6 和图 2-7-7 所示。软件会自动将拟合后的参数填入一方程模型参数处，如图 2-7-8 所示。

```
/define/models/battery-model/parameter-estimation-tool
Parameter Estimation for Model:
    1: NTGK Model
    2: ECM Model
    3: Thermal Abuse Model
Model option:  [1] 3
```

图 2-7-6　激活参数拟合工具

```
File name for temperature testing data:  [] Stove_test_data_T.txt
Density*Cp (J/m3K) [1] 236800
Battery external area (m^2) [0]
Battery volume (m^3) [1] 0.0001722
Battery's initial temperature (K) [300]
Ambient temperature for convection (K) [300]
External heat transfer coefficient (W/m^2K) [0]
Enclosure temperature for radiation (K) [300]
Battery's surface emissivity [0]
Fix n=0 or not? [no]

Parameter Estimation Results:
 HW=5.858699e+07 A=3.972702e-03 E=-1.524988e+04 m= 0.9403 n= 0.4251
```

图 2-7-7　对热失控一方程模型进行参数拟合

需要说明的是，由于一些原因在本算例中需要将图 2-7-8 中活化能 E 的值由 -15249. 9 改为 15249. 9。关于具体原因，请联系本书作者进一步解释。

完成上述操作后，Fluent 会将拟合结果打印在 console 中，如上图所示。拟合之后在工作目录下会生成一个 "abuse-model-fitting-result. txt" 文件（见图 2-7-9），文件前两列分别为拟合后的时间（s）和温度（K），用户可将拟合值与试验值对比检查参数拟合的好坏，如图 2-7-10 所示。

3. 设置材料物性

（1）设置电池材料物性　在 Materials→Solid 中右键，选择 New，在弹出的面板中按照以下进行设置：Name 改为 emat；Chemical Formula 改为 e；Density（密度）2092kg/m³；c_p

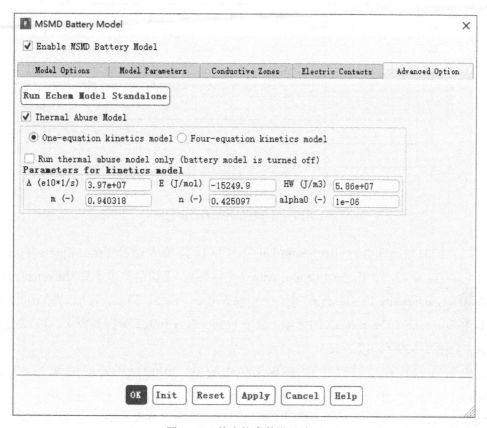

图 2-7-8　热失控参数设置检查

图 2-7-9　Fluent 自动生成的拟合参数文档

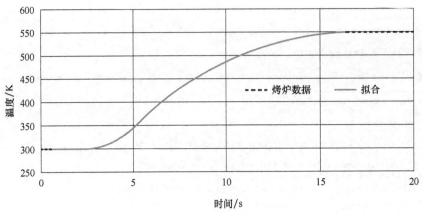

图 2-7-10　拟合数据与试验数据对比

（比热容）：678J/（kg · K）；UDS Diffusivity：在下拉菜单中选择 defined-per-uds，uds-0：1.19e6，uds-1：9.83e5；Thermal Conductivity（热导率）：下拉菜单中选择 Orthotropic，Conductivity 0、Conductivity 1、Conductivity 2 分别填入 0.5、18.5、18.5，按照 Direction 0 Components 和 Direction 1 Components 的规定，以上 conductivity 0/1/2 分别对应 X、Y、Z 方向的热导率，如图 2-3-29 和图 2-3-30 所示。

这里需要说明的是，以上的 UDS Diffusivity 在 2020R2 及以后版本与 Electrical Conductivity 进行了合并，在 Electrical Conductivity 的下拉菜单中可找到相应选项。

（2）设置正极材料物性　默认使用铝的材料属性即可，修改 UDS 为 user-defined，并选择 battery_e_cond：：msmdbatt，如图 2-3-31 所示。

这里需要说明的是，以上的 UDS Diffusivity 在 2020R2 及以后版本与 Electrical Conductivity 进行了合并，在 Electrical Conductivity 的下拉菜单中可找到相应选项。

（3）设置负极材料物性　在本案例中，负极材料为铜。在结构树 Materials→Solid 中右键，选择 New，在弹出的设置面板中单击 Fluent database，在材料列表中找到铜（Copper），单击 Copy 按钮，完成复制铜材料，修改 UDS 为 user-defined，并选择 battery_e_cond：：msmdbatt，单击 Change/Create 按钮，如图 2-3-32 所示。

这里需要说明的是，以上的 UDS Diffusivity 在 2020R2 及以后版本与 Electrical Conductivity 进行了合并，在 Electrical Conductivity 的下拉菜单中可找到相应选项。

（4）设置硅胶材料物性　在本算例中，电芯之间的隔热材料为硅胶。在结构树 Materials→Solid 中右键，选择 New，在弹出的设置面板中进行如下设置：Density（密度）：2750kg/m^3；c_p（比热容）：1500J/kg · K；Thermal Conductivity（热导率）：2W/m · K；修改 UDS 为 user-defined，并选择 battery_e_cond：：msmdbatt，单击 Change/Create，完成硅胶材料设置，见图 2-3-33。

这里需要说明的是，以上的 UDS Diffusivity 在 2020R2 及以后版本与 Electrical Conductivity 进行了合并，在 Electrical Conductivity 的下拉菜单中可找到相应选项。

（5）设置冷却液材料物性　在本算例中，使用液态水作为冷却媒质。在结构树 Materials→Fluid 中右键，选择 New，在弹出的设置面板中单击 Fluent Database，在 Database Material 中选择 water-liquid（h2o＜l＞），单击 Copy，完成冷却液材料物性设置，如图 2-2-23 所示。

4. 设置计算域

（1）设置流体域 Cell Zone Condition　在结构树 Cell Zone Conditions→Fluid，双击 cooling_fluid 流体域，从 Material Name 下拉菜单中选择之前定义的 water-liquid，其余保持默认，如图 2-2-24 所示。

（2）设置固体域 Cell Zone Condition——电芯部分

在结构树 Cell Zone Conditions→Solid 中选择 cell01 并双击，在 Material Name 下拉菜单中选择 emat，将电芯材料赋值于电芯几何；在 cell01 右键 Copy，将 cell01 设置复制到其余电芯，如图 2-3-34 和图 2-3-35 所示。

（3）设置固体域 Cell Zone Condition——极耳部分　在结构树 Cell Zone Conditions→Solid 中选择 tapn01 并双击，在 Material Name 下拉菜单中选择 copper，将负极耳材料赋值于负极耳几何，其余保持默认；在 tapn01 右键 Copy，将 tapn01 设置复制于其余极耳，如图 2-2-33 所示。

正极耳默认为铝，在此就不做修改。

（4）设置固体域 Cell Zone Condition——硅胶部分　在结构树 Cell Zone Conditions→Solid 中选择 guijiao1 并双击，在 Material Name 下拉菜单中选择 guijiao，将硅胶材料赋值于硅胶几何，其余保持默认，如图 2-2-34 所示；对 guijiao2 固体域重复上述操作。

5. 设置边界条件

（1）设置 BC——inlet　在结构树 Boundary Conditions→Inlet 中双击 inlet-water，在打开的面板 Momentum 标签下设置 Velocity Magnitude 为 0.1m/s，其余保持默认；在 Thermal 标签下设置冷却水的温度为 300K，如图 2-2-35 和图 2-2-36 所示。

（2）设置 BC——outlet　在结构树 Boundary Conditions→Outlet 中双击 outlet-water，在打开的面板 Momentum 标签下设置 Gauge Pressure 为 0 pascal，其余保持默认；在 Thermal 标签下设置冷却水的温度为 300K，如图 2-2-37 和图 2-2-38 所示。

（3）设置 BC——壁面　在结构树 Boundary Conditions→Wall 中双击 box_down：1，在打开的面板 thermal 标签下设置如图 2-2-39 所示，其余保持默认设置；在 box_down：1 右键 Copy，复制到其他通过自然对流散热的壁面。在 wall 列表中凡是以 xxx 和 xxx-shadow 结尾的壁面均为 coupled 面，无需对其进行相关设置。

上述壁面边界条件的意思是，壁面通过对流与外界进行热交换，壁面传热系数为 $5W/m^2 \cdot K$，外界环境温度为 300K。

（4）设置 Method 和 Control　在 Solution→Method 和 Solution→Controls 中设置，如图 2-3-36所示。

6. 设置后处理监测值

（1）设置 Report 和 Monitor——电芯平均温度监测　为监测计算过程中电芯温度的变化趋势以及收敛判断考虑，在此对电芯平均温度进行监测，设置过程如下：

在结构树 Solution → report definitions 中右键，选择 New → Volume Report → Volume-Average，在弹出的面板中修改 Name 为 report-def-avetemp，Options 勾选 Per Zone，Field Variable 选择 Temperature，Cell Zones 选择所有的电芯，Create 勾选 Report Plot，单击 OK 按钮，设置如图 2-4-19 所示。

（2）设置 Report 和 Monitor——电芯热失控放热源　在结构树 Solution→report definitions 中右键，选择 New→Volume Report→Volume-Average，在弹出的面板中修改 Name 为 report-def-abusesource，Options 勾选 Per Zone，Field Variable 选择 User Defined Memory→Abuse Heat Source，Cell Zones 选择所有的电芯，Create 勾选 Report Plot，单击 OK 按钮，设置如图 2-7-11 所示。

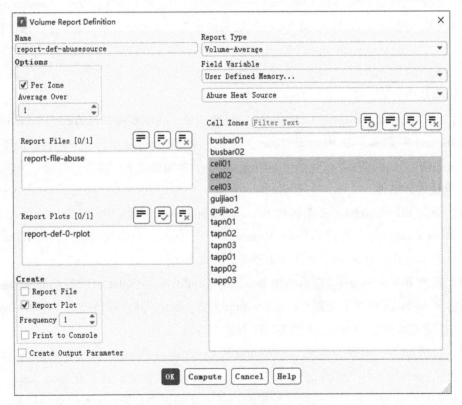

图 2-7-11　电池热失控源项监测设置

（3）设置后处理动画——pack 内部固体温度分布　对于瞬态计算，对于定性的云图、矢量图制作成动画，展示效果会更好，Fluent 提供生成动画的功能。在本案例，以电池模组内部件也即电芯及其附属部件表面温度云图为例演示制作动画全过程。制作动画有 4 个步骤：

1）单击 Solution→Initialization，确保算例中有后处理所需数据。

2）Result→Graphics→Contour，设置过程如之前温度云图步骤，具体见图 2-4-22。

3）Solution→Calculation Activities→Animaiton Definition，设置如图 2-4-23 所示，名称采用默认的 animation-1，每一个时间步保存一次（Record after every 1 time-step），保存类型（Storage Type）选择 PPM Image，设置好保存路径（Storage Directory），Animation Object 选择上一步设置好的温度云图，Animation View 可从下拉菜单中选择或用户自建一个视角，使用 Preview 功能进行预览，单击 OK 按钮。

4）最后拼接为动画导出。

（4）设置后处理输出文件　Fluent 支持将监测值作为文档输出，后续进行后处理。在结构树 Solution → Monitors → Report Files 上右键，选择 new，修改 Name：report-file-abuse；Selected Report Definitions 中，选中 flow-time/report-def-alpha/report-def-abusesource/report-def-avetemp，单击 Add>>；修改 File Name:.\\report-file-abuse.out，其余保持默认，单击"OK"按钮，见图 2-7-12。

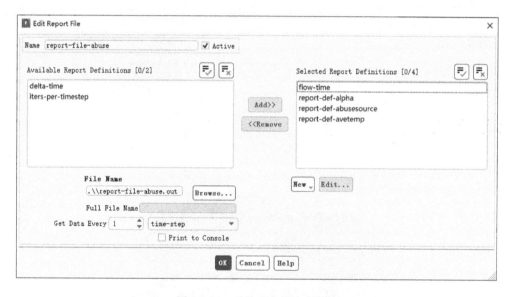

图 2-7-12　后处理文档输出设置

（5）设置收敛准则　因为一般锂电池的电导率较大，电势的均匀性较好，因此其残差一般要小于 1e-9，在此不以残差作为收敛判据，通过内迭代步数来控制 UDS 残差达到要求。实现过程，在结构树 Solution→Report Plots→Convergence Conditions 中，单击 Residuals，Convergence Criterion 设置为 none，见图 2-4-24。

7. 初始化及求解设置

算例设置到此，首先要保存一下 case，推荐使用 .gz or .h5 文档格式。

在结构树 Solution→Initiation 中双击，在设置面板中选择 Hybrid Initialization 方法（或根

据初始条件选择 Standard Initialization 方法），完成初始化。

初始化——设置内部短路区域 Patch：对于机械滥用造成内短路导致的热失控，在计算之前还需要使用 Patch 工具对短路区域进行标记和初始化。这个过程分两步来操作：一是标记出发生内短路的区域；二是对标记出的区域进行 Patch。具体操作如图 2-7-13 和图 2-7-14 所示。

标记的步骤如下：在结构树 Solutions→Cell Registers 中右键，选择 New→Region，在弹出的面板 Shapes→Sphere，单击 Select Points with Mouse，在网格内部短路处选择两点/也可输入相应坐标值及半径值，单击 Save/Display 按钮，如图 2-7-13 和图 2-7-14 所示。

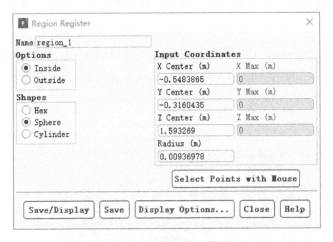

图 2-7-13　内部短路区域设置

图 2-7-14　内部短路区域检查

Patch 的步骤如下：结构树 Solution→Initialization→Patch 中，Variable→Short Circuit Resistance，Value 设置为 5e-08，Registers to Patch 选中 region_1，单击 Patch，如图 2-7-15 所示。

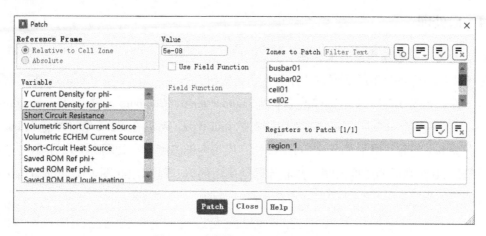

图 2-7-15　内部短路区域 Patch 设置

8. 求解

完成上述设置后，建议保存一下算例再进行下一步求解。在结构树 Calculation→Run Calculation 中，设置 Time step size：1s，Number of Time Steps：400，Max Iterations/Time Step：5，保持其余默认选项，单击 Calculate 按钮，如图 2-7-16 所示。

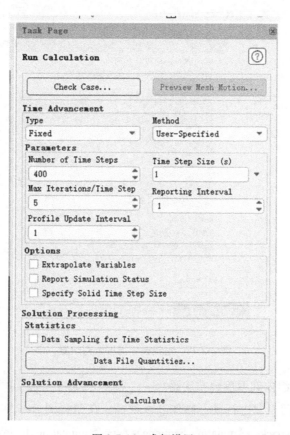

图 2-7-16　求解设置

2.7.4　后处理

1. 后处理——模组内部温度分布

模组内部温度场分布后处理方法如下：在结构树 Result→Graphics→Contours 中，右键选择 New，设置如图 2-7-17 所示，修改名称为 contour-temp，Contours of 选择 Temperature，在 Surfaces 中首先通过 surface type 方法选中所有的 wall type，然后在 Filter Text 中输入 box，取消所有包含 box 的面，单击 Save/Display 按钮，模组内部温度分布如图 2-7-18 所示（这里给出的是计算 50 步数后的温度云图，并非计算结束后的值，是想用此图说明局部短路带来的局部高温效应）。

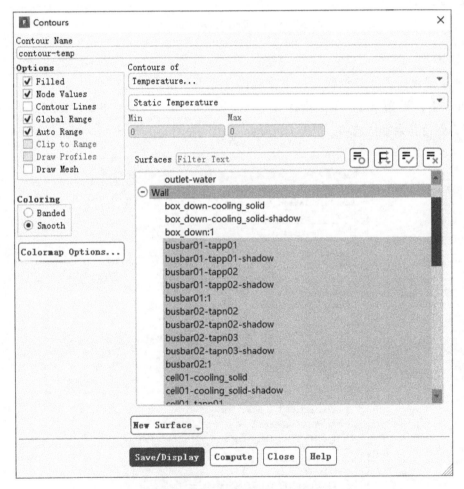

图 2-7-17　电池模组温度云图设置

2. 后处理——模组内部温度分布动画

在 Fluent 利用之前设置进行动画制作非常便捷，在结构树 Result→Animations 中，双击 Solution Animation Playback→Animation Sequences，选择 animation-1，单击播放按钮查看动画，

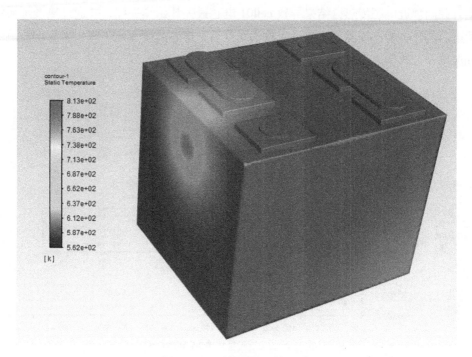

图 2-7-18　电池模组温度云图

通过调整 Replay Speed 来调整播放速度，在调试至满意后，可通过 Write/Record Format→MPEG→Write，将动画输出，见图 2-7-19。

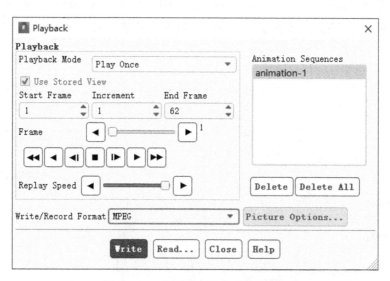

图 2-7-19　热失控过程动画输出设置

3. 后处理——监测点温度随时间变化图

图 2-7-20 为监测点温度随时间变化曲线，从图中可以清楚看出各个电芯不同时刻的状态，温度一开始上升的是 cell02，也即设置了局部短路的电芯，在内短路效应下，它的温度

逐渐上升并向邻近电芯传热，结果导致 cell01 电芯最先开始热失控，并通过热漫延最终引起其余两电芯的热失控连锁反应，在反应物消耗尽后，电芯温度逐渐下降。本算例监测的是电芯平均温度，若改为最大温度，则会更加明显。

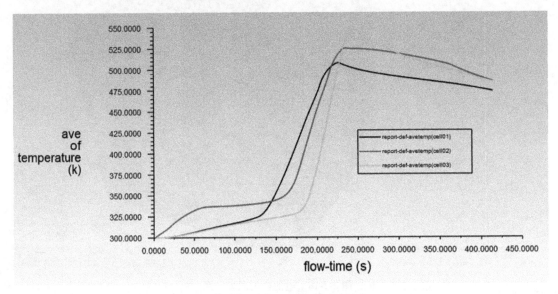

图 2-7-20　电池温度随时间变化曲线

4. 后处理——热失控放热量随时间变化图

由图 2-7-21 则可以更清晰看出之前的论述，cell02 的热失控热源一开始有个小高峰，但并未持续，也并未导致其引发热失控，cell01 最先开始热失控，然后 cell02 热失控，最后 cell03 热失控。

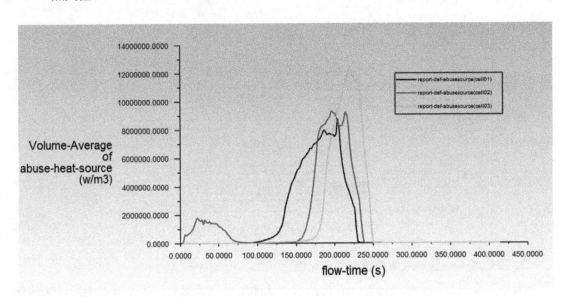

图 2-7-21　电池热失控放热量随时间变化曲线

5. 后处理——无量纲浓度随时间变化图

从图 2-7-22 同样可以得到与之前相同的结论。

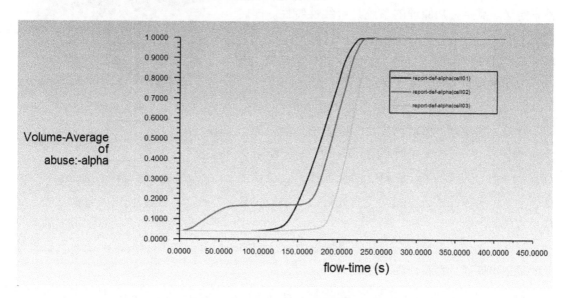

图 2-7-22　反应进度随时间变化曲线

2.8　电池 LTI 降阶模型仿真

2.8.1　为什么要使用 LTI ROM

在电池仿真过程中，热管理仿真往往会占用较长的时间，尤其是在计算 PACK 级别不同循环工况时，如 NEDC 等，此时模型的网格量往往比较大，再加上计算物理时间长，往往需要几天甚至几周的时间，这对于快速设计迭代是极其不利的，为解决这个问题，ANSYS 提供了降阶模型技术，可在保证与三维 CFD 仿真相同的准确度前提下，以近乎实时的速度完成电池模组或者 pack 的共轭传热仿真。

2.8.2　几何模型说明

与 CHT 部分共用几何模型，见图 2-2-1。

2.8.3　理论部分

1. 线性时不变系统

LTI 是线性时不变系统的简称。所谓系统，就是针对一个输入产生一个输出的实体，在 LTI 系统这里，输入/输出都是时间的函数。满足特定条件的电池的共轭传热就是一个线性时不变系统，见图 2-8-1。

LTI 系统有以下特点：

1）线性：根据系统的输入和输出关系是否具有线性来定义。满足叠加原理的系统具有线性特性。即若对两个激励 $x1(n)$ 和 $x2(n)$，有 $T[ax1(n)+bx2(n)]=aT[x1(n)]+bT[x2(n)]$，式中，$a$，$b$ 为任意常数。不满足上述关系的为非线性系统。

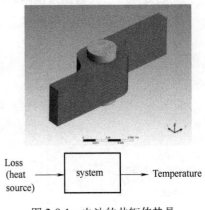

2）时不变性：就是系统的参数不随时间而变化，即不管输入信号作用的时间先后，输出信号响应的形状均相同，仅是出现的时间不同。用数学表示为 $T[x(n)]=y[n]$ 则 $T[x(n-n0)]=y[n-n0]$，这说明序列 $x(n)$ 先移位后进行变换与它先进行变换后再移位是等效的。

图 2-8-1　电池的共轭传热是
一个线性时不变系统

3）LTI 系统的输出完全以其脉冲响应为特征，如果已知其脉冲响应，那么对于任意输入的输出可以通过卷积计算。

4）阶跃响应的时间导数等于脉冲响应，所以 LTI 系统的输出完全以其阶跃响应为特征。如果两个 LTI 系统有相同的阶跃响应，那么这两个系统是等价的。

2. 脉冲响应

另一个重要的概念是脉冲响应，电池系统的脉冲响应是指在时间为 0 时赋予系统一个单位热源后电池的温度变化，见图 2-8-2。

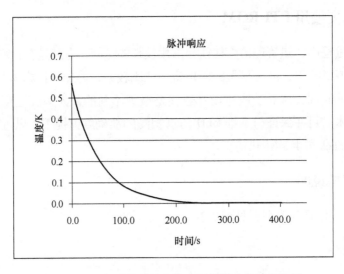

图 2-8-2　LTI 系统的输出完全以其脉冲响应为特征

3. 卷积

卷积是一种数学运算，在满足线性时不变的电池共轭传热计算中，只需要对脉冲响应和输入进行卷积操作（见图 2-8-3），就可直接得到输出监测点的温度变化，不需要几何、网格或其他信息。卷积操作非常快，往往是以秒级运行，远比传统的 CFD 计算快得多。

卷积只是实现 LTI 的一种方法，除此之外，还有如 Foster 网络法、矢量拟合法（vector fitting）等多种方法。读者感兴趣可以去阅读相关文献。

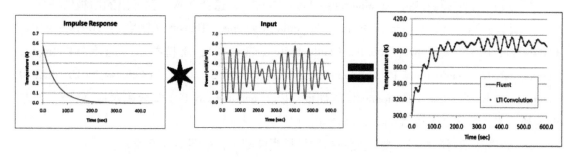

图 2-8-3　卷积是实现 LTI ROM 的一个方法

2.8.4　仿真输入条件汇总

关于电池 LTI ROM 仿真的输入条件详见表 2-3-1。

1. LTI 仿真流程——获得 base model

（1）一般性操作及设置

1）启动 Fluent Launcher。启动 Fluent Launcher，勾选 3D Dimension，勾选 Display Mesh After Reading，勾选 Double Precision，Processing Options 选择并行且 Solver Processes 选择 6 核，在 Working Directory 中设置工作路径，见图 2-2-14。

2）读入网格并检查。在菜单 File→read mesh 中，选中 Geom-1-3cell-CHT2-ST-VM. msh. gz，网格导入完成后软件会自动显示网格（因为在启动界面勾选了 Display Mesh After Reading）。

3）Fluent 网格检查。在进行具体设置求解之前，对导入的网格一定要进行检查，主要检查为以下 4 方面：

① 计算域尺寸检查，确认计算的范围与计算模型范围相符，主要是通过 x，y，z 坐标最大最小值来判断，如若范围不符，往往需要通过 scale 来缩放到合理范围；

② 最小体积检查，不可为负；

③ 网格正交质量，Orthogonal Quality 一般建议大于 0.1，最好大于 0.15；

④ 最大 Aspect Ratio 检查，对于特定物理模型（如 PEMFC 质子交换膜燃料电池）或物理现象（如自然对流）需要检查此项。

网格检查功能通过 General→Check & Report Quality 来实现，本案例会出检查结果如下，框注的部分分别为计算域尺寸范围、最小体积、网格正交质量和最大的 Aspect Ratio，在 Fluent Console 会显示，如图 2-2-15 所示。

4）通用设置。电池模组内流动速度较低，故选择压力基求解器；Based Model 选择稳态求解，其余保持默认，如图 2-2-16 所示。

5）相关物理模型选择。由于需要得到模组的温度场分布，故打开能量方程；湍流模型选择 Realizable k-e 模型及标准壁面函数，如图 2-2-17 所示。

（2）设置材料特性

1）设置电池材料物性。在 Materials→Solid 中右键，选择 New，在弹出的面板中按照以下进行设置：Name 改为 e-mat；Chemical Formula 改为 emat；Density（密度）：2092kg/m^3；c_p（比热容）：678J/（kg·K）；Thermal Conductivity（热导率）：下拉菜单中选择 Orthotropic，Conductivity 0、Conductivity 1、Conductivity 2 分别填入 0.5、18.5、18.5，按照 Direction 0 Components 和 Direction 1 Components 的规定，以上 conductivity 0/1/2 分别对应 X、Y、Z 方向的热导率，如图 2-2-18 和图 2-2-19 所示。

2）设置正极材料物性。默认使用铝的材料属性即可，如图 2-2-20 所示。

3）设置负极材料物性。在本案例中，负极材料为铜。在结构树 Materials→Solid 中右键，选择 New，在弹出的设置面板中单击 Fluent Database，在材料列表中找到铜（Copper），单击 Copy 按钮，完成复制铜材料，单击 Change/Create 按钮，见图 2-2-21。

4）设置硅胶材料物性。在本算例中，电芯之间的隔热材料为硅胶。在结构树 Materials→Solid 中右键，选择 New，在弹出的设置面板中进行如下设置：Density（密度）：2750kg/m^3；c_p（比热容）：1500J/kg·K；Thermal Conductivity（热导率）：2W/（m·K）；单击 Change/Create 按钮，完成硅胶材料设置，如图 2-2-22 所示。

5）设置冷却液材料物性。在本算例中，使用液态水作为冷却媒质。在结构树 Materials→Fluid 中右键，选择 New，在弹出的设置面板中单击 Fluent Database，在 Fluent Database Material 中选择 water-liquid（h2o<l>），单击 Copy 按钮，完成冷却液材料物性设置，如图 2-2-23 所示。

（3）设置计算域

1）设置流体域 Cell Zone Condition——冷却液区域。在结构树 Cell Zone Conditions→Fluid 中，双击 cooling_fluid 流体域，从 Material Name 下拉菜单中选择之前定义的 water-liquid，其余保持默认，如图 2-2-24 所示。

2）设置固体域 Cell Zone Condition——电芯部分。在结构树 Cell Zone Conditions→Solid 中选择 cell01 并双击，在 Material Name 下拉菜单中选择 e-mat，将电芯材料赋值于电芯几何；勾选 Source Terms，见图 2-2-25。在 cell01 中右键 Copy，将 cell01 设置复制于其余电芯。

3）设置 Input Parameter。在 cell01 的设置面板单击 Source Terms，单击 Energy 后的 Edit，设置 Number of Energy sources 为 1，在下拉菜单中选择 New Input Parameter/Expression，见图 2-8-4，在弹出的面板中设置 Name 为 cell_first，Definition 为 0 [kg m^{-1} s^{-3}]（见图 2-8-5），同样为 cell02（见图 2-8-6）、cell03（见图 2-8-7）进行相同的设置。

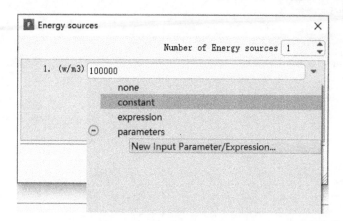

图 2-8-4　为 cell01 设置 Input Parameter

图 2-8-5　为 cell01 设置 Input Parameter

　　这里的 Input parameter 就是对应的电池发热功率，在之后的获得脉冲响应就是通过改变此处的值来得到。

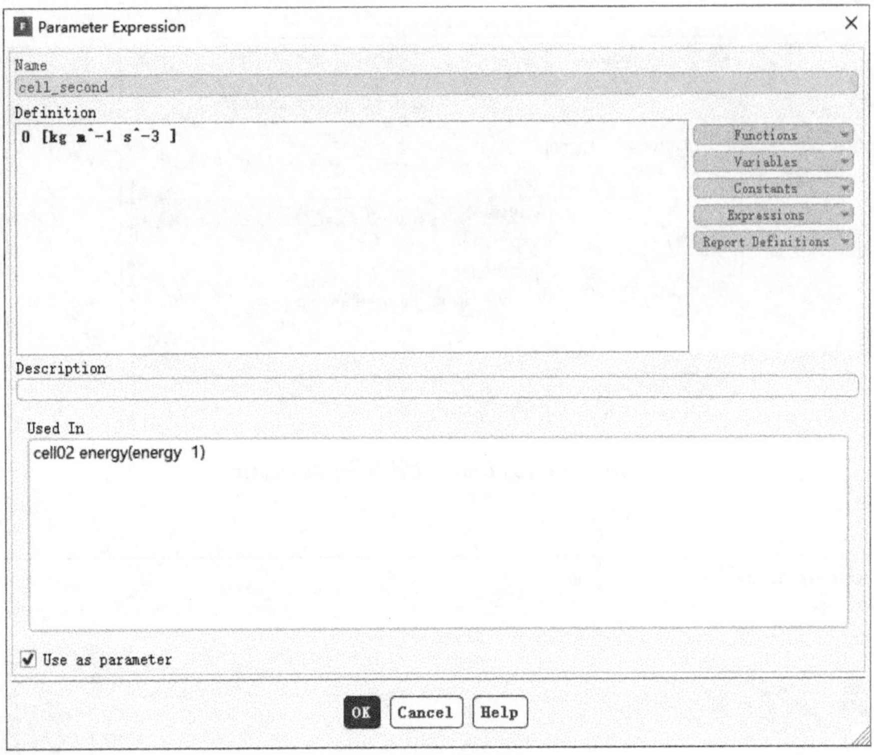

图 2-8-6　为 cell02 设置 Input Parameter

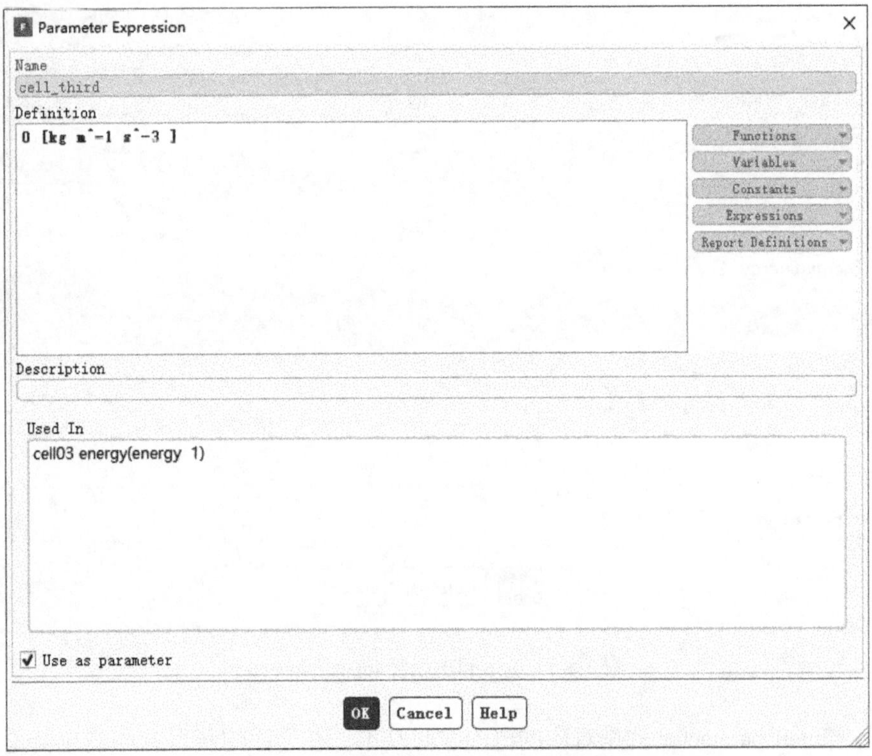

图 2-8-7　为 cell03 设置 Input Parameter

4）设置 Output parameters。在结构树 Solution→Report Definitions 中右键，选择 New→Volume Report→Volume-Average，修改名称为 cell_first_t，Field Variable 选择 Temperature，Cell Zones 选择 cell01，勾选 Create Output Parameter，见图 2-8-8。同样步骤为 cell02（见图 2-8-9）、cell03（见图 2-8-10）设置 cell_second_t、cell_third_t。

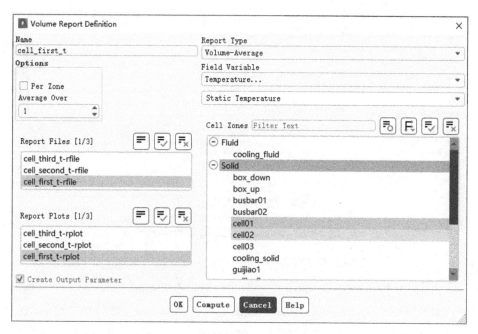

图 2-8-8　为 cell01 设置 Input Parameter

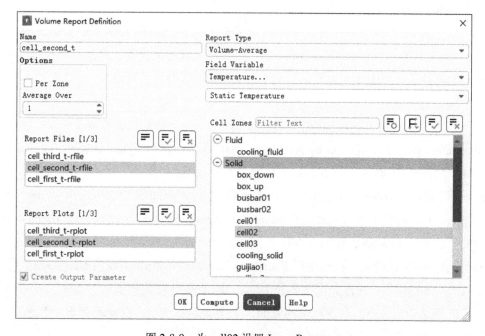

图 2-8-9　为 cell02 设置 Input Parameter

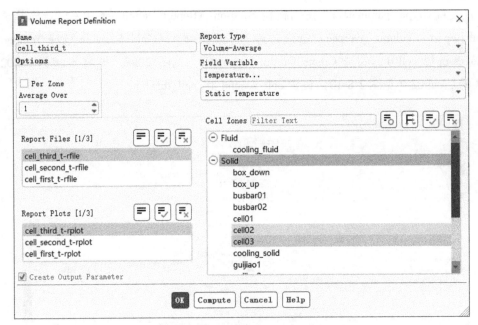

图 2-8-10　为 cell03 设置 Input Parameter

这里设置 Output parameter 是为了配合 Input parameter 获得电池的阶跃响应。

5）设置固体域 Cell Zone Condition——极耳部分。在结构树 Cell Zone Conditions→Solid 中选择 tapn01 并双击，在 Material Name 下拉菜单中选择 copper，将负极耳材料赋值于负极耳几何，其余保持默认，如图 2-2-32 所示；在 tapn01 右键 Copy，将 tapn01 设置复制于其余极耳，如图 2-2-33 所示。

正极耳默认为铝，在此就不做修改。

6）设置固体域 Cell Zone Condition——硅胶部分。在结构树 Cell Zone Conditions→Solid 中选择 guijiao1 并双击，在 Material Name 下拉菜单中选择 guijiao，将硅胶材料赋值于硅胶几何，其余保持默认，如图 2-2-34 所示；对 guijiao2 固体域重复上述操作。

（4）设置边界条件

1）设置 BC——inlet。在结构树 Boundary Conditions→Inlet 中双击 inlet-water，在打开的面板 Momentum 标签下设置 Velocity Magnitude 为 0.1m/s，其余保持默认；在 Thermal 标签下设置冷却水的温度为 300K，如图 2-2-35 和图 2-2-36 所示。

2）设置 BC——outlet。在结构树 Boundary Conditions→Outlet 中双击 outlet-water，在打开的面板 Momentum 标签下设置 Gauge Pressure 为 0 pascal，其余保持默认；在 Thermal 标签下设置冷却水的温度为 300K，如图 2-2-37 和图 2-2-38 所示。

3）设置 BC-其他壁面。在结构树 Boundary Conditions→Wall 中双击 box_down：1，在打开的面板 thermal 标签下设置如图 2-2-39 所示，其余保持默认设置；在 box_down：1 右键 Copy，复制到其他通过自然对流散热的壁面，如图 2-2-40 所示。在 wall 列表中凡是以 xxx 和 xxx-shadow 结尾的壁面均为 Coupled 面，无需对其进行相关设置。

上述壁面边界条件的意思是，壁面通过对流与外界进行热交换，壁面传热系数为 $5W/m^2 \cdot K$，外界环境温度为 300K。

4）设置 Method 和 Control。在 Solution→Methods 设置和 Solution→Controls 中设置，如图 2-2-41 所示。

（5）设置后处理监测值

1）设置 report 和 monitor——电芯平均温度监测。为监测计算过程中电芯温度的变化趋势以及收敛判断考虑，在此对电芯平均温度进行监测，设置过程如下：在结构树 Solution→Report Definitions 中右键，选择 New→Volume Report→Volume-Average，在弹出的面板中修改 Name 为 report-def-avetemp，Options 勾选 Per Zone，Field Variable 选择 Temperature，Cell Zones 选择所有的电芯，Create 勾选 Report plot，单击 OK 按钮，设置如图 2-2-42。

2）初始化及求解设置。算例设置到此，首先要保存一下 case，推荐使用 .gz or .h5 文档格式。

在结构树 Solution→Initiation 中双击，在设置面板中选择 Hybrid Initialization 方法；在结构树 Solution→Run Calculation 中双击，在设置面板中 Number of Iterations 设置为 500，其余保持默认设置，单击 calculate 进行仿真求解，如图 2-2-44 所示。

待算例计算收敛后，保存 case 和 data，作为生成 LTI ROM 阶跃响应文件的 base model。

2.8.5　使用 LTI 流程生成降阶模型

通过上述步骤，得到了 base model，接下来需要通过两个步骤来生成 LTI ROM。第一，在 Fluent 中使用 base model 得到模组的阶跃响应文件，作为下一步的输入；第二，在 Twin Builder 中将使用阶跃响应文件生成 LTI ROM。整个流程见图 2-8-11。

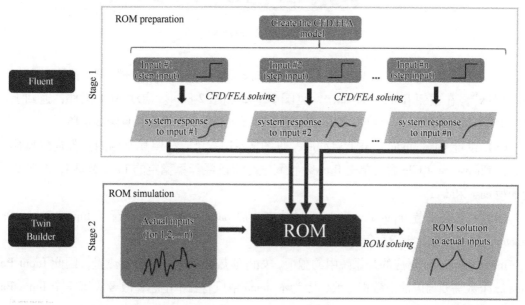

图 2-8-11　LTI ROM 生成流程

在 Fluent 中生成阶跃响应文件

（1）启动 Fluent　启动 Fluent Launcher，勾选 3D Dimension，勾选 Display Mesh After Reading，勾选 Load ACT，勾选 Double Precision，Processing Options 选择并行且 Solver Processes 选择 8 核，在 Working Directory 中设置工作路径，如图 2-8-12 所示。

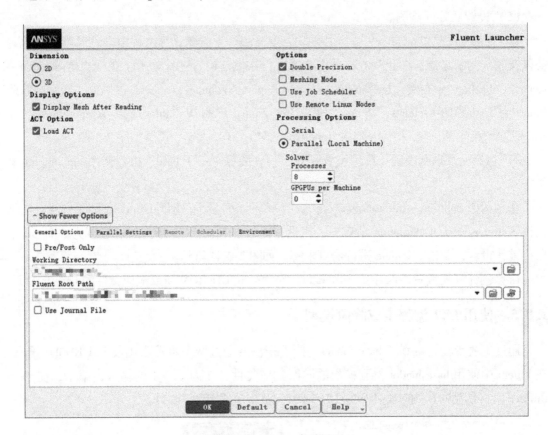

图 2-8-12　Fluent 启动界面

（2）安装 ACT 插件　安装步骤：单击 Manage Extension，单击 "+" 号，找到 "RomExtract. wbex"，在左侧 RomExtrat 单击，见图 2-8-13 和图 2-8-14。启动 ACT 插件：返回上一步，单击 Launch Wizards，单击 "RomExtract. 19"，启动 ACT 界面，见图 2-8-15。

（3）设置 Base Model　ACT 启动后，见图 2-8-16，只需按照其左侧的步骤提醒操作即可。在 Choose case File 后，单击 Browse 找到上一步已经计算稳定的 Base Model，ACT 会自动加载 case 和 data。

（4）检查及设置 Input Parameter　虽然在生成 base model 已经设置了 Input/Output Parameter，仍建议在此步骤进行相关检查。

Input Parameter 对应的是系统中的源项，如电池热分析中电芯的发热量，因此 Input Parameter 个数需要与电池个数相一致，因为本 demo 中只有三个电芯，故要设置三个 Input Parameter。

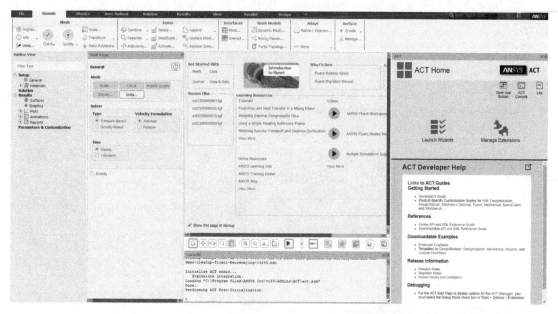

图 2-8-13　安装 LTI ROM ACT（一）

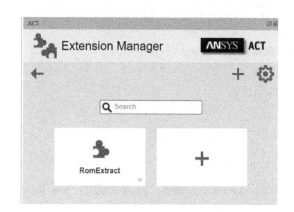

图 2-8-14　安装 LTI ROM ACT（二）

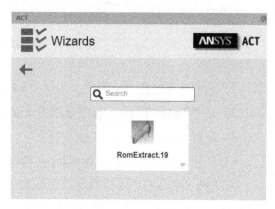

图 2-8-15　启动 LTI ROM ACT

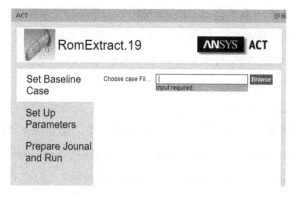

图 2-8-16　加载 Base Model

若 Basc Model 未设置 Input Parameter，也可在此步骤进行设置。过程如图 2-8-17 所示：

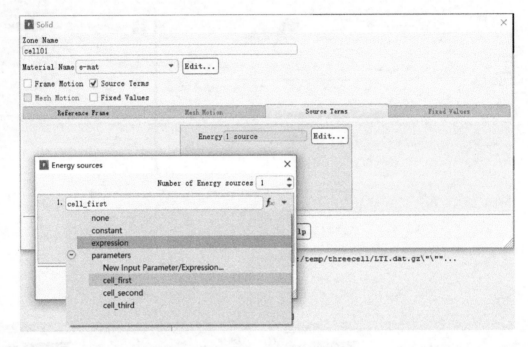

图 2-8-17　为 cell01 设置 Input Parameter

1）选中一号电芯"cell01"，勾选"Source Terms"；

2）在"Source Terms"标签下单击 Edit；

3）设置 Energy sources 数目为 1；

4）打开下拉菜单，选择 New Input Parameter 中的 cell_first。

对另两个电芯进行同样操作，若需要设置新的 Input Parameter，只需要选中 New Input Parameter/Expression，进行相关设置即可。

在此需要说明的是，也可以将所有电芯当成一个发热体来设置，只需要设置一个 Input Parameter 即可（也即所有 cell 的源项均设置为相同名称的 expression），因为在实际设计中，电芯之间的发热功率差别极小，这种假设也没问题。在本案例中，是为了告诉读者通用流程以及将来可能的对电芯发热功率有差异时温度场的研究方法。

（5）设置 Output Parameter

Output Parameter 是仿真关心的后处理物理量，如电池热分析中电芯的平均温度等，Output Parameter 个数不限，但必须在生成阶跃响应文件之前定义好 Output Parameter。过程如下：右键 Report Definition，选择 New→Volume Report→Volume Average，修改名称为 cell_first_t，选择 Field Variable→Temperature，Cell Zones→cell01，勾选 Create Output Parameter，如图 2-8-18 所示。

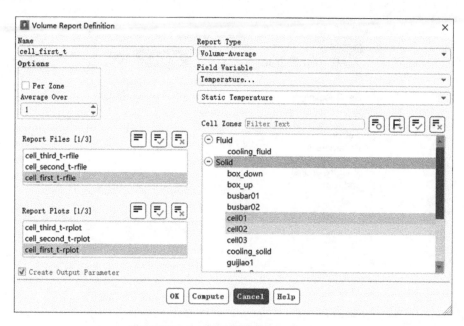

图 2-8-18　为 cell01 设置 Output Parameter

对另两个电芯做类似操作。若之前已设置 Output Parameter，检查即可。

设置好的 Input/Output Parameters 储存在 Parameters & Customization 下的 Parameters，可进行检查、修改和删除，见图 2-8-19。

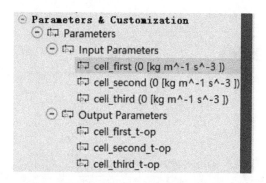

图 2-8-19　检查最终的 Input/Output Parameters

（6）设置 Step Response　单击 "Browse" 找到工作文件夹中的 excel 文件，见图 2-8-20。在单击 Next 之前，确保 Fluent 中 Input /Output Parameter 参数已经定义好了。

在 ACT 第二步骤 Set Up Parameters 中，单击 Next，打开 InputParameters. xlsm 文件，其中需要修改的位置如图 2-8-21 所示：

1）Initial Time Step Size 为初始时间步长。

2）Time Step Size Scale Factor 为时间步长缩放因子（当前时间步长 × 缩放因子）。

3）Scaling Frequency 为缩放频率（每隔多少时间步长进行缩放）。

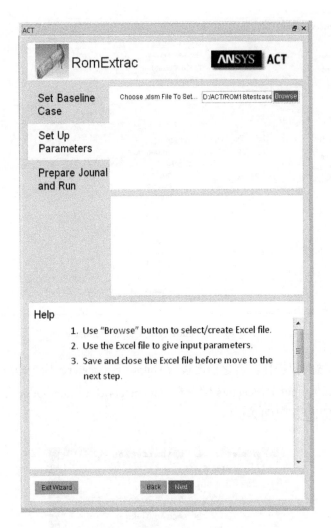

图 2-8-20　设置 Set Up Parameters

	A	B	C	D	E	F	G
1	Working Folder	C:\temp\threecell					
2	Baseline Case File Name	LTI.cas.gz					
3	Output Parameter List	C:\Users\wjing.ANSYS\AppData\Roaming\Ansys\v195\ACT\extensions\RomExtract\outputparameters.txt					
4	Input Parameter List	C:\Users\wjing.ANSYS\AppData\Roaming\Ansys\v195\ACT\extensions\RomExtract\inputparameters.txt					
5	Initial Time Step Size (s)	1.00E+00					
6	Time Step Size Scale Factor	1.2					
7	Scaling Frequency	5					
8	Convergence Check Starts At (s)	1.00E+03					
9	Number of Check Points	1					
10	Output Parameter Name	cell_second_t-op		cell_first_t-op	cell_third_t-op		
11	Input Parameter Name	cell_first		cell_second	cell_third		
12	Run1		1.00E+05	0	0		
13	Run2		0	1.00E+05	0		
14	Run3		0	0	1.00E+05		
15							
16							

图 2-8-21　Step Response 设置表格

4）Convergence Check Starts At 为在某时间开始收敛性检查。

5）Number of Check Points 为保存最后几次计算结果（如 2，表示只保存最后两次计算结果）。

6）将所有的"#"用源项填写，以建立阶跃响应；具体数值不重要，最好保证量级正确，请注意使用的单位为 W/m^3（图 2-8-21 中已将所有#项用 1.0E5 代替）。

7）关闭 excel 之前，需要进行保存。

（7）设置及生成 Step Response　在 ACT 界面第三步骤 Prepare Journal and Run 中，单击 Finish（见图 2-8-22），Fluent 会自动进行相关计算，请确保在每个阶跃响应计算过程中监测点的温度达到稳定，相关结果将保存在工作文件夹中 ROM_Input 文件夹内，见图 2-8-23。

图 2-8-22　设置 Prepare Journal and Run

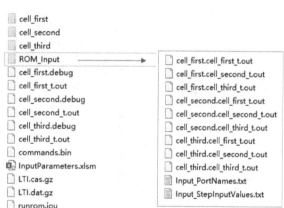

图 2-8-23　ROM_Input 文件夹中即为
电池模组的阶跃响应文件

2.8.6　Twin Builder 中建立 LTI ROM 主要步骤

以上步骤是在 Fluent 中完成，接下来的环节需要在 Twin Builder 中完成，流程主要步骤如下：

1）将 Fluent 结果导入 Twin Builder 中；

2）设置好 Input/Output Parameter；

3）生成 LTI ROM；

4）对生成的 ROM 进行测试。

1. 生成 LTI ROM

打开 Twin Builder 软件，在 Simplorer Circuit（在高版本时为 TwinBuilder Circuit）菜单下找到 Toolkit，在其下级菜单中选择 Thermal Model Identification，见图 2-8-24。

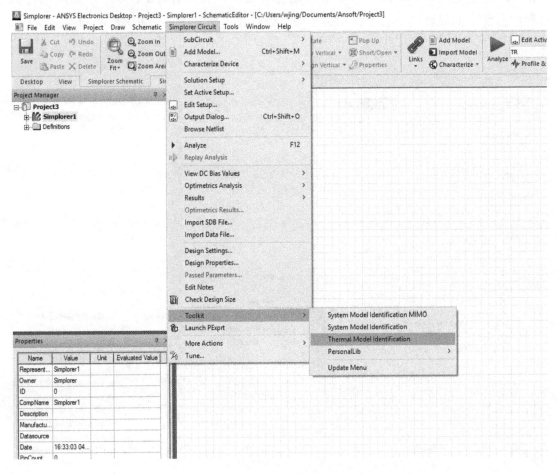

图 2-8-24　打开 Thermal Model Identification

在弹出来的 Thermal Model Identification 面板中（见图 2-8-25），设置 Input Parameter Number 为 3（对应 3 个 Input Parameter），设置 Output Parameter Number 为 3（对应 3 个 Output Parameter），设置 Model Name，单击 Browse，指向生成的 ROM_Input 文件夹，单击 Generate；计算完成后会提示 LTI ROM 生成。

在软件右下侧 Project Components 下出现 Thermal_ROM_SML 即为 LTI ROM，见

图 2-8-26。

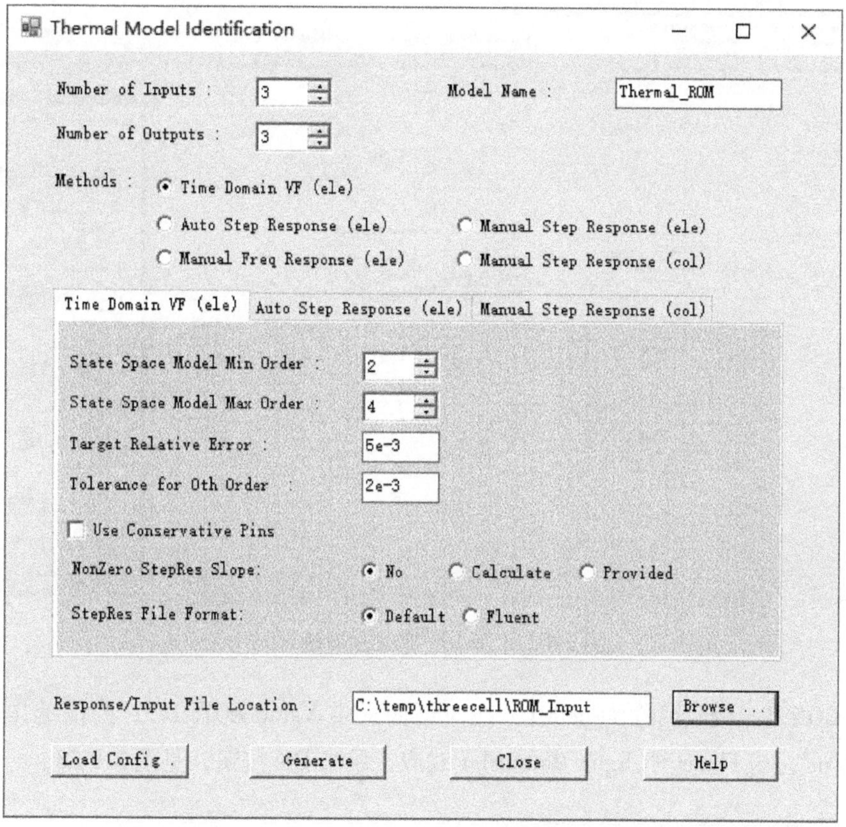

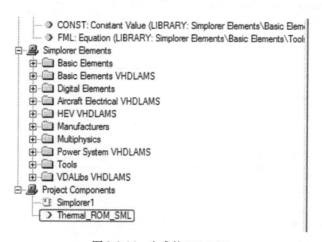

图 2-8-25　Thermal Model Identification 设置

图 2-8-26　生成的 LTI ROM

2. 对 LTI ROM 进行测试

将上一步生成的 LTI ROM 拖到操作面板上，在操作界面右下角 Search 功能搜索 CONST 元件，拖三个到面板上，将三个 CONST 元件与 LTI ROM 的三个 Input 分别连接，这里用三个 CONST 元件给三个 Input 进行赋值，见图 2-8-27。

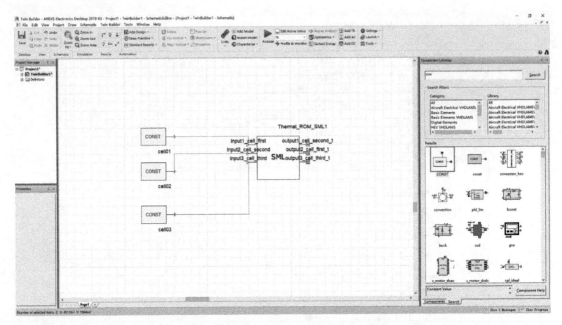

图 2-8-27　为 LTI ROM 关联输入元件

双击 CONST，修改名称为 cell01，在对话面板中 Value 赋值 1e5；此值为电芯的热源，单位为 W/m^3，与 Fluent 中 Input Parameter 对应，单击 OK 按钮，见图 2-8-28。

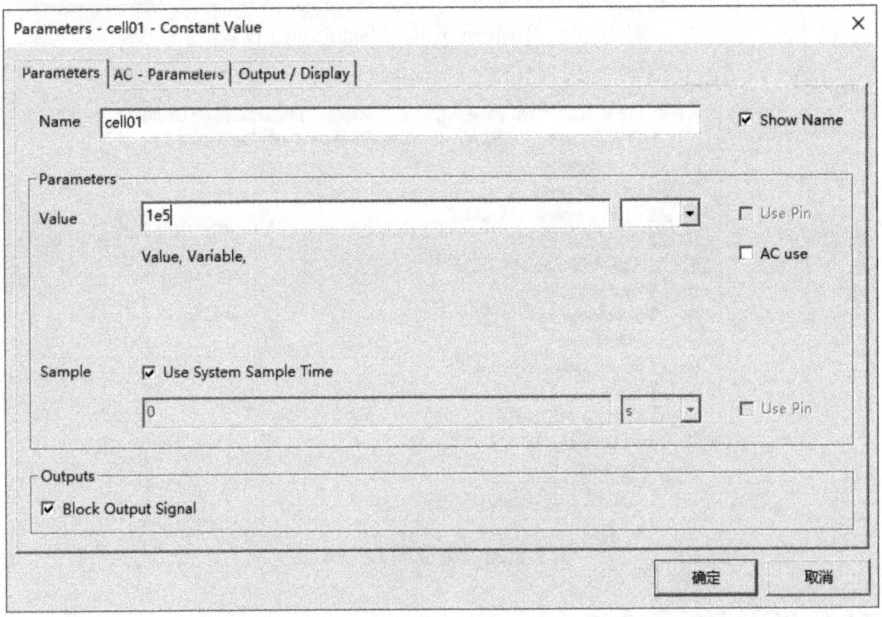

图 2-8-28　为 cell01 元件设置输入功率

对其余两个重复以上操作，分别赋值 1.2e5 和 0.8e5，如图 2-8-29 和图 2-8-30 所示。

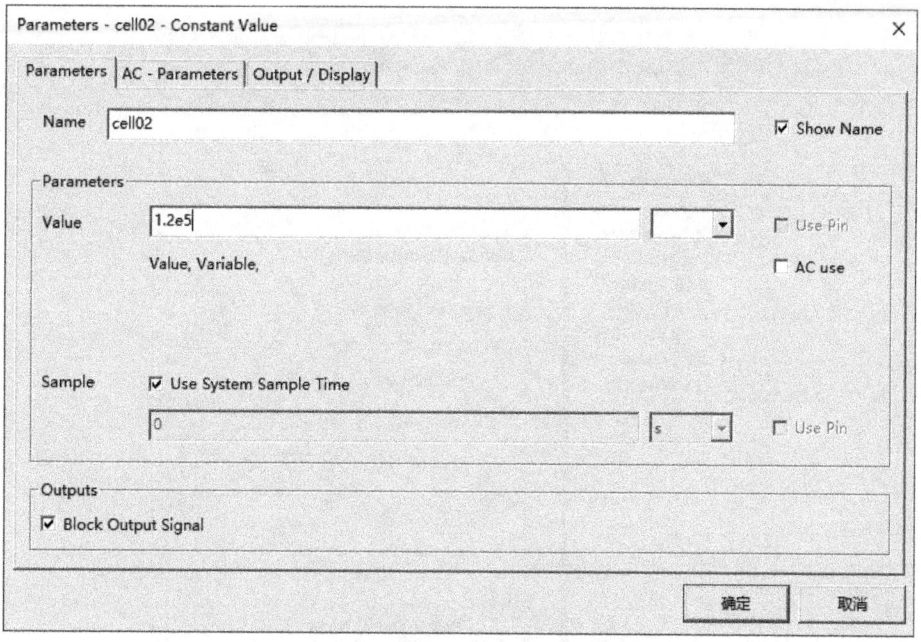

图 2-8-29　为 cell02 元件设置输入功率

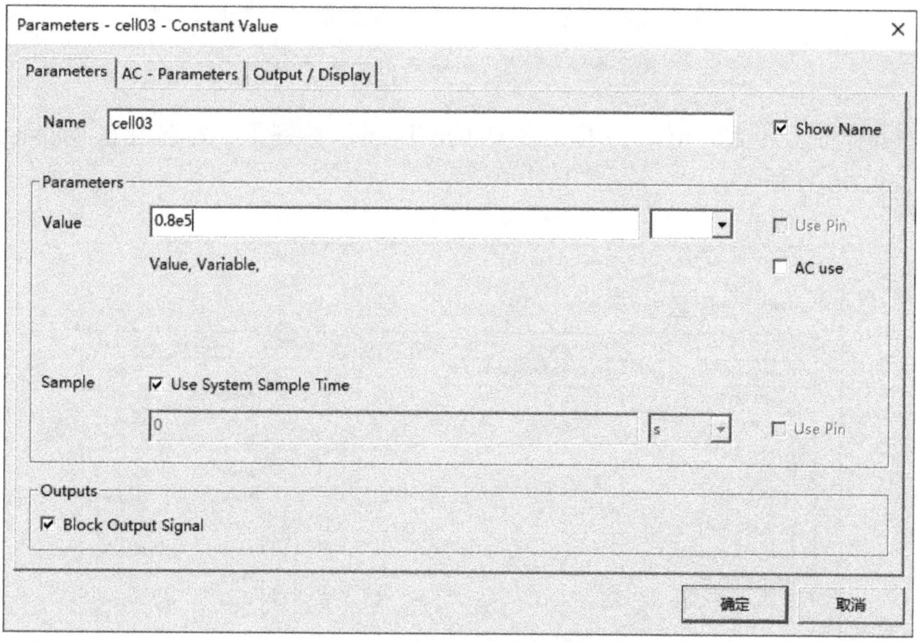

图 2-8-30　为 cell03 元件设置输入功率

在结构树 Analysis 中双击 TR，在弹出的面板上修改终止时间为 500s，修改最小时间步 1s，修改最大时间步 5s，单击 OK 按钮，如图 2-8-31 所示。

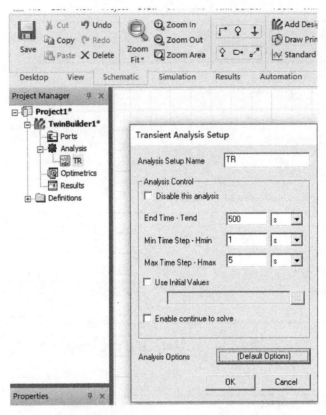

图 2-8-31 设置 Transient Analysis Setup

双击操作面板中 LTI ROM 图标，在 Output/Display 标签下，勾选所有 Output 对应的 SDB，如图 2-8-32 所示。

Name	Description	Direction	Show Pin	Sweep	SDB	Visibility	Locatic
SimulatorModel	Chosen Simulation Model	In				None	Bottom
Input1_cell_first		In	✔			None	Bottom
Input2_cell_second		In	✔			None	Bottom
Input3_cell_third		In	✔			None	Bottom
Ref1_cell_second_t		In				None	Bottom
Ref2_cell_first_t		In				None	Bottom
Ref3_cell_third_t		In				None	Bottom
Output1_cell_second_t		Out	✔		✔	None	Bottom
Output2_cell_first_t		Out	✔		✔	None	Bottom
Output3_cell_third_t		Out	✔		✔	None	Bottom

Parameters - Thermal_ROM_SML1 - Thermal_ROM_SML

Properties Output / Display

确定   取消

图 2-8-32 对 LTI ROM 输出进行设置

在左侧结构上，右键 Result→Create Standard Report→Rectangular Plot，在 Report 面板 Category 中选择 All，在 Quantity 中选择所有 Thermal_ROM 开头的选项，单击 New Report，见图 2-8-33。

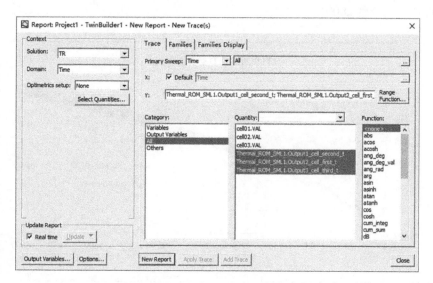

图 2-8-33　对 LTI ROM 输出进行设置

在 TR 上右键，选择 Analyze，软件就会开始计算，最终得到下图的温度变化曲线（见图 2-8-34），在空白处右键 Export 可以将结果导出 .csv 文件，可与 Fluent 结果进行对比。

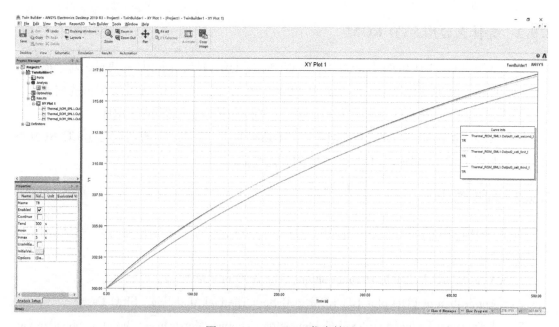

图 2-8-34　LTI ROM 仿真结果

3. LTI ROM 与 CFD 仿真结果对比

如图 2-8-35 所示，将 LTI ROM 与 CFD 仿真结果进行对比，可见其最大误差在 0.09% 以内，但 LTI ROM 在相同资源下仅需 1~2s，而 CFD 需要约 4668s，LTI ROM 在保证准确度的前提下实现加速比达到 2000+。

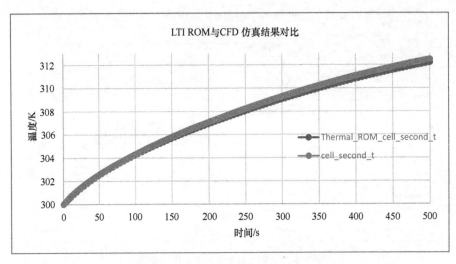

图 2-8-35 LTI ROM 与 CFD 仿真结果定量对比

2.9 电池 SVD 降阶模型仿真

2.9.1 为什么要用 SVD ROM

从 2.8 节可知，LTI ROM 只能得到有限点的温度变化信息，而非场的信息，对于需要详细场信息的场景（如整体温度一致性研究、热电偶布置等），LTI ROM 能够提供的信息会有限。基于此，ANSYS 提供了可以得到三维场信息的降阶技术，也即 SVD ROM。

SVD ROM 的准确度与 LTI ROM 相同，由于获得的是场信息，计算时间会比 LTI ROM 略长，一般是以分钟计，仍然比 CFD 仿真时间大幅度减少。

2.9.2 理论部分

关于 SVD ROM 的理论部分，本文限于篇幅，不做详细阐述，感兴趣的读者可以阅读以下几篇文献：

1）《A Singularly Valuable Decomposition：The SVD of a Matrix》。

2）《Application of POD plus LTI ROM to Battery Thermal Modeling：SISO Case》。

3）《A Transient Reduced Order Model for Battery Thermal Management Based on Singular Value Decomposition》。

2.9.3　仿真输入条件汇总

关于电池 SVD ROM 仿真的输入条件详见表 2-2-1。

2.9.4　SVD ROM 生成流程及关键步骤

1）在 Fluent 中得到稳态计算算例；

2）在 Fluent 中得到阶跃响应文件；

3）在 Twin Builder 中搭建 SVD ROM，进行计算，得到相应坐标值；

4）在 Fluent 中进行结果后处理。

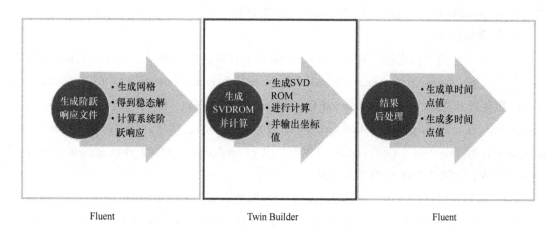

图 2-9-1　SVD ROM 生成流程

2.9.5　在 Fluent 中得到稳态算例——Base Model

1. 一般性操作及设置

（1）启动 Fluent Launcher　启动 Fluent Launcher，勾选 3D Dimension，勾选 Display Mesh After Reading，勾选 Double Precision，Processing Options 选择并行且 Solver Processes 选择 6 核，在 Working Directory 中设置工作路径，见图 2-2-14。

（2）读入网格并检查　在菜单 File→Read Mesh 中，选中 Geom-1-3cell-CHT2-ST-VM. msh. gz，网格导入完成后软件会自动显示网格（因为在启动界面勾选了 Display Mesh After Reading）。

（3）Fluent 网格检查　在进行具体设置求解之前，对导入的网格一定要进行检查，主要检查为以下 4 方面：

1）计算域尺寸检查，确认计算的范围与计算模型范围相符，主要是通过 x，y，z 坐标最大最小值来判断，如若范围不符，往往需要通过 Scale 来缩放到合理范围；

2）最小体积检查，不可为负；

3）网格正交质量，Orthogonal Quality 一般建议大于 0.1，最好大于 0.15；

4）最大 Aspect Ratio 检查，对于特定物理模型（如 PEMFC 质子交换膜燃料电池）或物理现象（如自然对流）需要检查此项。

网格检查功能通过 General→Check & Report Quality 来实现，本案例会出检查结果如下，框注的部分分别为计算域尺寸范围、最小体积、网格正交质量和最大的 Aspect Ratio，在 Fluent Console 会显示见图 2-2-15。

（4）通用设置　电池模组内流动速度较低，故选择压力基求解器；选择稳态求解，其余保持默认，见图 2-2-16。

（5）相关物理模型选择　由于需要得到模组的温度场分布，故打开能量方程；湍流模型选择 Realizable k-e 模型及标准壁面函数，见图 2-2-17。

2. 设置材料物性

（1）设置电池材料物性　在 Materials→Solid 中右键，选择 New，在弹出的面板中按照以下进行设置：Name 改为 e-mat；Chemical Formula 改为 emat；Density（密度）：$2092kg/m^3$；c_p（比热容）：$678J/(kg \cdot K)$；Thermal Conductivity（热导率）：下拉菜单中选择 Orthotropic，Conductivity 0、Conductivity 1、Conductivity 2 分别填入 0.5、18.5、18.5，按照 Direction 0 Components 和 Direction 1 Components 的规定，以上 conductivity 0/1/2 分别对应 X、Y、Z 方向的导热率，如图 2-2-18 和图 2-2-19 所示。

（2）设置正极材料物性　默认使用铝的材料属性即可，见图 2-2-20。

（3）设置负极材料物性　在本案例中，负极材料为铜。在结构树 Materials→Solid 中右键，选择 New，在弹出的设置面板中单击 Fluent Database，在材料列表中找到铜（Copper），单击 Copy，完成复制铜材料，单击 Change/Create，见图 2-2-21。

（4）设置硅胶材料物性　在本算例中，电芯之间的隔热材料为硅胶。在结构树 Materials→Solid 中右键，选择 New，在弹出的设置面板中如下设置，Density（密度）：$2750kg/m^3$；c_p（比热容）：$1500J/kg \cdot K$；Thermal Conductivity（热导率）：$2W/m \cdot K$；单击 Change/Create 按钮，完成硅胶材料设置，如图 2-2-22 所示。

（5）设置冷却液材料物性　在本算例中，使用液态水作为冷却媒质。在结构树 Materials→Fluid 中右键，选择 New，在弹出的设置面板中单击 Fluent Database，在 Database Material 中选择 water-liquid（h2o < l >），单击 Copy 按钮，完成冷却液材料物性设置，如图 2-2-23 所示。

3. 设置计算域

（1）设置流体域 Cell Zone Condition　在结构树 Cell Zone Conditions→Fluid 中，双击 cooling_fluid 流体域，从 Material Name 下拉菜单中选择之前定义的 water-liquid，其余保持默认，见图 2-2-24。

（2）设置固体域 Cell Zone Condition——电芯部分　在结构树 Cell Zone Conditions→Solid 中选择 cell01 并双击，在 Material Name 下拉菜单中选择 e-mat，将电芯材料赋值于电芯几何；

确认未勾选 Source Terms，单击 OK 按钮，见图 2-9-2。

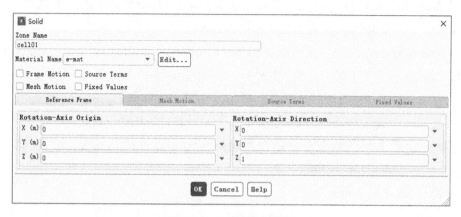

图 2-9-2　电芯计算域设置

在 cell01 右键 Copy，将 cell01 设置复制于其余电芯，见图 2-9-3。

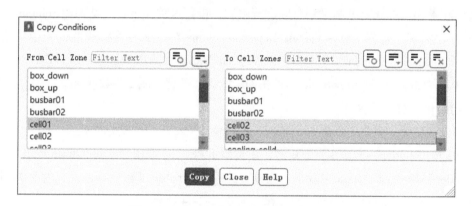

图 2-9-3　将 1 号电芯设置复制到其他电芯

（3）设置固体域 Cell Zone Condition——极耳部分　在结构树 Cell Zone Conditions→Solid 中选择 tapn01 并双击，在 Material Name 下拉菜单中选择 copper，将负极耳材料赋值于负极耳几何，其余保持默认；在 tapn01 右键 Copy，将 tapn01 设置复制于其余极耳，如图 2-2-33 所示。

正极耳默认为铝，在此就不做修改。

（4）设置固体域 Cell Zone Condition——硅胶部分　在结构树 Cell Zone Conditions→Solid 中选择 guijiao1 并双击，在 Material Name 下拉菜单中选择 guijiao，将硅胶材料赋值于硅胶几何，其余保持默认，见图 2-2-34；对 guijiao2 固体域重复上述操作。

4. 设置边界条件

（1）设置 BC——inlet　在结构树 Boundary Conditions→Inlet 中双击 inlet-water，在打开的面板 Momentum 标签下设置 Velocity Magnitude 为 0.1m/s，其余保持默认；在 Thermal 标签下设置冷却水的温度为 300K，如图 2-2-35 和图 2-2-36 所示。

（2）设置 BC——outlet　在结构树 Boundary Conditions→Outlet 中双击 outlet-water，在打开的面板 Momentum 标签设置 Gauge Pressure 为 0 pascal，其余保持默认；在 Thermal 标签下设置冷却水的温度为 300K，如图 2-2-37 和图 2-2-38 所示。

（3）设置其他壁面 BC　在结构树 Boundary Conditions→Wall 中双击 box_down：1，在打开的面板 thermal 标签下设置，如图 2-2-39 所示，其余保持默认设置；在 box_down：1 中右键 Copy，复制到其他通过自然对流散热的壁面，如图 2-2-40 所示。在 wall 列表中，凡是以 xxx 和 xxx-shadow 结尾的壁面均为 Coupled 面，无需对其进行相关设置。

上述壁面边界条件的意思是，壁面通过对流与外界进行热交换，壁面传热系数为 $5W/m^2 \cdot K$，外界环境温度为 300K。

5. 设置 method 和 control

在 solution→methods 和 solution→controls 中设置，如图 2-2-41 所示。

6. 设置后处理监测值

设置 report 和 monitor——电芯平均温度监测　为监测计算过程中电芯温度的变化趋势以及收敛判断考虑，在此对电芯平均温度进行监测，设置过程如下：在结构树 Solution→Report Definitions 中右键，选择 New→Volume Report→Volume-Average，在弹出的面板中修改 Name 为 report-def-avetemp，Options 勾选 Per Zone，Field Variable 选择 Temperature，Cell Zones 选择所有的电芯，Create 勾选 Report plot，单击 OK 按钮，设置如图 2-2-42 所示。

7. 初始化及求解设置

算例设置到此，首先要保存一下 case，推荐使用 . gz or . h5 文档格式。

在结构树 Solution→Initiation 中双击，在设置面板中选择 Hybrid Initialization 方法；在结构树 Solution→Run calculation 中双击，在设置面板中 Number of Iterations 设置为 500，其余保持默认设置，单击 Calculate 进行仿真求解，如图 2-2-44 所示。

待算例计算收敛后，保存 case 和 data，作为生成 SVD ROM 阶跃响应文件的 base model。

2.9.6　在 Fluent 中生成阶跃响应

得到稳态算例后，生成阶跃响应有多个方法，有 SISO（单输入单输出）、SIMO（单输入多输出）、MINO（多输入单输出）和 MIMO（多输入多输出）。用的最多的是 SIMO 和 MIMO 两个方法：

1）SIMO：由于实际工作中，各电芯一致性较好，其发热功率差异不大，可将所有电芯当作一个热源处理，生成一个阶跃响应文件。这种方法的优点：与绝大多数电池真实工作相符，生成阶跃响应文件时间短（小于共轭传热）；这种方法的缺点：后期对电芯发热功率不同时无法计算。

2）MIMO：将每个电芯当成一个热源处理，生成与电芯数量相同的阶跃响应文件；优点：后期可对电芯发热功率不同时进行快速计算；缺点：生成阶跃响应文件用时较长。

本文以操作略繁琐的 MIMO 展开，读者可自行尝试其他类型的 SVD ROM。

1. 计算某个电芯的阶跃响应文件

（1）文件路径说明　为更好进行 SVD ROM 生成，以下操作将在右侧 4 个文件夹（见图 2-9-4）内进行，将上步得到的稳态算例及数据复制到第 1 个文件夹 Step1_Fluent_StepRes 中，文件夹内文件见图 2-9-5，请确保文件及文件夹齐全，否则出错。

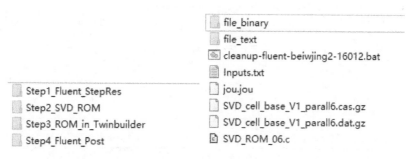

图 2-9-4　左侧为四个文件夹，右侧为 Step1 内文件

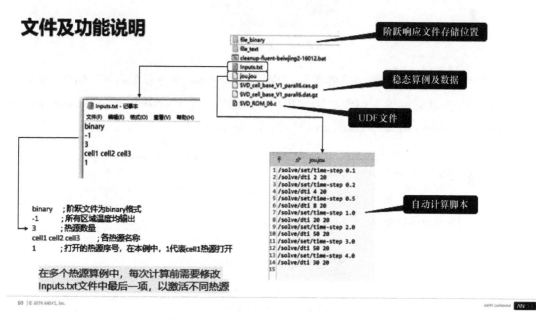

图 2-9-5　Step1 文件夹内文件及其功能说明

（2）启动 Fluent　启动 Fluent Launcher，勾选 3D Dimension，勾选 Display Mesh After Reading，勾选 Double Precision，Processing Options 选择并行且 Solver Processes 选择 6 核，在 Working Directory 中设置工作路径，见图 2-2-14。

注意：在接下来所有操作中，保持所有并行设置与此处一样致，否则会出错！

（3）读入稳态算例并检查　File→read case &data，选中 SVD_cell_base_V1_parall6. cas. gz（在 2.9.5 节生成的 base model），导入完成后软件会自动显示网格。

由于阶跃响应是要计算在特定热源下整个系统的响应，所以计算为瞬态。在左侧结构树

General→Time→Transient，其他保持默认。

（4）设置 UDF　由于阶跃响应文件需要在计算过程中进行输出，要链接上特定的 UDF，在 User-Defined→Functions 中，选择 Compiled UDFs，单击 Add→SVD_ROM_06.c，单击 Build，最后单击 Load 按钮，见图 2-9-6。

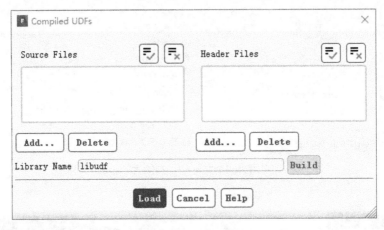

图 2-9-6　加载 UDF

（5）设置 UDM　整个计算中需要 3 个 UDM，其中 UDM0 保存初始温度，UDM1 保存温度增量，UDM2 为最终温度，UDM2 等于 UDM0+UDM1。在 User-Defined→Memory 中，将 Number of User-Defined Memory Locations 设置为 3，见图 2-9-7。

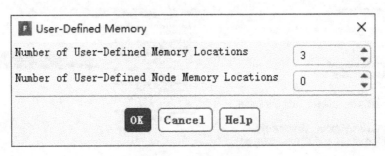

图 2-9-7　设置 UDM

（6）设置 UDF-Hook　在此步骤有两个 Execute at End UDF 需要进行设置，User-Defined→Function Hooks，在 Execute at End 后单击 Edit（见图 2-9-8），在 Available Execute at End Functions 选框中选中所有的 UDF，单击 Add 按钮，保存设置，见图 2-9-9。

（7）更改 cell01 的热源项　本算例中，共有 3 个电芯，也即有 3 个热源，需要计算 3 次，以得到 3 次使用不同热源时系统的阶跃响应。

首先计算 cell01 热源打开、cell02 和 cell03 不开的工况。在 Cell Zone Conditions→solid-cell01 中，勾选 Source Terms，设置热源 constant：19785W/m^3，此处为功率密度，其乘以电芯体积保证整个计算中电芯热功率为 10W，如图 2-9-10 和图 2-9-11 所示。

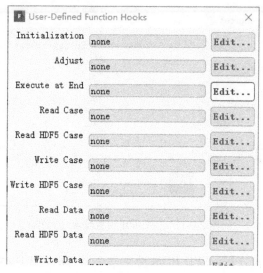

图 2-9-8　设置 UDF Hooks

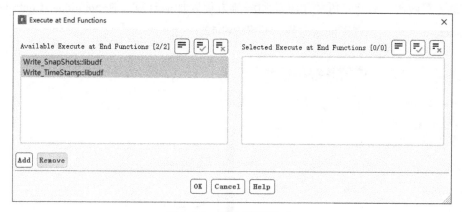

图 2-9-9　设置 UDF Hooks

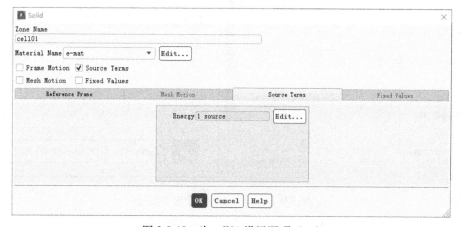

图 2-9-10　为 cell01 设置源项（一）

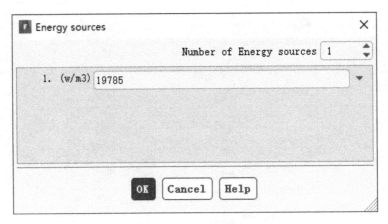

图 2-9-11　为 cell01 设置源项（二）

（8）关闭流动和湍流方程　SVD ROM 要求整个系统满足 LTI 线性时不变假设，在本例中也即冷却液的流动不变，只是单纯电芯功率发生变化，在 base model 获取过程中已经将模组的流动计算收敛，故此步可关闭流动和湍流方程以加速计算。在 Solution→Control 中，单击 Equations，确保只勾选了能量方程，见图 2-9-12。

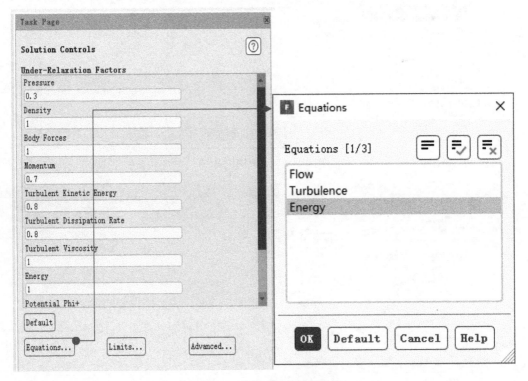

图 2-9-12　关于流动和湍流方程

（9）写入 UDM0 并保存算例　此步骤是将初始温度场信息写入 UDM0。

在 User-Defined→Execute on Demond 中，在下拉菜单中选择 Write_SS_T_into_UDM∷libudf，单击 Execute（见图 2-9-13），查看 Console 中信息，显示"Steady state temperature is saved into UDM. Please display for confirmation."则为写入 UDM0 成功。用户还可以通过后处理显示云图的方式确认操作成功，保存算例和数据。此处保存算例和数据是为第 4 步后处理时使用。

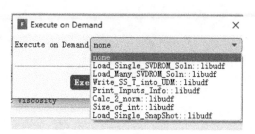

图 2-9-13　将初始温度信息写入 UDM0

（10）计算及阶跃响应文件　在 File→Read-Journal 中，选择文件夹内的 jou. jou，软件会自动开始计算。给出 jou. jou 文档中的信息较为简单，用户可根据算例的大小和收敛情况进行相应调整。计算完成后，在 file_binary 文件夹中会有 85 个 SnapShots_of_StepRes_cell1_x. dat 文件和 1 个 Time_Stamp_cell1. txt 文件（见图 2-9-14）。此步骤无需保存算例及数据。

至此，cell01 的阶跃响应文件生成完毕。

SnapShots_of_StepRes_cell1_1.dat
SnapShots_of_StepRes_cell1_2.dat
SnapShots_of_StepRes_cell1_3.dat
SnapShots_of_StepRes_cell1_4.dat
SnapShots_of_StepRes_cell1_5.dat
SnapShots_of_StepRes_cell1_6.dat
SnapShots_of_StepRes_cell1_7.dat
SnapShots_of_StepRes_cell1_8.dat　　　Time_Stamp_cell1.txt

图 2-9-14　cell01 的阶跃响应文件

2. 计算其他电芯阶跃响应文件

在生成其他电芯阶跃响应前必须关闭上一个计算算例，以避免由于 UDF 运行导致的错误。修改 Inputs. txt 文件最后一行，将原'1'改为'2'（见图 2-9-15），以此告诉软件这是计算仅 cell2 打开热源的算例。确认 cell01 和 cell03 热源未打开，设置 cell02 热源 17806. 5W/m³，确保 cell02 发热功率为 9W（此处故意取 3 个电芯发热功率不同以展示 MIMO 的优势），重复 2. 9. 6 节 1. 中步骤。整个过程同样生成 85 个 . dat，1 个 . txt 文件。

同理对 cell03 重复上述步骤。修改 Inputs. txt 文件最后一行，将原'2'改为'3'，以此告诉软件这是 cell3 打开的算例。确认 cell01 和 cell02 热源未打开，设置 cell03 热源 21763. 5W/m³，确保 cell03 发热功率为 11W。整个过程同样生成 85 个 . dat，1 个 . txt 文件。

至此，cell01、cell02、cell03 的阶跃响应文件生成完毕，见图 2-9-16。

由于新版本 Fluent 默认设置的修改，需要对生成的数据进行修改，请将 SVD_format_20200305_V1. exe 文件复制到 file_binary 中运行程序，处理后的文件会保存在新建的 file_binary 文件夹中，在 Step2 中请使用修改后的文件。关于此处的处理还有其他方法，请联系作者来获取更多信息。

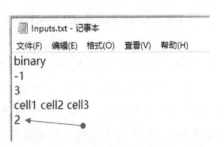

SnapShots_of_StepRes_cell3_74.dat
SnapShots_of_StepRes_cell3_75.dat
SnapShots_of_StepRes_cell3_76.dat
SnapShots_of_StepRes_cell3_77.dat
SnapShots_of_StepRes_cell3_78.dat
SnapShots_of_StepRes_cell3_79.dat
SnapShots_of_StepRes_cell3_80.dat
SnapShots_of_StepRes_cell3_81.dat
SnapShots_of_StepRes_cell3_82.dat
SnapShots_of_StepRes_cell3_83.dat
SnapShots_of_StepRes_cell3_84.dat
SnapShots_of_StepRes_cell3_85.dat
Time_Stamp_cell1.txt
Time_Stamp_cell2.txt
Time_Stamp_cell3.txt

图 2-9-15　在进行下一个电芯阶跃响应　　　图 2-9-16　最终生成的所有阶跃响应文件

文件计算前应当修改 Inputs. txt

至此，我们完成了在 Fluent 中生成阶跃响应文件的工作。

2.9.7　Twin Builder 中建立 SVD ROM 流程

第一步骤生成阶跃响应文件是在 Fluent 中进行的，第二步骤生成 SVD ROM 则是在 Twin Builder 中进行，主要步骤如下：

1）在 Twin Builder 中安装 SVD 相关文件；

2）将 Fluent 阶跃响应文件结果导入 Twin Builder 中；

3）生成 SVD ROM；

4）对生成的 ROM 进行测试。

1. 安装必要的文件

在 Executable_64bit 文件夹中找到如下文档：

1）libfftw3-3. dll；

2）libfftw3f-3. dll；

3）libfftw3l-3. dll；

4）sundials_cvode. dll；

5）ROM_Identification_R2016p1. exe。

选择一个合适的路径新建 PersonalLib 文件夹，例如我的路径：C：\Users\wjing\Documents\ Ansoft\PersonalLib，在此 PersonalLib 下按照图 2-9-17 所示建立所需的文件夹。其次设置 TwinBuilder 路径指向上述文件夹，在 Twin Builder→Tools→Options→General Options，将 PersonalLib 指向上述路径，见图 2-9-18。

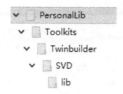

图 2-9-17　创建 PersonalLib 文件夹及下属文件夹

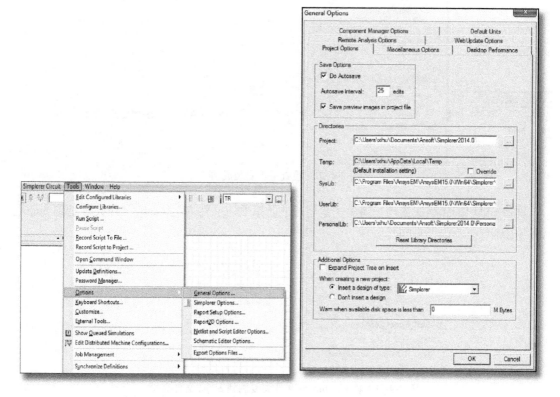

图 2-9-18　将 Twin Builder PersonalLib 路径指向上述创建的路径

将 python 脚本复制到 SVD 文件夹下；将 .dll 和 .exe 文件复制到 lib 文件夹下，见图 2-9-19。检查确认是否安装成功。在 Twin Builder→Toolkit→PersonalLib，SVD→SVD_ROM_Identification_R2016.1 下，出现菜单（见图 2-9-20）即为安装成功。文件安装成功一次即可。

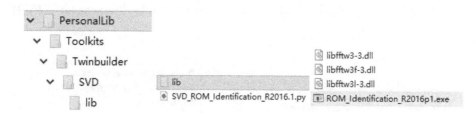

图 2-9-19　将相应文件复制到指定路径

图 2-9-20　检查是否安装成功

准备 SVD ROM 生成文档　将第一步生成的阶跃响应文件 file_binary 文件夹复制到 Step2_SVD_ROM 文件夹中，见图 2-9-21。

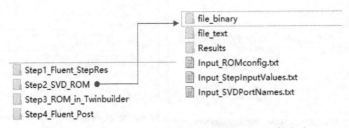

图 2-9-21　将 file_binary 文件夹复制到 Step2 文件夹中

打开 Input_StepInputValues. txt 文档，写入 10　9　11，见图 2-9-22。其中的数字表示 3 个电芯分别对应发热功率分别为 10W、9W 和 11W，数字顺序与热源编号相同。这里的发热功率与之前在生成阶跃响应文件时设置的电芯热源功率保持一致。

打开 Input_StepInputValues. txt 文档，写入 cell1 cell2 cell3，见图 2-9-23。其中 cell1、cell2 和 cell3 表示热源编号，也即三个电芯命名，与 Step1 文件夹中 Inputs. txt 文档第四行保持一致。

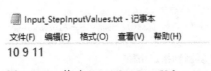

图 2-9-22　修改 Input_StepInputValues. txt

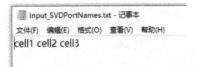

图 2-9-23　修改 Input_SVDPortNames. txt

2. 在 Twin Builder 中生成 SVD ROM

打开 Twin Builder，打开 Twin Builder 子菜单，找到 Toolkit，打开下级菜单 PersonalLib，选择 SVD→SVD_ROM_Identification_R2016.1。

在弹出的面板中设置 Number of Inputs（输入参数数量），本例即电芯数量 3，设置 Model Name，单击 Browse，指向生成的 Step2_SVD_ROM 文件夹（见图 2-9-24），其余保持默认，单击 Generate；提示 SVD ROM 生成。同时在软件右下侧 Project Components 下出现 SVD_ROM_SML 即为 SVD ROM（见图 2-9-25）。

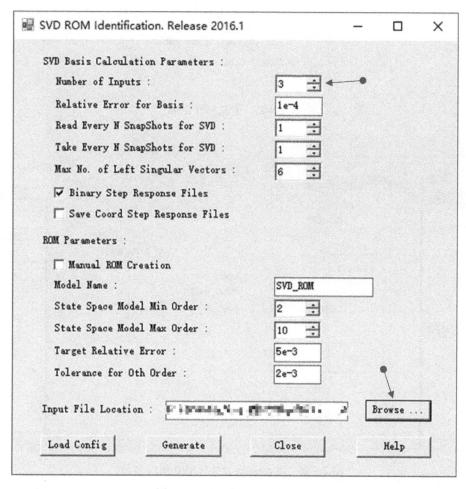

图 2-9-24　SVD ROM 面板设置

3. 对 SVD ROM 进行测试

将上一章节生成的 SVD_ROM 拖到工作面板上，在右下角 search 功能中搜索 constant 元件，拖三个到屏幕上，将三个 constant 元件与 SVD_ROM 的三个 Input 分别连接（见图 2-9-26），用三个 constant 给三个 Input 进行赋值。与 LTI ROM 测试步骤相同，此处也是用 constant 元件代表电芯的功率输入元件。

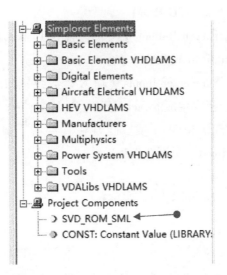

图 2-9-25 生成 SVD ROM

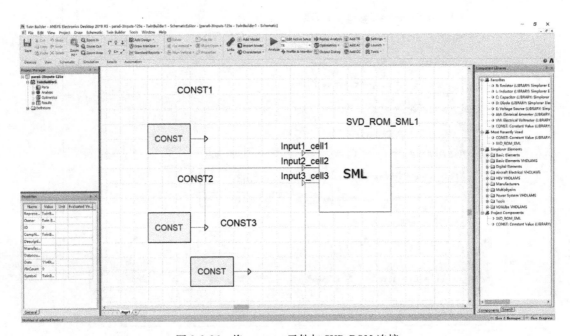

图 2-9-26 将 constant 元件与 SVD ROM 连接

双击 constant1，修改名称为 cell01，在对话面板中将 value 赋值 10，代表 cell01 电芯热功率为 10W；此值为电芯的热源功率，需要注意的是 Fluent 中设置的是功率密度，在此处需要转换为功率（功率密度乘以体积），单击"OK"按钮，见图 2-9-27。

同理对其余两个重复以上操作，分别赋值 9 和 11。

在结构树 Analysis 下双击 TR，在弹出的面板上修改终止时间为 400s，修改最小时间步 2s，修改最大时间步 10s，见图 2-9-28。

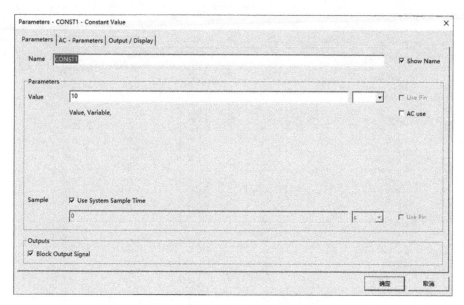

图 2-9-27　为 cell01 设置功率

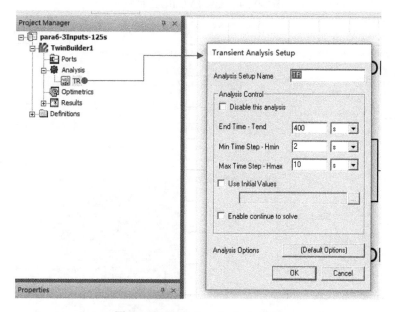

图 2-9-28　Transient Analysis 设置

双击 SVD ROM，在 Output/Display 标签下，勾选所有 Output 对应的 SDB，如图 2-9-29 所示。

在左侧结构树中右键，选择 Result→Create Standard Report→Rectangular Plot，在 Report 面板 Category 中选择 All，在 Quantity 中选择所有 thermal_ROM 开头的选项，单击 New Report，见图 2-9-30。

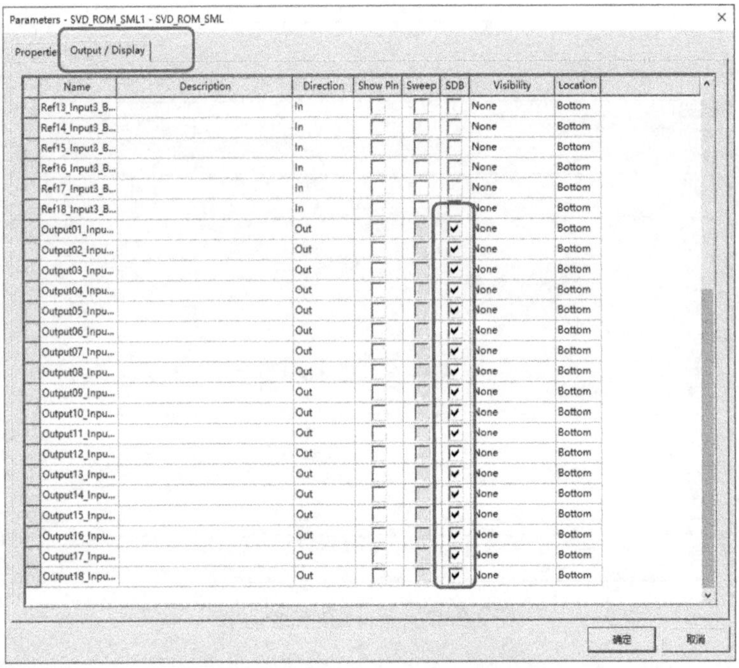

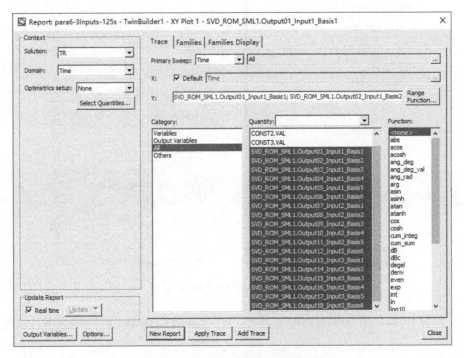

图 2-9-29　设置 SVD ROM 的 SDB

图 2-9-30　设置 SVD ROM 的 Report 输出

　　右键 TR，选择 Analyze，得到下图曲线（见图 2-9-31），在曲线空白处右键 export 可以将结果导出 .csv 文件，在 Export Uniform Points 中，设置每隔 5s 输出一个点（见图 2-9-32）。

与 LTI ROM 此处直接得到 Output Parameter 也即温度值不同，SVD ROM 在此处得到的是不同时刻对应的状态空间坐标，在下一步后处理时需要通过这些坐标值来得到系统的温度场值。

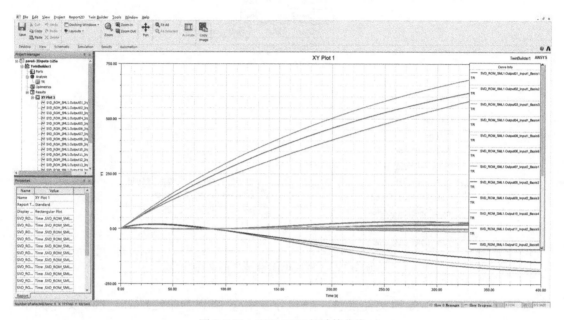

图 2-9-31 SVD ROM 的计算曲线

图 2-9-32 将 SVD ROM 输出为 csv 格式

（1）SVD ROM 测试后生成的文件　将 Twin Builder 刚导出的 .csv 文件保存到 Step3_ROM_in_Twinbuilder 文件夹中，并保存 Twin Builder 文件，见图 2-9-33。

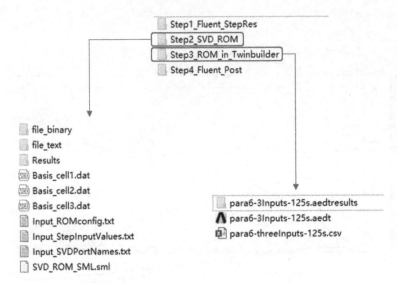

图 2-9-33　SVD ROM 生成中的文件

（2）SVD ROM 后处理文件准备　将以下文件复制到 Step4_Fluent_Post 文件夹中：1. Step1_Fluent_StepRes 文件夹中，libudf 文件夹，Inputs. txt，SVD_cell_base_V1_parall6. cas. gz 及 SVD_cell_base_V1_parall6. dat. gz；Step2_SVD_ROM 中复制 3 个 .dat 文件。

目前，已经有了 SVD ROM 在 400s 以内的数据，为对比还需要 CFD 在特定时间的计算结果。

1）启动 Fluent，并行设置与 step1 一致，本例为 6 核。

2）读入 case 和 data，确保 UDF 链接上。

3）设置 cell01 热源 19785W/m^3，cell02 热源 17806.5W/m^3，cell03 热源 21763.5W/m^3，确保各自电芯热功率分别为 10W、9W 和 11W。

4）Execute on Demond→Write_SS_T_into_UDM：libudf→Execute。

5）Function Hooks：取消 Execute at End 中的两个 UDF。

6）计算物理时间 125s。

另存算例和数据为 SVD_cell_base_V1_parall6_10-9-11w-125s. cas. gz 和 SVD_cell_base_V1_parall6_10-9-11w-125s. dat. gz

2.9.8　后处理

1. 单时间点坐标获取

若是只需要某一时刻对应的温度场值，则使用单时间点坐标获取方法即可：打开 Step3_ROM_in_Twinbuilder 过程中导出的 .csv 文件，找到 125s 对应的相关 output 输出坐标并复制，共 18 个坐标，见图 2-9-34。在 Step4_Fluent_Post 中打开 Coords_single. txt，粘贴上述坐标，并修改首行为 1 18（见图 2-9-35），这里 1 18 表示 1 行 18 列，保存文件并关闭。

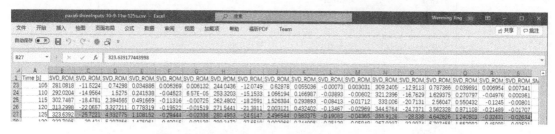

图 2-9-34　在 CSV 文件中复制 125s 对应的坐标

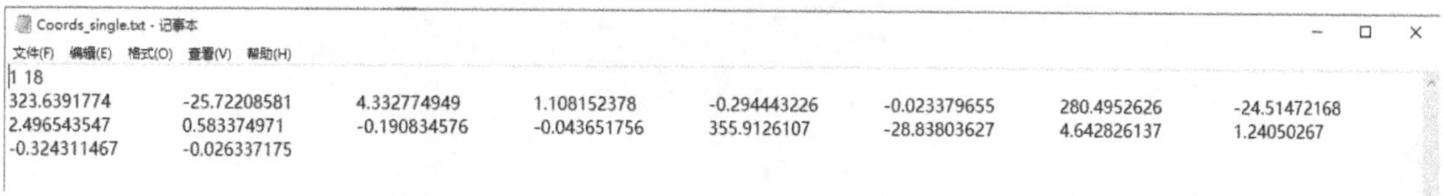

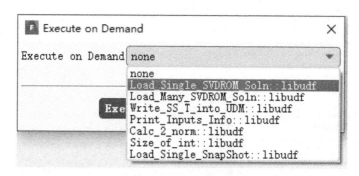

图 2-9-35　修改单时间点坐标文件 Coords_single. txt

2. Fluent 中进行结果后处理

设置完 Coords_single. txt，在打开的 Fluent 算例中，在 Ribbon 的 User Defined 下，Execute on Demand 中执行 load_Single_SVDROM_Soln::libudf（见图 2-9-36），查看 console 中信息，确认执行成功。在结构树 Results→Contours 中，温度云图设置如图 2-9-37 所示，同样设置 UDM2 云图如图 2-9-38 所示。

图 2-9-36　执行单时间点的 SVD ROM UDF

图 2-9-40 为 CFD 温度云图和 SVD ROM 计算结果云图的对比，可以非常清楚看到两者云图定性分布几乎看不出差异，为定量对比 SVD ROM 与 Fluent 结果，执行 user defined 下面的 Execute on Demand，选择 Calc_2_norm::libudf（见图 2-9-39），在 console 中显示 Relative error in 2-norm is：1.8539e-03，即为 SVD ROM 与 CFD 温度云图结果对比最大误差，约为 1.85‰，可见 SVD ROM 计算准确度之高。

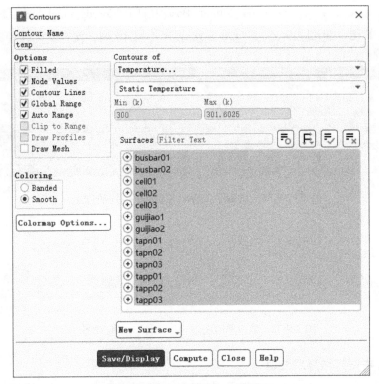

图 2-9-37　模组温度云图设置

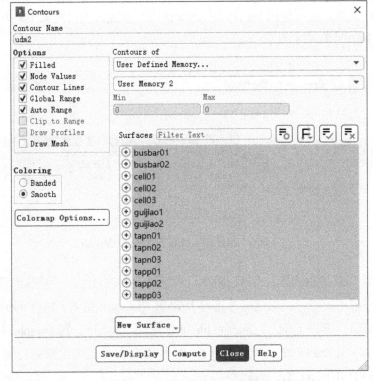

图 2-9-38　模组 UDM2 云图设置

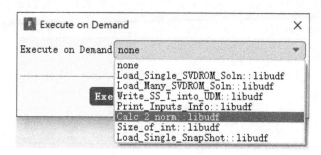

图 2-9-39　执行 Calc_2_norm:libudf，以对 CFD 与 SVD ROM 进行定量对比

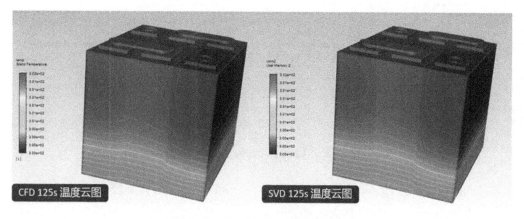

图 2-9-40　CFD 与 SVD ROM 云图对比

3. 多时间点坐标处理

若需要一系列时间点对应的温度云图，则需要多时间点坐标来进行后处理，方法与单时间点类似，共有 4 个步骤：

第一步：在 Step3_ROM_in_Twinbuilder 过程导出中的 .csv 文件中，取 0-400s（这里仅以前 400s 为例，用户可根据自己需求选择相应时间段）所有 output 参数，复制到 Coords_many.txt（见图 2-9-41），其中首行 81 18 表示 81 行 18 列（这里 81 行表示 81 个时间点，18 列表示 18 个 output 参数）。客户需要根据自己算例的时间段以及 output 参数数量来修改此文档。

图 2-9-41　修改 Coords_many.txt 文档

第二步：根据ROM修改jou_loop. jou文件（见图2-9-42），修改项详见. jou文件第2，3行文字说明，jou_loop. jou可将不同时间点UDM2云图输出，便于后期制作动画。这里需要提前将UDM2云图定义做好。

第三步：在Step4_Fluent_post文件夹内新建名为animate_ROM的空白文件夹，请确保此文件夹按照规定创建，否则会出错。

```
🖬 jou_loop1.jou🗙
 1  ;;
 2  ;; Change the number of pts ((= i 81))
 3  ;; Change the display range udm-2 300 407
 4  ;;
 5  (define str1 "Load_Many_SVDROM_Soln::libudf")
 6  (define num_str)
 7  (define j)
 8  (do ((i 0 (+ i 1))) ((= i 81))
 9  (set! j (+ i 1))
10  (cond ((> j 99) (set! num_str (number->string j))) ((> j 9) (set! num_str (string-append "0"
    (number->string j)))) (else (set! num_str (string-append "00" (number->string j)))))
11  (ti-menu-load-string "/define/user-defined/ex-o-d str1\n")
12  (ti-menu-load-string "/display/obj display udm2 \n")
13  (ti-menu-load-string (string-append "/display/sp " (string-append "./animate_ROM/Temperature"
    (string-append num_str ".tif y\n"))))
14  )
15
```

图2-9-42　用于输出UDM2云图的jou文件

第四步：在打开的Fluent算例中，执行File→read→journal，找到修改后的jou_loop. jou，软件会自动在animate_ROM文件夹内按照时间顺序生成一系列截图（见图2-9-43），用其他软件把图片保存为视频或. gif即可。

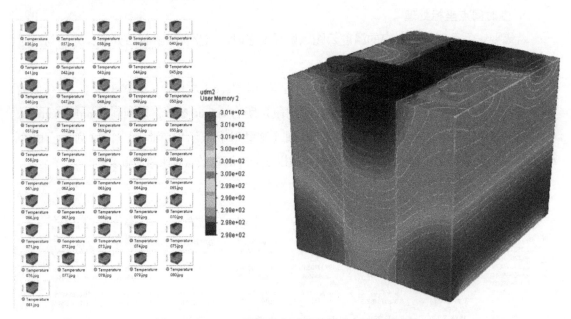

图2-9-43　Fluent输出的在不同时间对应的温度云图

2.10　电池排气仿真

2.10.1　理论部分

在 2.7 节中详细讲述了如何仿真电池热失控的过程，主要是仿真热失控过程中的单体或模组热失控及热漫延过程，仅仅是温度场的变化场景，而在真实热失控过程中，伴随着电池热失控和热漫延，还有排气过程。由于电池排气组分中含有诸如氢气、烷、炔等可燃气体，若排气通道设计不好，这些危险气体则有可能在电池包内部燃烧甚至爆炸。基于此，在本章节设置了如何模拟电池排气的场景仿真。

2.10.2　整体流程

真实的排气过程涉及到众多物理和化学过程，但在本算例，中为简化起见，只针对电池内部气体积攒达到防爆阀开启及之后的流动过程进行仿真。因此整个流程分为以下两个阶段：

1）气体在电池内部逐渐积攒，压力逐渐上升，但未达到防爆阀开启的临界压力。

2）气体压力达到临界压力，防爆阀开启，模拟排气过程。

在整个计算过程中，气体的积攒参数（以边界条件形式加载进仿真）需要通过试验来获取，以简化产气过程的仿真。

2.10.3　几何模型说明

图 2-10-1 左下为本案例的几何模型，其中在箱体内有两个电芯，其中 cell01 用来模拟爆喷过程；图 2-10-1 右下为 cell01 的纵剖面图，蓝色区域为模拟电池内部空间，底部有 inlet_degasing 边界条件模拟电池内部产气；计算中监测蓝色区域内压力，达到临界值，则开启防爆阀。

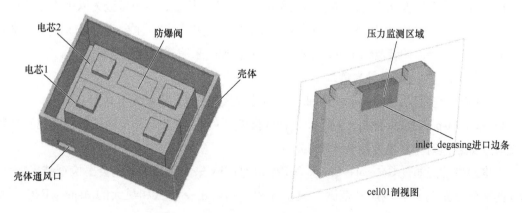

图 2-10-1　几何模型说明

2.10.4 Degasing 仿真流程

1. 一般性操作及设置

（1）启动 Fluent　启动 Fluent Launcher，勾选 3D Dimension，勾选 Display Mesh After Reading，勾选 Double Precision，Processing Options 选择并行且 Solver Processes 选择 6 核，在 Working Directory 中设置工作路径，如图 2-10-2 所示。

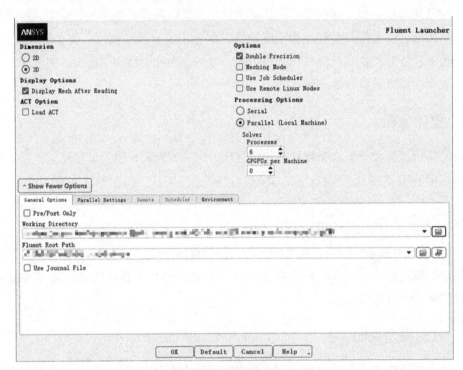

图 2-10-2　启动 Fluent

（2）读入网格并检查　在菜单 File→read mesh 中，选中 degasing-model-twocells. msh. gz，网格导入完成后软件会自动显示网格，如图 2-10-3 所示。

在进行具体设置求解之前，对导入的网格一定要进行检查，主要检查为以下 4 方面：

1）计算域尺寸检查，确认计算的范围与计算模型范围相符，主要是通过 x，y，z 坐标最大最小值来判断，如若范围不符，往往需要通过 scale 来缩放到合理范围；

2）最小体积检查，不可为负；

3）网格正交质量，Orthogonal Quality 一般建议大于 0.1，最好大于 0.15；

4）最大 Aspect Ratio 检查，对于特定物理模型（如 PEMFC 质子交换膜燃料电池）或物理现象（如自然对流）需要检查此项。

网格检查功能通过 General→Check & Report Quality 来实现，本案例会出检查结果如下，框注的部分分别为计算域尺寸范围、最小体积、网格正交质量和最大的 Aspect Ratio，见图 2-10-4。

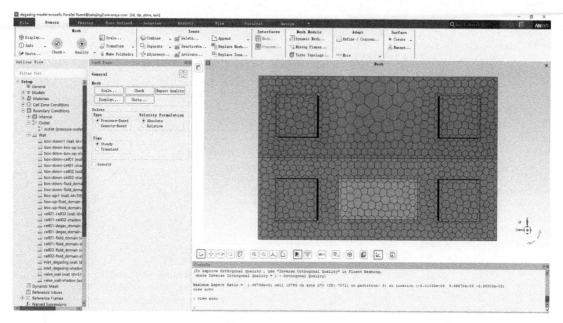

图 2-10-3　读入网格

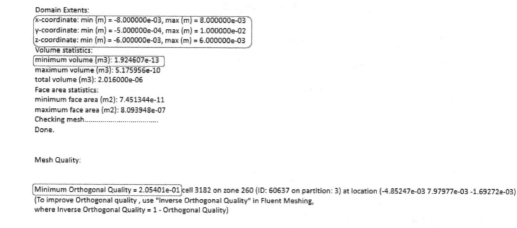

图 2-10-4　网格检查

（3）通用设置　电池模组内正常工况时流动速度较低，虽然在爆喷瞬间局部速度会较大，但仍然可用压力基求解器；选择瞬态求解，其余保持默认，见图 2-10-5。

（4）相关物理模型选择　由于需要得到模组的温度场分布，故打开能量方程；湍流模型选择 Realizable k-e 模型及标准壁面函数。打开组分输运选项，勾选 Species Transport，因本例只模拟电池爆喷过程，不模拟其中涉及的化学反应，故不勾选 Reactions，保持其余默认设置，见图 2-10-6。

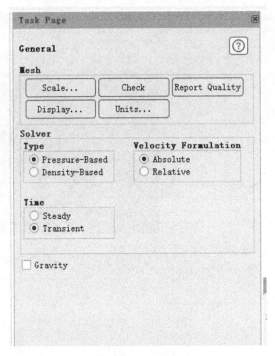

图 2-10-5　通用设置

电池爆喷出的气体为多种气体的混合物，而且往往伴随有多种化学反应，因不同电池爆喷时气体组分及相关化学反应不同，故在本例中只模拟其流动，不添加化学反应；若用户知晓其组分及化学反应机理，在此步定义反应即可。

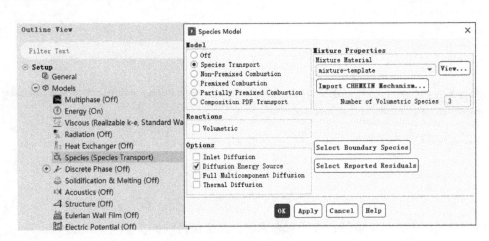

图 2-10-6　Species 设置

2. 设置材料物性

（1）设置 Mixture 组分——添加流体材料　在上一步设置组分输运时，软件会自动在 Materials 结构树下生成一个 Mixture 的子结构树，并在其中有系统默认的 mixture-template。

默认的 mixture-template 只有 water-vapor、oxygen、nitrogen 三种组分，缺少 H2 组分，在此展示如何在其中添加/删除组分。

以添加 H2 组分为例，在结构树 Materials→Fluid 中右键，选择 New，单击 Fluent Database（见图 2-10-7），Material Type 中选择 fluid，选择 hydrogen（h2），单击 Copy 按钮（见图 2-10-8），这样在 Fluid 下会有 hydrogen 选项。读者可根据试验测试结果，将需要的组分添加进材料定义中。

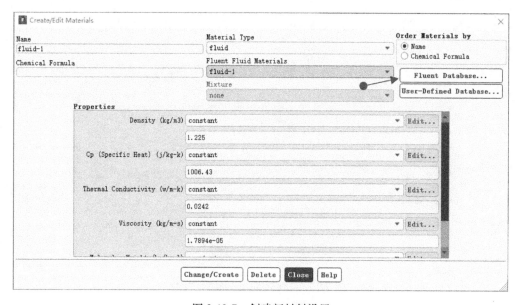

图 2-10-7　创建新材料设置

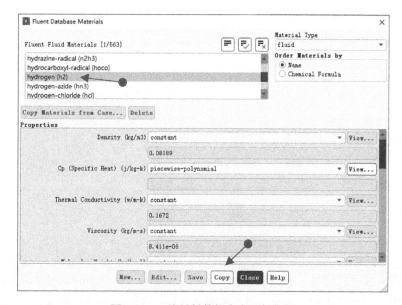

图 2-10-8　从材料数据库中添加氢气

在结构树 Materials→Mixture→mixture-template 中右键，选择 Edit，Density 选择 ideal-gas，Mixture Species 后单击 Edit（见图 2-10-9），在 Available Materials 中选择 hydrogen（h2）单击 Add（见图 2-10-10），将 H2 添加到 Mixture 组分中，选中 n2，单击 Last Species（见图 2-10-11）将体积分数最大的氮气作为最后一个组分，以减少数值误差，单击 OK 按钮，单击 Change/Create 按钮。

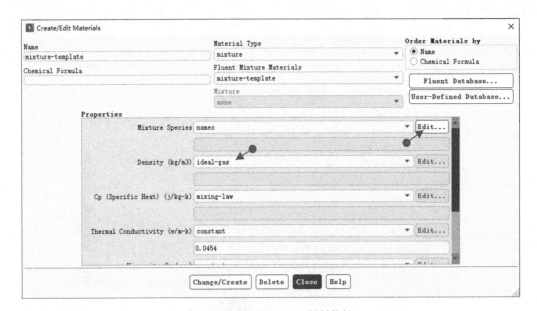

图 2-10-9　设置 Mixture 材料物性

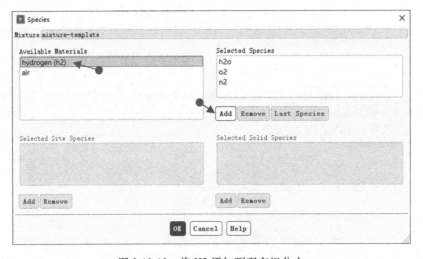

图 2-10-10　将 H2 添加到现有组分中

（2）设置电池材料物性　在 Materials→Solid 中右键，选择 New，在弹出的面板中按照以下进行设置，如图 2-10-12 所示：Name 改为 emat；Chemical Formula 改为 emat；Density

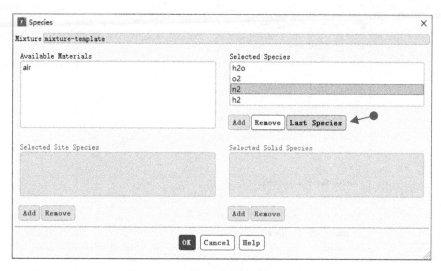

图 2-10-11　将 n2 设置为 Last Species

（密度）：2092kg/m³；c_p（比热容）：678J/（kg·K）；Thermal Conductivity（热导率）：下拉菜单中选择 orthotropic，conductivity 0、conductivity 1、conductivity 2 分别填入 0.5、18.5、18.5，按照 Direction 0 Components 和 Direction 1 Components 的规定，以上 conductivity 0/1/2 分别对应 X、Y、Z 方向的导热率，如图 2-10-13 所示。

图 2-10-12　设置电池材料物性

在此案例中，只展示流程，并未考虑电池的电化学反应过程，为简单起见，电芯之外所有固体均采用默认的铝，故未定义金属材质。

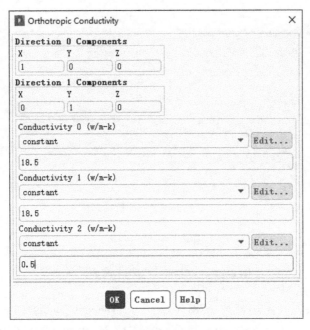

图 2-10-13　设置电池材料热导率各向异性

3. 设置计算域

（1）设置流体域 Cell Zone Condition　在结构树 Cell Zone Conditions→Fluid 中，双击 degas_domain 流体域，从 Material Name 下拉菜单中选择之前定义的 mixture-template，其余保持默认，见图 2-10-14。

对 fluid_domain 重复上述操作。

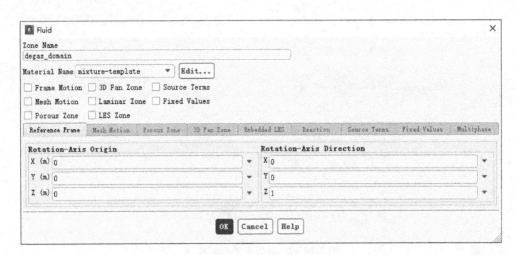

图 2-10-14　设置流体域

（2）设置固体域 Cell Zone Condition——电芯部分　在结构树 Cell Zone Conditions→Solid 中，双击 cell01 固体域，从 Material Name 下拉菜单中选择之前定义的 emat，其余保持默认，

见图 2-10-15。

对 cell02 重复上述操作（也可以使用 Copy 功能）。

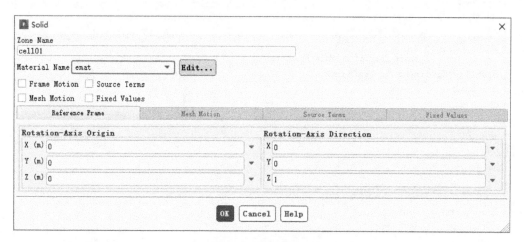

图 2-10-15　设置电池固体域

（3）设置固体域 Cell Zone Condition——其余部分　在结构树 Cell Zone Conditions→Solid 中，双击 box-down 固体域，从 Material Name 下拉菜单中选择之前定义的 aluminum，其余保持默认，见图 2-10-16。

对 box-up 重复上述操作（也可以使用 Copy 功能）。由于 aluminum 是默认的固体材料，此步骤是做 double-check。

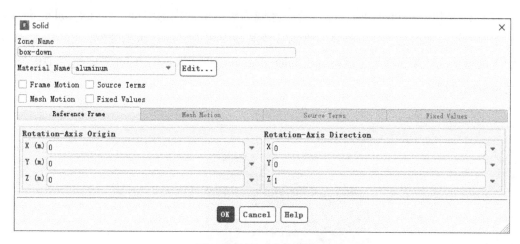

图 2-10-16　对壳体域设置

4. 设置边界条件

（1）设置 BC——outlet　在 Boundary Conditions→Outlet 中双击 outlet，Momentum 和 Thermal 标签设置保持默认，在 Species 标签下设置 o2 质量分数为 0.21，系统会自动计算出 N2 质量分数为 $1-0.21-0-0=0.79$，见图 2-10-17。

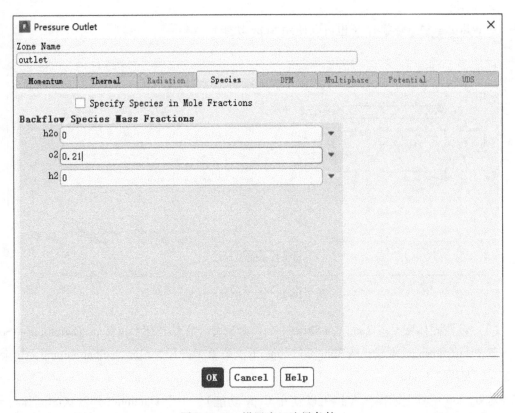

图 2-10-17　设置出口边界条件

（2）设置 BC——inlet_degasing　蓝色区域为模拟电池内部空间，底部有 inlet_degasing 边界条件模拟电池内部产气，计算中监测蓝色区域内压力，一旦达到阈值，则开启防爆阀。为实现爆喷仿真效果，在划分网格时将 inlet_degasing 设置为 wall，现在需要使用 TUI 命令将其与耦合面分离。

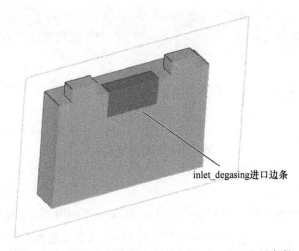

图 2-10-18　模拟电池内部产气的 inlet_degasing 边界条件

　　在网格中，inlet＿degasing 和 inlet＿degassing-shadow 为软件自动生成的耦合面。从 Adjacent Cell Zone 可以得知 inlet_degassing-shadow 为靠近流体域的面（见图 2-10-20），从结构树可知，两者 ID 分别为 60 和 3，见图 2-10-19。在接下来的操作中，软件会改变边界条件的名字，但其对应的 ID 不会改变。

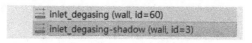

图 2-10-19　inlet_degasing 及其耦合面的 ID

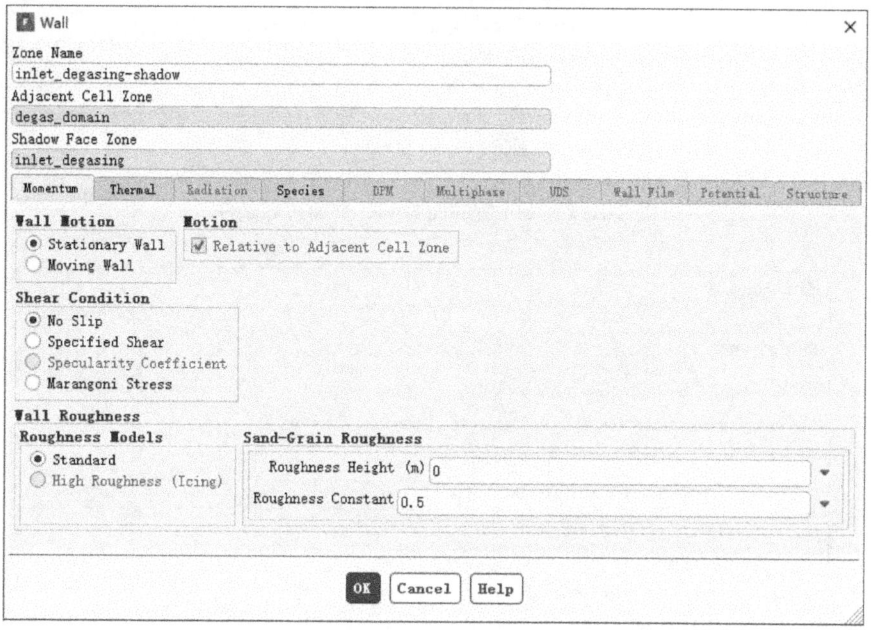

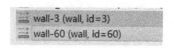

图 2-10-20　从 Adjacent Cell Zone 找到靠近流体的面

　　在 Fluent 的 console 对话框中使用以下 TUI 命令：/define/boundary-conditions/modify-zones/slit-face-zone　3；3 为图 2-10-19 中 inlet_degassing-shadow 的 ID。

　　Slit 命令后，两者均成为 wall 类型，名称也改为 wall-60 和 wall-3，见图 2-10-21，双击它们可以看到它们已经不是耦合面了（见图 2-10-22）。

图 2-10-21　通过 ID 找到 Slit 命令后对应的面

　　将 wall-3 改名为 inlet_degasing，右键将其类型改为 Velocity inlet，并设置相关属性如下：Velocity Magnitude：1m/s；Temperature：800K；Species：o2 为 0.3，h2 为 0.05，见图 2-10-23 和图 2-10-24。

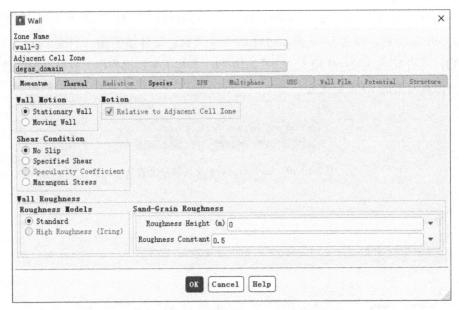

图 2-10-22　Slit 后的面为 wall 壁面边界条件

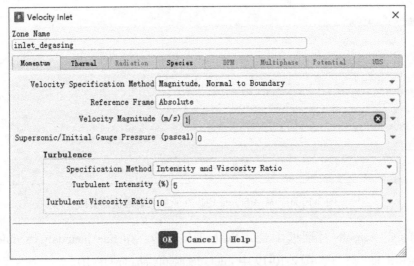

图 2-10-23　inlet_degasing 边界条件设置

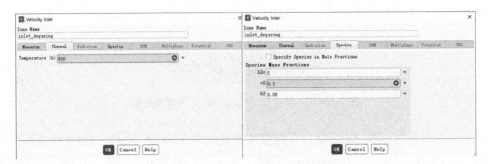

图 2-10-24　inlet_degasing 边界条件设置

5. 录制 jou 文件

请在操作此步骤前务必保存算例，并且在此步骤中务必不要保存算例，此步骤的唯一目的是为了录制模拟防爆阀开启的脚本 jou。如之前所说，计算过程中监测电池内部区域的压力，达到阈值时，启动防爆阀；本例启动防爆阀是指将其壁面及耦合面设置为 interface 面组，我们用 Fluent 的 Journal 功能来实现这一过程。除将相应壁面设置为 Interface 外，此步骤还对求解设置做了调整，以避免数值发散。

File→Write→Start Journal：设置文件名称 changeInterior1. jou；TUI 将 valve_wall 与其耦合面区分开：/define/boundary-conditions/modify-zones/slit-face-zone 61（61 为 valve_wall 的 ID），valve_wall 和 valve_wall-shadow 名称变为 wall-61 和 wall-4（可从 ID 上判断）；选中 wall-61 和 wall-4 两个面，右键 Type→interface，wall-61 和 wall-4 名称变为 interface-61 和 interface-4（可从 ID 上判断）。

Boundary Conditions→Mesh Interfaces，选中所有 Unassigned Interface Zones→输入 Interface Name Prefix：a，单击 Auto Create，见图 2-10-25。

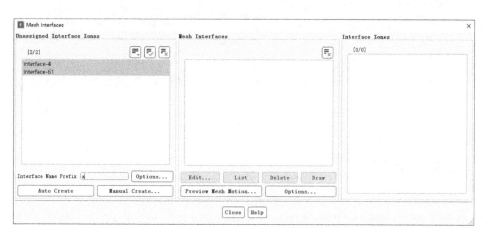

图 2-10-25　设置 Interface

Time Step Size→0. 00001s，为避免数值发散，Max Iterations/Time Step→1000。

File→Write→Stop Journal；将文档命名为 changeInterior1. jou，见图 2-10-26。在 Fluent 中使用 GUI 录制的 jou 文件可读性较差，因此，在录制过程中避免其余操作。

```
1  /file/set-tui-version "19.5"
2  /define/boundary-conditions/modify-zones/slit-face-zone 61
3  (cx-gui-do cx-set-list-tree-selections "NavigationPane*List_Tree1" (list "Setup|Boundary Conditions|Wall|wall-4 (wall, id=4)"))
4  (cx-gui-do cx-set-list-tree-selections "NavigationPane*List_Tree1" (list "Setup|Boundary Conditions|Wall|wall-4 (wall, id=4)""Setup|Boundary Conditions|Wall|wall-61 (wall, id=61)"))
5  (cx-gui-do cx-set-list-tree-selections "NavigationPane*List_Tree1" (list "Setup|Boundary Conditions|Wall|wall-4 (wall, id=4)""Setup|Boundary Conditions|Wall|wall-61 (wall, id=61)"))
6  (cx-gui-do cx-set-list-tree-right-click "NavigationPane*List_Tree1" )
7  (cx-gui-do cx-activate-item "MenuBar*TypeSubMenu*interface")
8  (cx-gui-do cx-set-list-tree-selections "NavigationPane*List_Tree1" (list "Setup|Mesh Interfaces"))
9  (cx-gui-do cx-set-list-tree-selections "NavigationPane*List_Tree1" (list "Setup|Mesh Interfaces"))
10 (cx-gui-do cx-set-list-tree-selections "NavigationPane*List_Tree1")
11 (cx-gui-do cx-set-list-tree-selections "NavigationPane*List_Tree1" (list "Setup|Mesh Interfaces"))
12 (cx-gui-do cx-activate-item "Mesh Interfaces*Table1*Table2(Unassigned Interfaces Zones)*List1")
13 (cx-gui-do cx-set-list-selections "Mesh Interfaces*Table1*Table2(Unassigned Interfaces Zones)*List1" '( 0 1))
14 (cx-gui-do cx-set-text-entry "Mesh Interfaces*Table1*Table2(Unassigned Interfaces Zones)*Table2*Table1*TextEntry(Interface Name Prefix)" "a")
15 (cx-gui-do cx-activate-item "Mesh Interfaces*Table1*Table2(Unassigned Interfaces Zones)*Table2*Table2*PushButton1( Auto Create)")
16 (cx-gui-do cx-activate-item "Mesh Interfaces*PanelButtons*PushButton2(Cancel)")
17 (ti-menu-load-string "solve/set/transient-controls/time-step-size 0.00001 \n")
18 (cx-gui-do cx-set-integer-entry "Run Calculation*Table1*Table7(Time Advancement)*Table3(Parameters)*Table5*Table1*Table1*IntegerEntry(Max Iterations/Time Step)" 1000)
19 (cx-gui-do cx-activate-item "MenuBar*WriteSubMenu*Stop Journal")
20
```

图 2-10-26　录制的 jou 文件

至此，生成 Journal 文件的工作完成，重新读入录制 jou 文件之前保存的算例。

6. 设置 Method 和 Control

在 Solution→Methods 和 Solution→Controls 中设置，如图 2-10-27 所示。

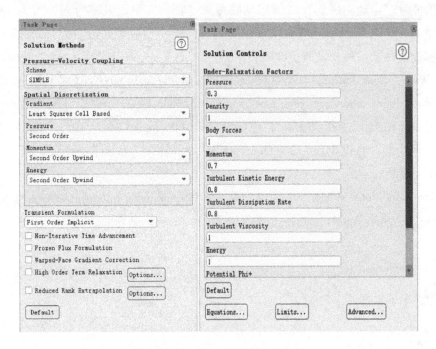

图 2-10-27　Control 和 Method 设置

7. 设置后处理监测值

（1）设置 Report 和 Monitor——电池内部腔体压力

1）在 Solution→Report definitions 中右键，选择 New→Volume Report→Volume-Average；

2）修改 Name 为 pressure；

3）Field Variable 选择 Pressure；

4）Cell Zones 选择 degas_domain；

5）Create 勾选 Report Plot 和 Print to Console，见图 2-10-28。

（2）设置 Report 和 Monitor——电池上板受力

1）在 Solution→Report Definitions 中右键，选择 New→Force Report→Force；

2）修改 Name 为 force；

3）选择 Per Zone；

4）Surfaces 选择 box-up-fluid_domain/box-up-fluid_domain-shadow；

5）Create 勾选 Report Plot 和 Print to Console，见图 2-10-29。

（3）设置后处理平面　为设置动画，需先初始化 initialization，然后在结构树 Results→Surfaces 中右键，选择 New→Plane，创建两个正交的面，如图 2-10-30 所示。

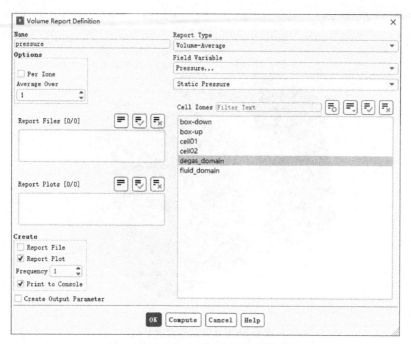

图 2-10-28　degas 域内压力监测值设置

图 2-10-29　爆喷阀正对盖板受力监测值设置

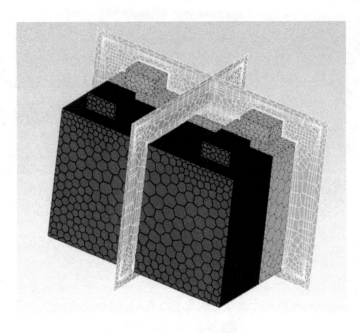

图 2-10-30　设置后处理平面

（4）设置速度云图和矢量图　在 Results→Graphic 中设置速度云图和速度矢量图，如图 2-10-31 和图 2-10-32 所示。

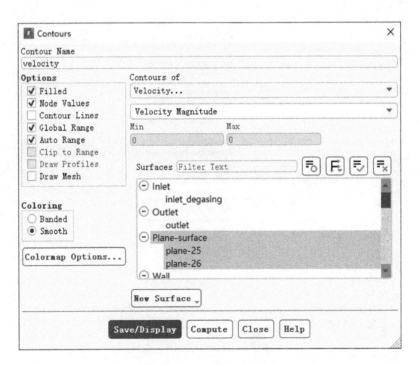

图 2-10-31　速度云图设置

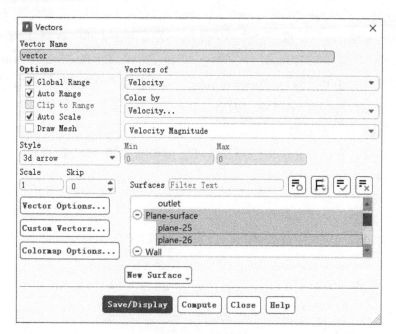

图 2-10-32　速度矢量图

（5）设置流线图　在 Results→Graphic 中设置流线图，如图 2-10-33 所示。

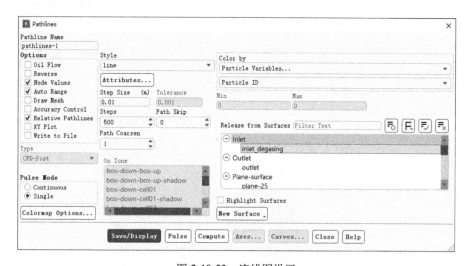

图 2-10-33　流线图设置

（6）设置后处理动画　对于瞬态计算，对于定性的云图、矢量图制作成动画，展示效果会更好，Fluent 提供生成动画的功能。在本案例，以电池模组内部件也即电芯及其附属部件表面温度云图为例演示制作动画全过程。制作动画有 4 个步骤：

1）单击 Solution→Initialization，确保算例中有后处理所需数据；

2）在 Result→Graphics→Contours 中，设置过程如之前速度云图，具体如图 2-10-31 所示。由于在之前步骤中已经设置速度云图，此步骤可略过。

3）在 Solution→Calculation Activities→Animaiton Definition 中，设置如图 2-10-34 所示，名称采用默认的 animation-1，每一个时间步保存一次（Record after every 1 timestep），保存类型（storage type）选择 PPM Image，设置好保存路径（Storage Directory），Animation Object 选择上一步设置好的速度云图，Animation View 可从下拉菜单中选择或用户自建一个视角，使用 Preview 功能进行预览，单击 OK 按钮；

4）计算完成后方可最后制作动画。

重复上述步骤，分别对速度矢量图和流线图按照图 2-10-35 进行设置，以备后期制作动画。

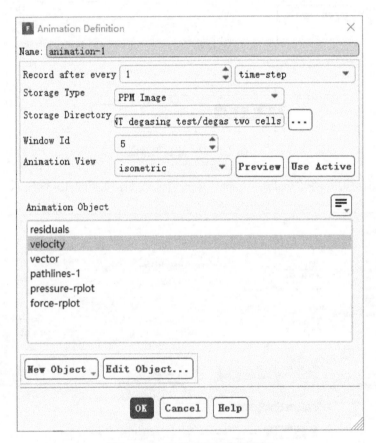

图 2-10-34　为速度云图设置动画

8. 准备 journal 文件

本算例中防爆阀是否开启是通过判断防爆阀内空腔压力是否达到临界压力来决定的，具体实现是通过 Fluent 的 jou.jou 文件（包含在文件夹内），如图 2-10-36 所示，语句的意思是，当电池内部腔体压力大于 150000Pa 并且 ID = 61 的面名字为 valve_wall 的时候，运行 changeInterior1.jou 文件（此为之前录制的 jou 文件）；此处 150000Pa 为防爆阀开启临界压力，读者需根据选取的防爆阀参数进行修改。

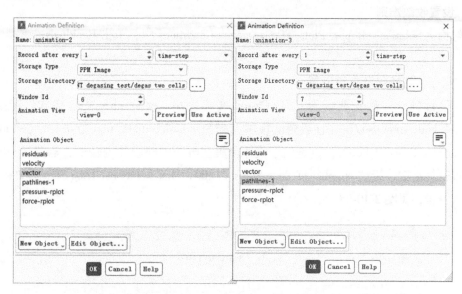

图 2-10-35 为速度矢量图和流线图设置动画

在此处，是用 jou. jou 判断是否满足防爆阀开启的条件，当条件满足时，软件自动运行 changeInterior1. jou 文件，实现爆喷模拟。

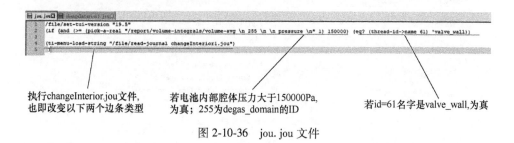

图 2-10-36 jou. jou 文件

9. 设置 Execute Command

在 结 构 树 Solution → Calculation Activities → Execute Commands 中，设 置 Execute Commands，如图 2-10-37 所示，让程序每一时间步执行一次 jou. jou 文件。这里需要将 jou. jou 文件放在 Fluent 运行的文件夹根目录下。

图 2-10-37 Execute Commands 设置

10. 设置收敛准则

在结构树 Solution→Report Plots→Convergence Conditions 中，单击 Residuals，保持默认设置即可。

11. 保存、初始化及求解设置

算例设置到此，首先要保存一下 Case，推荐使用 . gz or . h5 文档格式。在结构树 Solution→Initialization 中双击，在设置面板中选择 Standard Initialization 方法，单击 Initialize；设置 Time Step Size：0. 0002s，这是由于气体聚集在电池内部腔体内较快，需要较小时间步长来实现计算准确，设置 Number of Time Steps 为 200，Max Iterations/Time Step 为 200，保持其余默认设置，见图 2-10-38。

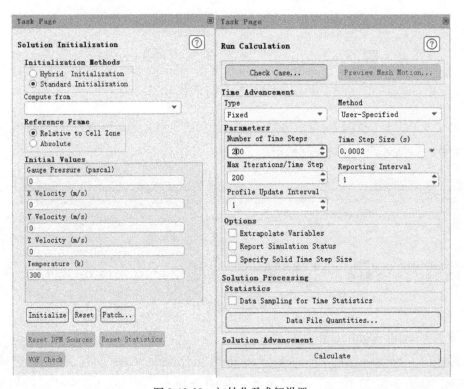

图 2-10-38　初始化及求解设置

2.10.5　后处理

（1）后处理——计算过程中迭代残差　图 2-10-39 为仿真过程中的残差曲线，可以清晰看到，在大概 400 iterations 时，防爆阀内压力达到阈值进而开启。

（2）后处理——监控值图　图 2-10-40 为计算过程中监测的防爆阀内腔体压力变化图，同样可以清楚看到，在大约 0. 002s 时，防爆阀腔体内压力达到阈值 150000Pa，防爆阀开启。

图 2-10-41 为计算过程中监测到的上盖板受力变化图，可以清楚地看到受力起始时机及幅值波动。

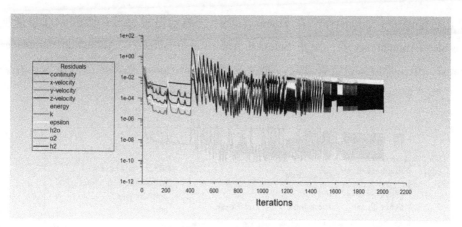

图 2-10-39　计算中的残差曲线

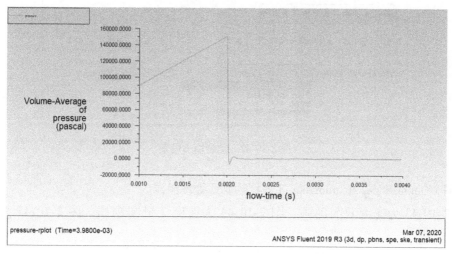

图 2-10-40　电池内部腔体压力变化曲线

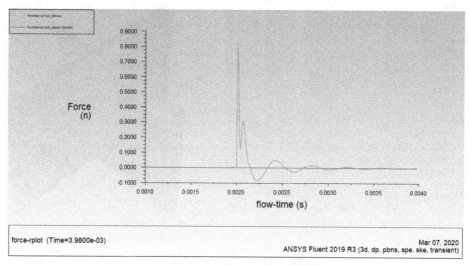

图 2-10-41　上盖板受力变化曲线图

（3）后处理——动画制作　在 Fluent 中利用之前的设置进行动画制作非常便捷，在结构树 Result→Animiations 中，双击 Solution Animation Playback→Animation Sequences，选择 animation-1，单击播放按钮查看动画，通过调整 Replay Speed 来调整播放速度，在调试至满意后，可通过 Write/Record Format→MPEG→Write 将动画输出，见图 2-10-42。

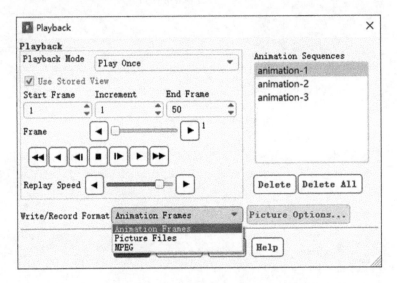

图 2-10-42　动画输出设置

同理对 animation-2 和 animation-3 进行动画后处理操作。

图 2-10-43 为速度云图动画，图 2-10-44 为速度矢量图动画，图 2-10-45 为流线图动画。

图 2-10-43　速度云图动画

Velocity Vectors Colored By Velocity Magnitude (m/s) (Time=1.0000e-03)

ANSYS

图 2-10-44 速度矢量图动画

图 2-10-45 流线图动画

第 3 章　燃料电池仿真

3.1　PEMFC 仿真

3.1.1　理论部分

　　质子交换膜燃料电池（以下简称 PEMFC）是一种能量转化装置，它是按电化学原理，即原电池工作原理，等温地把储存在燃料和氧化剂中的化学能直接转化为电能，因而实际过程是氧化还原反应。PEMFC 主要由阳极电极（Anode Collector）、阳极气体扩散层（Anode Gas Diffusion Layer）、阳极催化剂层（Anode Catalyst Layer）、膜（Membrane）、阴极催化剂层（Cathode Catalyst Layer）、阴极气体扩散层（Cathode Gas Diffusion Layer）、阴极电极（Cathode Collector）等几部分组成，如图 3-1-1 所示。部分 PEMFC 还会在阴阳极侧布置有微孔层（Micro Porous Layer）。

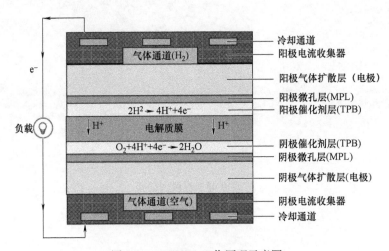

图 3-1-1　PEMFC 工作原理示意图

　　氢气在阳极侧流入燃料电池，而后通过阳极气体扩散层（GDL）和阳极微孔层（MPL）进行扩散，然后与阳极催化剂层接触。在这里，氢气被催化形成氢离子和电子，其中氢离子通过中心的聚合物电解质膜扩散形成内部电流，电子通过阳极气体扩散层流向阳极电极并进入所接的电负载，形成外部电流。电子穿过外部回路通过阴极电极和阴极气体扩散层进入阴极侧。类似地，氧气（或空气）在阴极侧流入燃料电池并通过阴极气体扩散层扩散，然后通过阴极微孔层到达阴极催化剂层。在催化剂层，电子、氢离子和氧结合形成水。同时，由于本身的电化学反应以及电池的内阻，燃料电池还会产生一定的热量。

仿真输入汇总

PEMFC 仿真所需要的几何、进出口边界条件、热边界条件、电边界条件如下：

1）需要提供整体的 3D 模型，包括基板、气体扩散层、催化层、膜等；

2）需告知燃料通道的各组分浓度、质量流量和温度；需告知氧化剂通道的各组分浓度、质量流量和温度；

3）若有冷却剂通道，需告知冷却剂的组分浓度、质量流量和温度；

4）需告知外界环境温度，以确定外壁面温度；

5）需告知阴极集流器上电势值；

PEMFC 仿真所需要的与电化学相关的输入如下：

第一类：一些直观的参数，属于客户可能通过供应商、数据库或其他渠道获知的；

1）parameter 中 anode 的 J_ref，参考电流密度；同理还有 cathode 的 J_ref；

2）parameter 中 anode 的 C_ref，参考浓度；同理还有 cathode 的 C_ref；

3）parameter 中 cathode 的 Std. State E0，标准电势；

4）parameter 中 cathode 的 entropy，反应熵；

5）anode 中 porous electrode 的 porosity，扩散层的孔隙率；同理还有 cathode 的 porosity；

6）anode 中 TPB layer 的 porosity，催化层的孔隙率；同理还有 cathode 的 porosity；

7）anode 中 TPB layer 的 surface/volume ratio，催化层的表面积与体积的比值；同理还有 cathode 的 surface/volume ratio；

8）anode 中 TPB layer 的 activation energy for J_ref，催化层中催化剂对电化学反应的活化能；同理还有 cathode 的 activation energy for J_ref；

9）anode 中 micro porous layer 的 porosity，微孔层的孔隙率；同理还有 cathode 的 porosity；

10）electrolyte 中 membrane 的 equivalent weight，膜电极材料的千摩尔质量；

第二类：一些公式中的系数，属于客户基本无法提供的，需要参考相应的论文书籍、或仿真与试验结果不断的调试来确定的；

1）parameter 中 anode 的 Con. Exponent，浓度系数；同理还有 cathode 的 Con. Exponent；

2）parameter 中 anode 的 Exch. Coeff（a），交换系数；同理还有 cathode 的 Exch. Coeff（a）；

3）parameter 中 liquid 的 Expon't Diff_gas，孔隙阻塞输入参数；

4）parameter 中 liquid 的 Expon't J_ref，液态水影响参考电流密度的输入参数；

5）parameter 中 liquid 的 Expon't K_ref，影响相对渗透率的输入参数；

6）parameter 中 liquid 的 Expon't Liq_coverage，影响气态水、液态水、溶解水之间的质

量转化速率的输入参数；同理，还有 Liq-Disv'ed Phase 和 Gas-Disv'ed Phase；

7）parameter 中 liquid 的 Liq. Diff. in chan 和 V_liq/V_gas in chan，影响液态水从气体扩散层传输到气体通道的输入参数；

8）parameter 中 other parameter 的 Mod. Coef. OSM_drag，影响渗透阻力系数的输入参数；

9）parameter 中 other parameter 的 Eq. W. Cont. at a = 1 和 Eq. W. Cont. at s = 1，影响水平衡方程的输入参数；

10）anode 中 porous electrode 的 water removal coef，水运移系数，影响液态水从扩散层进入到气体通道的驱动力；

11）electrolyte 中 membrane 的 protonic conduction coefficient、protonic conduction exponent 和 water diffusivity coefficient，影响膜电极区域离子电导率的相关输入参数。

关于 Fluent 中 PEMFC 的理论细节，限于本书篇幅不在此详细说明，读者请联系作者来获取更多详细资料。

3.1.2 几何模型说明

图 3-1-2 为本算例使用的 PEMFC 模型剖面图。

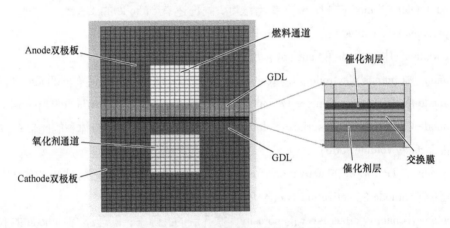

图 3-1-2　PEMFC 燃料电池几何模型

3.1.3 仿真流程及关键步骤讲解

1. 一般性操作及设置

（1）启动 Fluent Launcher　启动 Fluent Launcher，勾选 3D Dimension，勾选 Display Mesh After Reading，勾选 Double Precision，Processing Options 选择并行且 Solver Processes 选择 6 核，在 Working Directory 中设置工作路径，如图 3-1-3 所示。

（2）读入网格并检查　在菜单 File→Read Mesh 中，选中 PEMFC. msh，网格导入完成后软件会自动显示网格，如图 3-1-4 所示。用户可使用图形操作工具对模型进行查看，弄清燃料电池各组件与模型的一一对应关系，熟悉相关命名。

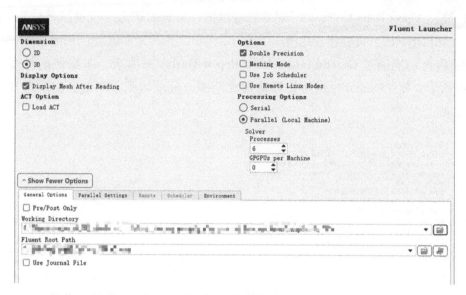

图 3-1-3　启动 Fluent

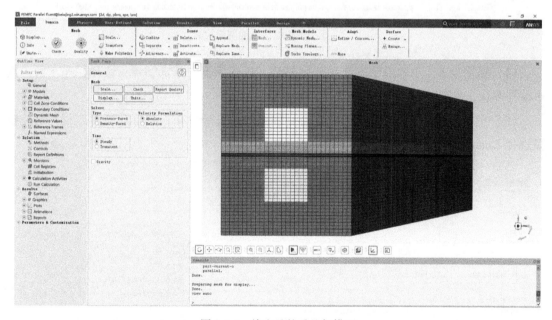

图 3-1-4　检查及熟悉几何模型

（3）Fluent 网格检查　在进行具体设置求解之前，对导入的网格一定要进行检查，主要检查为以下 4 方面：

1）计算域尺寸检查，确认计算的范围与计算模型范围相符，主要是通过 x，y，z 坐标最大最小值来判断，如若范围不符，往往需要通过 scale 来缩放到合理范围；

2）最小体积检查，不可为负；

3）网格正交质量，Orthogonal Quality 一般建议大于 0.1，最好大于 0.15；

4）最大 Aspect Ratio 检查，对于特定物理模型（如 PEMFC 质子交换膜燃料电池）或物理现象（如自然对流）需要检查此项。

网格检查功能通过 General→Check 和 Report Quality 来实现，本案例的检查结果如图 3-1-5 所示，框注的部分分别为计算域尺寸范围、最小体积、网格正交质量和最大的 Aspect Ratio。

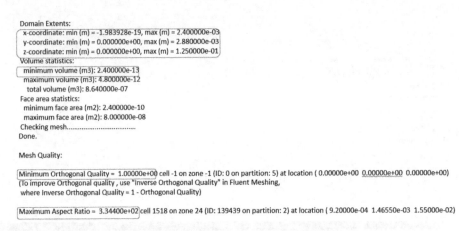

图 3-1-5　PEM 燃料电池网格检查

（4）通用设置　电池模组内流动速度较低，故选择压力基求解器；选择稳态求解，其余保持默认，如图 3-1-6 所示。

（5）相关物理模型选择　由于需要得到模组的温度场分布，故打开能量方程，湍流模型选择 Laminar 湍流模型，见图 3-1-7。

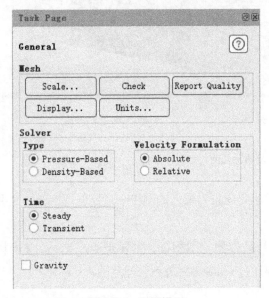

图 3-1-6　通用设置

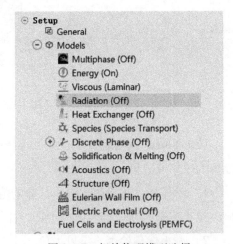

图 3-1-7　相关物理模型选择

2. PEMFC 模型设置

（1）激活 PEMFC 模块　在 Fluent 中进行电池电化学仿真，必须提前激活其相对应的模块。目前，Fluent PEMFC 模块还是以 addon-module 的方式存在，激活有两种方法：方法 1：在 console 中输入 TUI 命令行：define/model/addon-module，输入 3 并回车；方法 2：在右上角搜索框中输入 addon，直接调用，输入 3 并回车，如图 3-1-8 所示。模块激活后会在 Fluent 结构树 Models 下出现 Fuel Cell and Electrolysis 模块。

图 3-1-8　激活 PEMFC 模块

（2）PEMFC 电化学参数设置　在结构树 Setup→Models 中双击 Fuel Cell and Electrolysis Models（PEMFC），勾选 Enable Fuel Cell Model，在第一个标签 Model 下有 3 个选项，分别对应 PEMFC（质子交换膜燃料电池）、SOFC（固体氧化物燃料电池）、Electrolysis（电解），勾选 PEMFC，如图 3-1-9 所示。

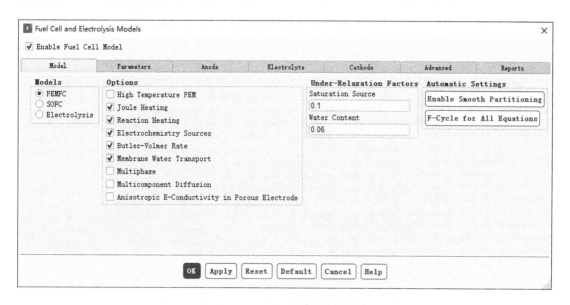

图 3-1-9　PEMFC 模块 Model 设置

在右侧 Options 选项中有多个模型可供选择，如 Joule Heating（焦耳热）、Reaction Heating（反应热）、Electrochemistry Source（电化学源项）、Bulter-Volmer Rate、Membrane

Water Transport（膜内水输运）等。在此保持默认选项即可，如图 3-1-9 所示。

在第二个标签 Parameters 中有两列，在 Anode 下将 Ref. Current Density 改为 7500A/m²，将 Open-Circuit Voltage 改为 0.95V，其余保持默认，见图 3-1-10。

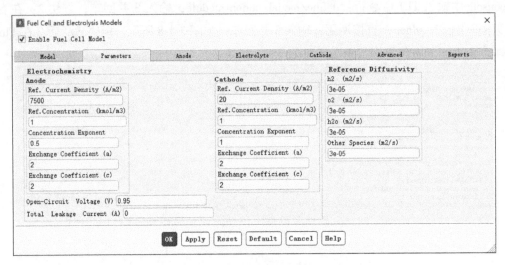

图 3-1-10　PEMFC 模块 parameters 设置

在面板的第三个标签 Anode 中对阳极进行相关设置，这里面分了 3 列，分别为 Zone Type（区域类型）、Zone 选择区、Cell Zone Conditions。用户只需要按照 Zone Type 按照从上到下顺序进行相关设置即可。首先在 Zone Type 中选择 Current Collector，然后在右侧 Zones 中选择 Current Collector 对应的 zone，在此案例中选择 part-current-a，Cell Zone Conditions 保持默认选项即可，见图 3-1-11。

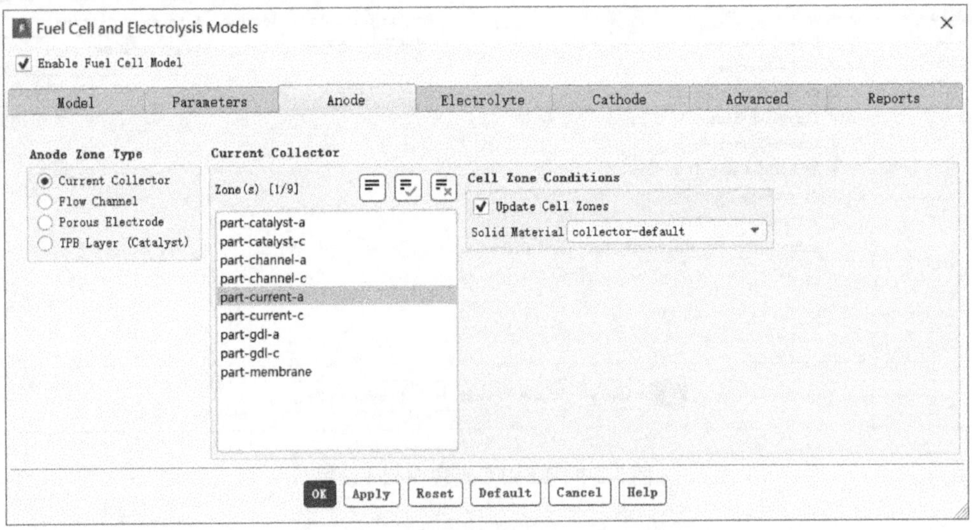

图 3-1-11　PEMFC 模块 Anode 设置

其次，在 Zone Type 中选择 Flow Channel，然后在右侧 Zones 中选择 part-channel-a 即可，见图 3-1-12。

图 3-1-12　PEMFC 模块 Anode 设置

其次，在 Zone Type 中选择 Porous Electrode，然后在右侧 Zones 中选择 part-gdl-a，Cell Zone Conditions 保持默认选项即可，见图 3-1-13。

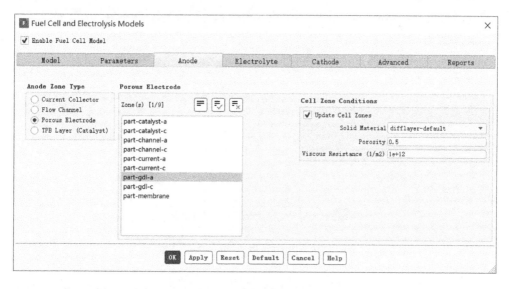

图 3-1-13　PEMFC 模块 Anode 设置

其次，在 Zone Type 中选择 TPB Layer（Catalyst），然后在右侧 Zones 中选择 part-catalyst-a，Cell Zone Conditions 保持默认选项即可，见图 3-1-14。

同理，对第五个标签 Cathode 进行类似的设置，不在此赘述。

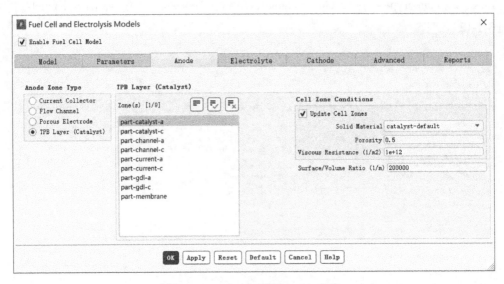

图 3-1-14　PEMFC 模块 Anode 设置

在面板中的第四个标签 Electrolyte 中对膜进行设置，在 Zones 中选择 part-membrane，其余保持默认即可，见图 3-1-15。

图 3-1-15　PEMFC 模块 Electrolyte 设置

面板第六个标签 Advanced（见图 3-1-16）下有 3 个选项，分别对应设置不同面间的接触阻抗（Contact Resistivity）、冷却通道（Coolant Channel）和电堆管理（Stack Management）。与其他标签一样，用户选择相应的功能，会有激活的上下文菜单，进行相应设置即可。对于本案例因为只有一个 PEMFC 单元，且没有冷却通道，无需设置此标签。读者如需做电堆管理，请联系作者获取更多资料。

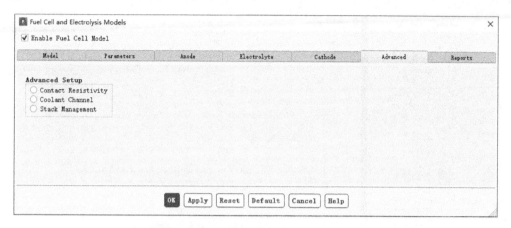

图 3-1-16 PEMFC 模块 Advanced 设置

在面板第七个标签 Reports 中进行如图 3-1-17 的设置：在 Electrolyte Projected Area（m²）中输入 0.0003，此值为 MEA 膜电极的投影面积，是用来计算平均电流密度的。用户可以在结构树 Results→Reports→Projected Areas 中选择 MEA 结构及相应方向后得到膜电极的投影面积，在此不赘述；External Contact Interface 处用来设置阳极 Anode 和阴极 Cathode 与外部连接的面，因此在 Anode 处选择 wall-terminal-a，在 Cathode 处选择 wall-terminal-c。

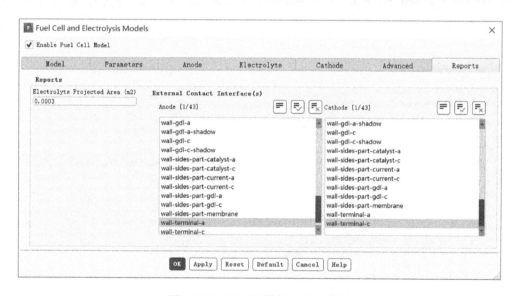

图 3-1-17 PEMFC 模块 Reports 设置

3. 设置材料物性

激活 PEMFC 模块后，软件会自动生成计算所需的材料，可在结构树 Materials 中进行查看。自动生成的材料物性若与用户材料有差异，可根据需要进行相应的修改。材料物性的修改与通用材料物性修改相同，在结构树 Materials 下找到相应项修改即可，见图 3-1-18。

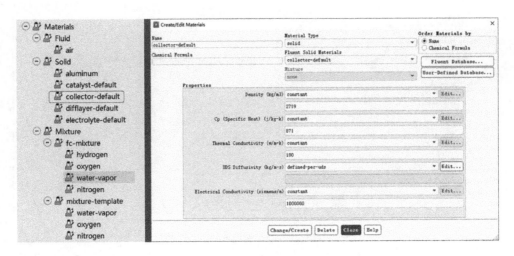

图 3-1-18　PEMFC 材料物性

4. 设置计算域

（1）检查流体域 Cell Zone Condition　在设置 PEMFC 模块时指定了模型中流体域在燃料电池中的类型和位置，Fluent 会自动对相关 Cell Zone 进行设置，但仍需检查。在结构树 Cell Zone Conditions→Fluid 中，双击 part-catalyst-a，进行相关检查，见图 3-1-19。同理完成其他流体域的检查。

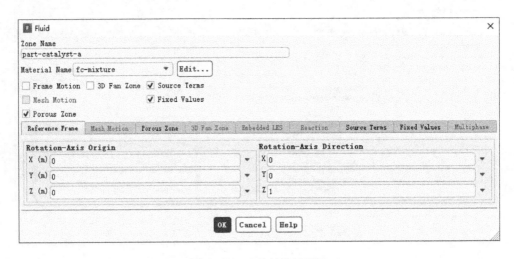

图 3-1-19　流体计算域设置

（2）检查固体域 Cell Zone Condition　在设置 PEMFC 模块时指定了模型中固体域在燃料电池中的类型和位置，Fluent 会自动对相关 Cell Zone 进行设置，但仍需检查。在结构树 Cell Zone Conditions 中选择 part-current-a，双击，在 Source Terms 标签（见图 3-1-20）下，单击 Energy，检查设置见图 3-1-21，在 Source Terms 标签下，单击 Electric Potential，检查设置如图 3-1-22 所示。用同样的方法检查 part-current-c。

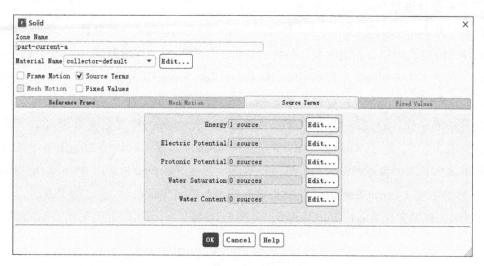

图 3-1-20　固体计算域设置

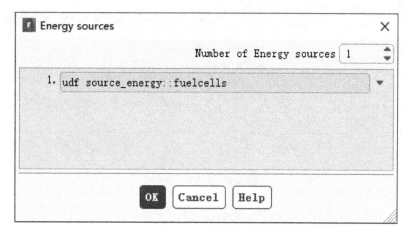

图 3-1-21　固体计算域能量源项设置

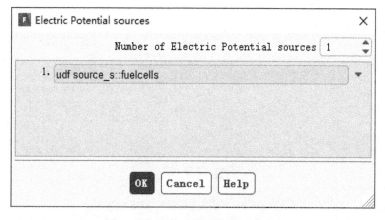

图 3-1-22　固体计算域电势源项设置

5. 边界条件设置

在对 Cell Zone 设置完后，接下来需要对 Boundary Conditions 进行设置。一般需要设置的边界条件有进口、出口、壁面以及一些特殊结构，如周期面、对称面等。

（1）设置 BC——阳极　在结构树 Boundary Conditions 中右键，选择 Group by→Zone Type，可以看到所有边界条件被分为若干组。在 Wall 的列表中选择 wall-terminal-a，因为其为恒温度边界条件，故在其 Thermal 标签下选择 Temperature，设置温度为 353K，其余保持默认，见图 3-1-23；对于 wall-terminal-a 的电势边界条件，既可以设置为电压边界条件（对应 Specified Value），也可以设置为电流边界条件（对应 Specified Flux），在本案例选择前者，故 UDS 标签下在 Electric Potential 下拉菜单选择 Specified Value，并在右侧 Electric Potential 中设置为 0，也即定义 Anode 处电势为 0，见图 3-1-24。

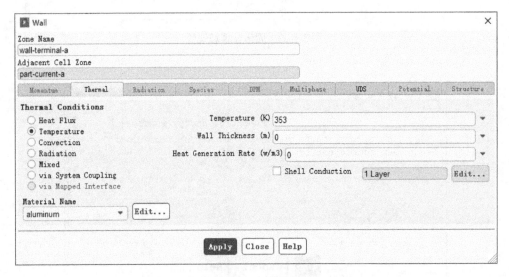

图 3-1-23　阳极边界条件 Thermal 设置

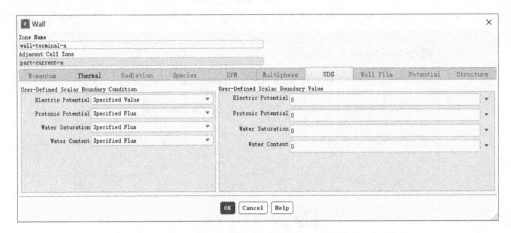

图 3-1-24　阳极边界条件 UDS 设置

（2）设置 BC——阴极　与阳极相同，在 Wall 的列表中选择 wall-terminal-c，因为其为恒温度边界条件，故在其 Thermal 标签下选择 Temperature，设置温度为 353K，其余保持默认，见图 3-1-25；对于 wall-terminal-a 的电势边界条件，可以为电压边界条件（对应 Specified Value），也可以为电流边界条件（对应 Specified Flux），在本案例选择前者，故 UDS 标签下在 Electric Potential 下拉菜单选择 Specified Value，并在右侧 Electric Potential 中设置为 0.75，也即定义 Anode 处电势为 0.75V，见图 3-1-26。

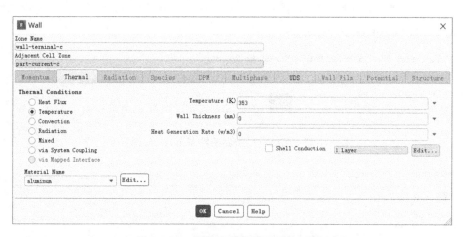

图 3-1-25　阴极边界条件 Thermal 设置

图 3-1-26　阴极边界条件 UDS 设置

（3）设置 BC——进口和出口　在此对进出口边界条件进行设置，与常规进出口相比，此处还需要定义 Species 组分和 UDS。在 Inlet 分组中选中阳极燃料进口 mass-flow-inlet-a，在 Momentum 标签下设置 Mass Flow Rate 为 6e-7kg/s，其余保持默认，见图 3-1-27；在 Thermal 标签下设置 Total Temperature 为 353K，见图 3-1-28；在 Species 标签下，设置组分质量分数，h2 占 0.8，o2 占 0，h2o 点 0.2，见图3-1-29；在 UDS 侧，Water Saturation 选择 Specified Value，并设置其值为 0，其余保持默认，见图 3-1-30。

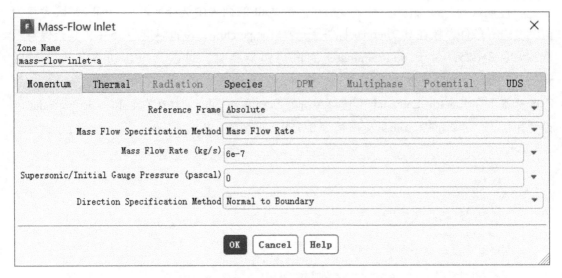

图 3-1-27 阳极进口边界条件 Momentum 设置

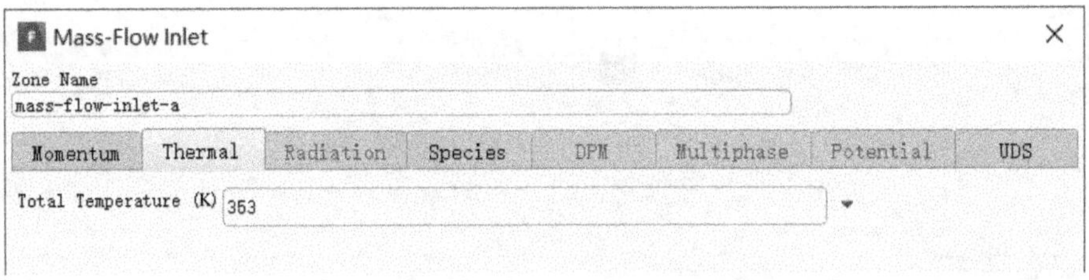

图 3-1-28 阳极进口边界条件 Thermal 设置

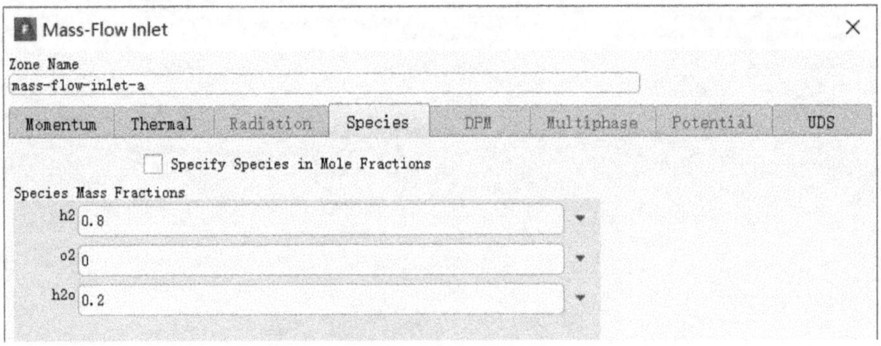

图 3-1-29 阳极进口边界条件 Species 设置

在 Inlet 分组中选中阴极氧化剂进口 mass-flow-inlet-c,在 Momentum 标签下设置 Mass Flow Rate 为 5e-6kg/s,其余保持默认,见图 3-1-31;在 Thermal 标签下设置 Total Temperature 为 353K,见图 3-1-32;在 Species 标签下,设置组分质量分数,h2 占 0,o2 占 0.2,h2o 点 0.1,见图 3-1-33;在 UDS 侧,Water Saturation 选择 Specified Value,并设置其值为 0,其余保持默认,见图 3-1-34。

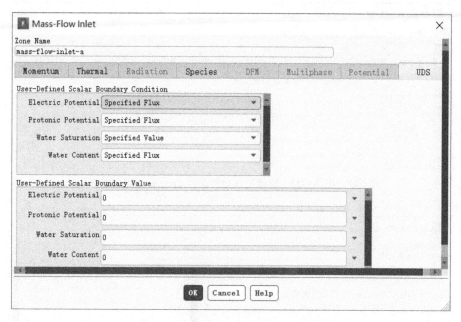

图 3-1-30　阳极进口边界条件 UDS 设置

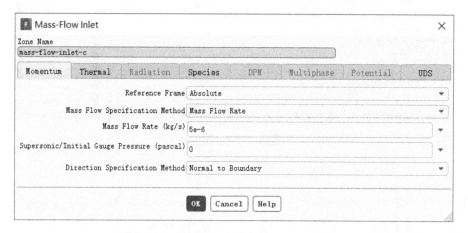

图 3-1-31　阴极进口边界条件 Momentum 设置

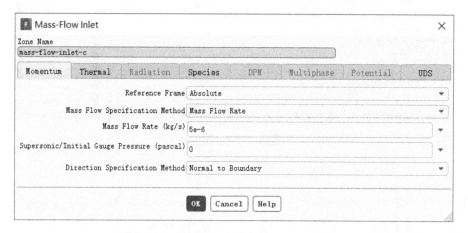

图 3-1-32　阴极进口边界条件 Thermal 设置

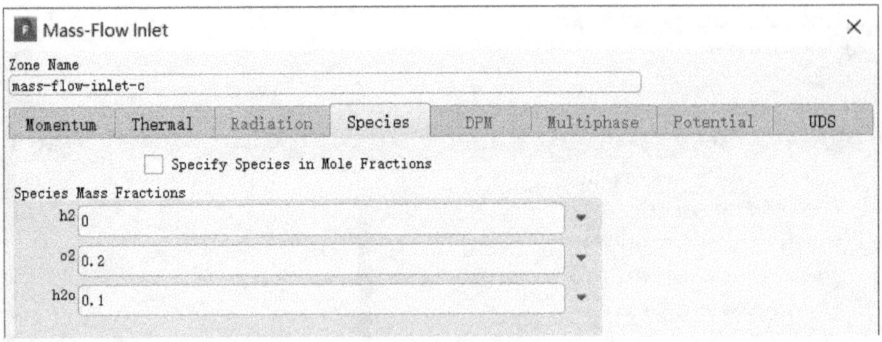

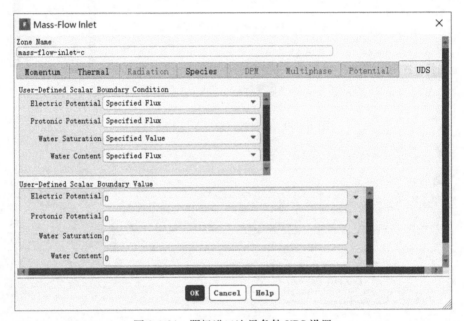

图 3-1-33　阴极进口边界条件 Species 设置

图 3-1-34　阴极进口边界条件 UDS 设置

在 Outlet 分组中选中阳极燃料出口 outlet-a，在 Momentum 标签下设置 Gauge Pressure 为 0 pascal，其余保持默认；在 Thermal 标签下设置 Backflow Total Temperature 为 353K，见图 3-1-35；在 Species 标签下，保持默认设置；在 UDS 侧，保持默认设置。对阴极氧化剂出口 outlet-c 进行相同的设置，不再赘述，见图 3-1-36。

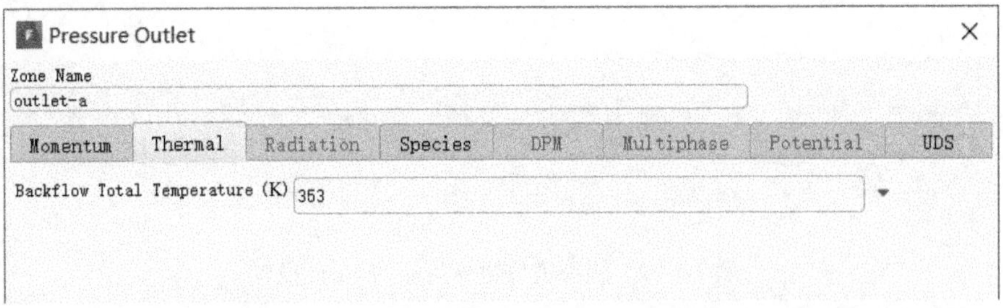

图 3-1-35　阳极出口边界条件 Thermal 设置

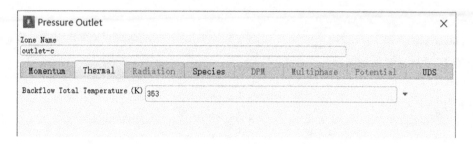

图 3-1-36　阴极出口边界条件 Thermal 设置

双击结构树 Boundary Conditions，在 task page 中单击 Operating Conditions，设置 Operating Pressure 为 200000 pascal，见图 3-1-37。

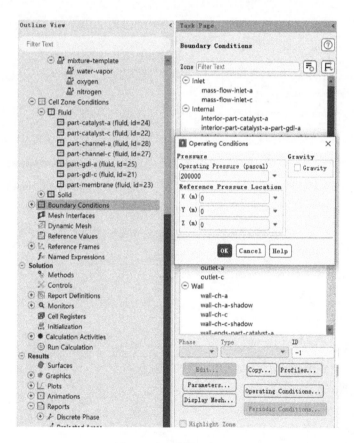

图 3-1-37　操作压力设置

6. 设置 Method 和 Control

在 Solution→Methods 中设置，如图 3-1-38；在 Solution→Controls 中设置，如图 3-1-39 所示。

收敛设置见图 3-1-40，在结构树 solution→Monitors→Residual 中双击设置。

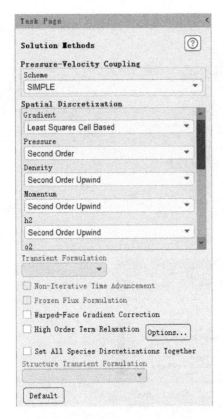

图 3-1-38　Solution Method 设置

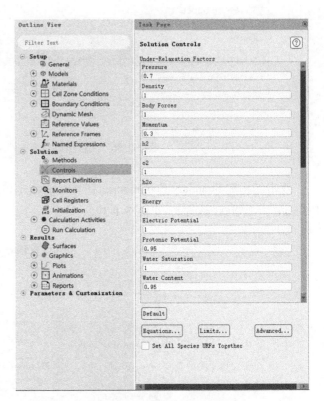

图 3-1-39　Solution Control 设置

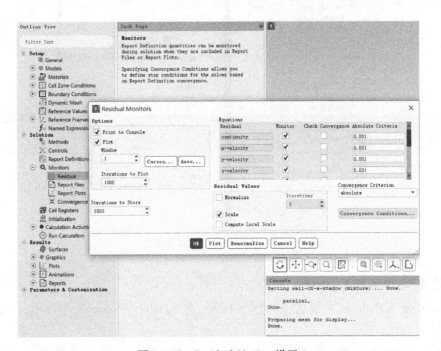

图 3-1-40　Residual Monitor 设置

7. 初始化及求解设置

算例设置到此，首先要保存一下 case，推荐使用 . gz or . h5 文档格式。

在结构树 Solution→Initiation 中双击，在设置面板中选择 Standard Initialization 方法，单击 Initialize，见图 3-1-41 左侧；在结构树 Solution→Run calculation 中双击，在设置面板中将 Reporting Interval 设置为 1，Number of Iterations 设置为 300，其余保持默认设置，单击 Calculate 进行仿真求解，见图 3-1-41 右侧。

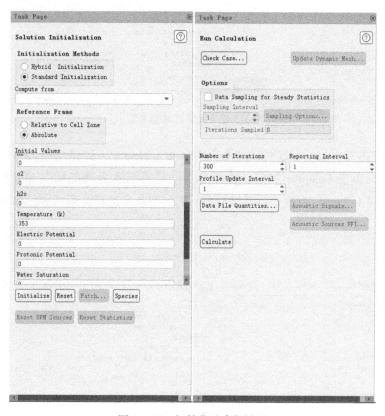

图 3-1-41　初始化及求解设置

3.1.4　后处理

一般来说，后处理分别两大类，定性的后处理和定量的后处理。其中常见的定性后处理有云图、矢量图、流线图、动画、粒子图等；定量的后处理有监测点值、积分、XY 线图等。本案例对两大类后处理均有涉及。

（1）设置后处理平面　要做某截面的云图，前提是先把相应截面做出来。在结构树 Results→Surface 中右键，选择 New→Iso-Surface，在弹出的面板中修改名称为 plane-xy，在 Surface of Constant 下拉菜单中选择 Mesh，然后选择 Z-Coordinate，单击 Compute 按钮，软件会自动计算出本案例结构中 Min 和 Max 值，在 Iso-Values 中填写 62.5mm，当然也可以拖动下面的调节条来选择合适位置，单击 Create 按钮，见图 3-1-42。

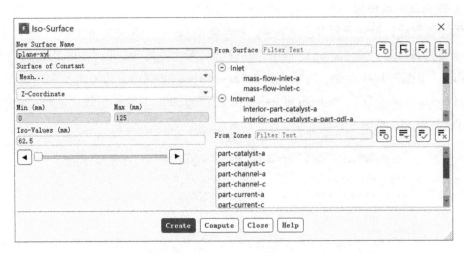

图 3-1-42　设置后处理平面

同理建一个名为 plane-yz 的平面，在 Surface of Constant 下拉菜单中选择 Mesh，然后选择 X-Coordinate，单击 Compute 按钮，软件会自动计算出本案例结构中 Min 和 Max 值，在 Iso-Values 中填写 1.2mm，当然也可以拖动下面的调节条来选择合适位置，单击 Create 按钮，见图 3-1-43。

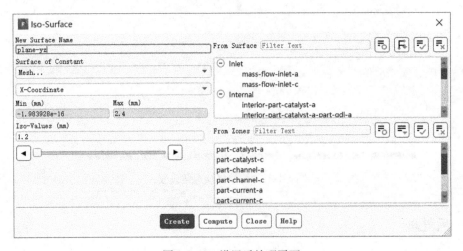

图 3-1-43　设置后处理平面

（2）后处理——电流矢量图　接下来对电芯横截面的电流矢量图做以下后处理，在结构树 Results→Graphics→Vector 中右键，选择 New，在弹出的面板 Vectors 中，命名为 vector-1，为更好地展示电流矢量图，我们需要将部分模型网格展示出来，这样用户可以更容易地理解电流在不同部件间的分布，故勾选 Draw Mesh（见图 3-1-44），在弹出的面板 Mesh Display 中勾选 Edges，选择 Feature，然后在 Surface 列表中选择上一步骤生成的 plane-xy，单击 Display 按钮并关闭面板（见图 3-1-45）。在 Vectors of 下拉菜单中选择 current-flux-density，

Color by 下拉菜单中选择 User Defined Memory，然后在其下拉菜单中选择 Current Flux Density Magnitude，在 Surfaces 列表中选择 plane-xy，在左侧 Style 下拉菜单选择 3d-arrow。单击 Vector Options（见图 3-1-46）修改 Scale Head 值为 0.5，单击 Apply 按钮并关闭面板。单击 Custom Vectors（见图 3-1-47），依次修改 X Component 为 User Defined Memory 及 X Current Flux Density，Y Component 为 User Defined Memory 及 Y Current Flux Density，Z Component 为 User Defined Memory 及 Z Current Flux Density，单击 Define 按钮并关闭面板，回到 Vector 面板，单击 Save/Display 按钮，得到在 plane-xy 平面内的电流矢量图，见图 3-1-48。

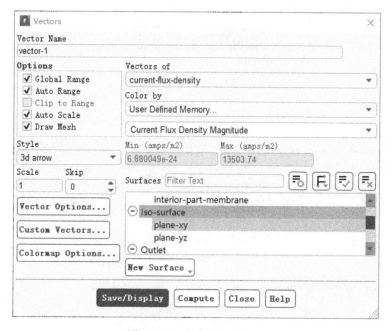

图 3-1-44　电流矢量图设置

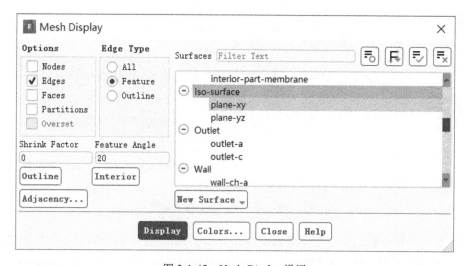

图 3-1-45　Mesh Display 设置

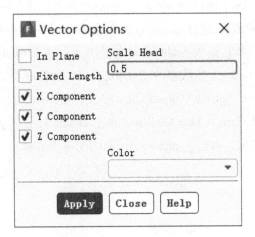

图 3-1-46　Vector Options 设置

图 3-1-47　Custom Vectors 设置

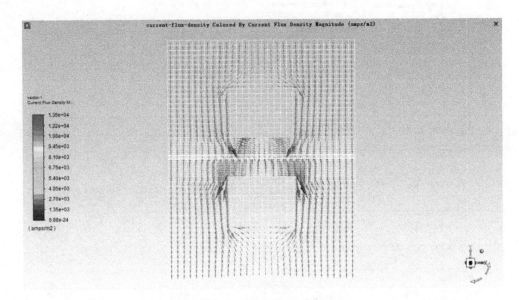

图 3-1-48　XY 平面的电流矢量图

（3）氢气质量分数云图　接下来做沿流道方向的 h2 组分分布云图，在结构树 Results→Graphics→Contours 中右键，选择 New，在弹出的面板 Contours 中，命名为 contour-1，为更好展示组分分布云图，我们需要将部分模型网格展示出来，这样用户可以更容易地理解组分在不同部件间的分布，故勾选 Draw Mesh（见图 3-1-49），在弹出的面板 Mesh Display 中勾选 Edges，勾选 Feature，然后在 Surfaces 列表中选择上一步骤生成的 plane-yz，单击 Display 按钮（见图 3-1-50）并关闭面板。在 Contours of 下拉菜单中选择 Species，Color by 下拉菜单中选择 Mass fraction of h2，在 Surfaces 列表中选择 plane-yz，单击 Save/Display 按钮，得到在 plane-yz 平面内的 h2 组分云图，见图 3-1-51。

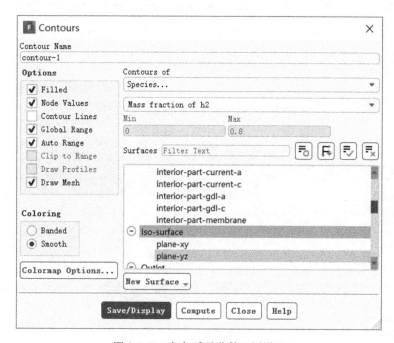

图 3-1-49　氢气质量分数云图设置

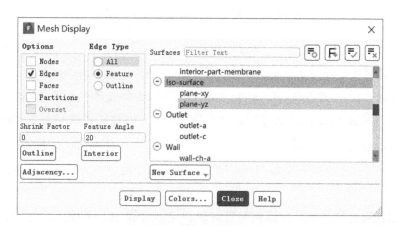

图 3-1-50　Mesh Display 设置

（4）氧气质量分数云图　同理做出沿流道方向的氧气组分分布云图，如图 3-1-52 所示。

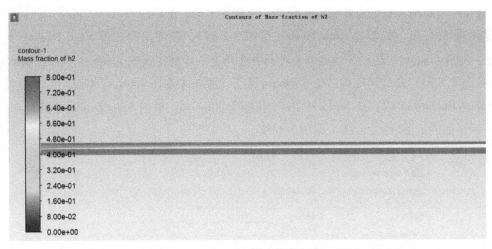

图 3-1-51 氢气质量分数沿流向分布云图

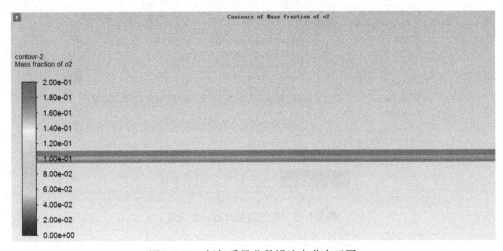

图 3-1-52 氧气质量分数沿流向分布云图

（5）计算电流 在本案例中，电极端板给的是电势边界条件，需要计算得到系统的电流，以下展示如何后处理得到电流。在结构树 Results→Reports→Surface Integrals 中，在弹出的面板中 Report Type 选择 Integral，Field Variable 下拉菜单选择 User Defined Memory，下级菜单中选择 Y Current Flux Density（因在本案例中，Y 方向与膜方向垂直），Surfaces 列表中选择 wall-terminal-a（任意一垂直与 Y 方向的平面即可），单击 Compute 按钮（见图 3-1-53）即可。可知在此工况下系统的电流为-0.976A，负号表示电流流进 Anode，也即 Anode 为电池的负极。

（6）得到伏安特性曲线 此算例是针对燃料电池计算中一个稳定点的计算，得到了在此电势边界条件下对应的电流，如果将一系列电势边界条件对应的电流都计算出来，则就得到燃料电池的伏安特性曲线。读者可采用一个个稳态点来获得上述电压-电流对应点，也可以通过一个 jou 文件来控制程序逐个点来计算。

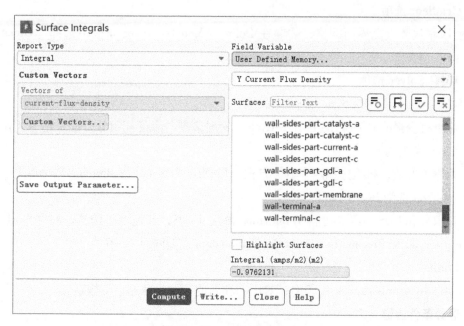

图 3-1-53　计算电池电流

　　燃料电池的逆过程就是水的电解过程，同样可以用 PEMFC 模块来仿真，限于篇幅，在此不赘述，有需求的读者可联系作者获取更多资料。

3.1.5　燃料电池网格及计算最佳实践

　　由于燃料电池计算过程相对容易发散或者收敛不好，在此也总结了一些利于收敛的技巧，供读者参考和调试用。这里的技巧既可用于 PEMFC，也可用于下一章节的 SOFC。

　　1. 网格方面的技巧

　　1）避免网格尺寸、体积有大的突变。

　　2）避免高长宽比（aspect-ratio）的网格。一般来说，保持最大长宽比不超过 1000，否则容易带来收敛的问题。

　　3）若要生成非共节点网格时，请勿将交界面设置在膜和催化剂层交界面处，因为这个交界面为特殊物理边界条件和特殊处理，生成非共节点网格会导致发散。

　　4）建议可生成非共节点网格的位置：膜的中间，将膜一分为二；气体扩散层中间。

　　2. 松弛因子的处理

　　1）Pressure：-0.5~0.7。

　　2）Momentum：-0.3。

　　3）Protonic potential（uds-1）：-0.95~0.99。

　　4）Water content（uds-3）：-0.95。

　　5）Saturation source：-0.03~0.1。

3. Gradient 选项

若使用非共节点交界面网格，需要在 Define→Model→Solver 面板中选择"Green-Gauss Node Based"选项。

4. AMG Solver 选项

在 Solve→Control→Multigrid 面板中设置：

1）对所有变量的 CycleType 选择 F-Cycle。有时需要对温度和组分方程采用 W-Cycle，尤其当长宽比非常大的情况。

2）为避免发散，将组分和两个电势方程（Electric Potential 和 Protonic Potential）的 Stabilization Method 选为 BCGSTAB。

3）对组分和 UDS 方程，可将 Termination 降至 1e-03，若是堆级仿真，对两个电势方程（Electric potential 和 Protonic potential）的 Termination 需要降至 1e-07。

5. Limits

在 Solve→Control→Limits 面板中，对压力和温度设置合理的上下极限。

6. 边界条件递进

对于使用电势边界条件的算例（由电压计算电流），从高电压开始计算然后逐步降低电压。如开路电压为 1.1V，可从电压 0.85V 开始计算，收敛后将电压下降 0.05~0.1V 继续计算下一个工况点。

对于使用电流边界条件的算例（由电流计算电压），从低电流密度开始计算，然后逐步加大电流密度。如开始以 $0.2A/cm^2$ 开始计算，收敛后将电流增加 $0.1~0.2A/cm^2$ 继续计算下一个工况点。

3.2 SOFC 燃料电池仿真

3.2.1 理论部分

固体氧化物燃料电池是一种新型发电装置，其高效率、无污染、全固态结构和对多种燃料气体的广泛适应性等，是其广泛应用的基础。

固体氧化物燃料电池单体主要组成部分由电解质（electrolyte）、阳极或燃料极（anode，fuel electrode）、阴极或空气极（cathode，air electrode）和连接体（interconnect）或双极板（bipolar separator）组成。

固体氧化物燃料电池的工作原理与其他燃料电池相同，在原理上相当于水电解的"逆"装置。其单电池由阳极、阴极和固体氧化物电解质组成，阳极为燃料发生氧化的场所，阴极为氧化剂还原的场所，两极都含有加速电极电化学反应的催化剂。工作时相当于一直流电源，其阳极即电源负极，阴极为电源正极。

在固体氧化物燃料电池的阳极一侧持续通入燃料气，例如：氢气（H_2）、甲烷（CH_4）、城市煤气等，具有催化作用的阳极表面吸附燃料气体，并通过阳极的多孔结构扩散到阳极与电解质的界面。在阴极一侧持续通入氧气或空气，具有多孔结构的阴极表面吸附氧，由于阴极本身的催化作用，使得 O_2 得到电子变为 O^{2-}，在化学势的作用下，O^{2-} 进入起电解质作用的固体氧离子导体，由于浓度梯度引起扩散，最终到达固体电解质与阳极的界面，与燃料气体发生反应，失去的电子通过外电路回到阴极。

关于 Fluent SOFC 模块详细的理论细节，限于篇幅，本书不作详细阐述，读者可联系作者获取更多资料。

3.2.2　几何模型说明

图 3-2-1 为 SOFC 几何模型，从俯视图中可看到燃料进/出口和氧化剂进/出口，剖视图 3-2-2 从上向下依次为阳极壁面、壁面接触 1、电解质交界面（又可分为阳极和阴极各一个面）、壁面接触 2 和阴极壁面。

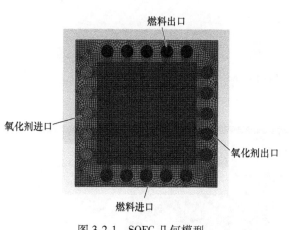

图 3-2-1　SOFC 几何模型

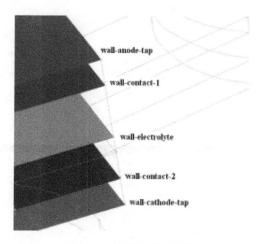

图 3-2-2　中间区域几何

3.2.3　SOFC 仿真流程

1. 一般性操作及设置

（1）启动 Fluent Launcher　启动 Fluent Launcher，勾选 3D Dimension，勾选 Display Mesh After Reading，勾选 Double Precision，Processing Options 选择并行且 Solver Processes 选择 6 核，在 Working Directory 中设置工作路径，如图 3-2-3 所示。

（2）读入网格并检查　在菜单 File→Read Mesh 中，选中 planar-sofc. msh. gz，网格导入完成后软件会自动显示网格（因为在启动界面勾选了 Display Mesh After Reading），如图 3-2-4 所示。

（3）Fluent 网格检查　在进行具体设置求解之前，对导入的网格一定要进行检查，主要检查为以下 4 个方面：

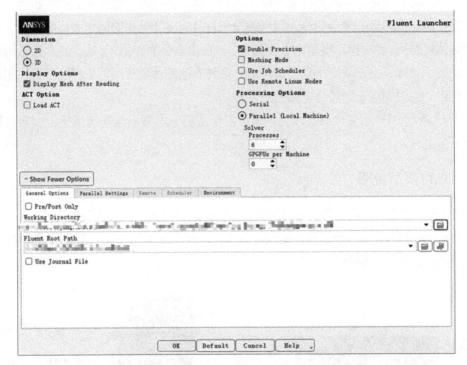

图 3-2-3　启动 Fluent

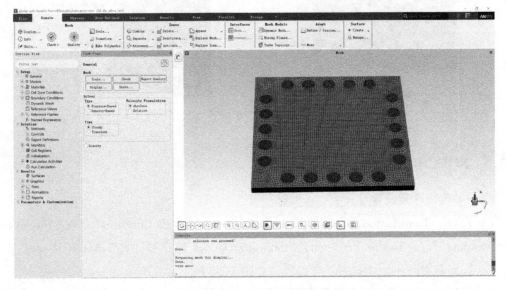

图 3-2-4　SOFC 网格

1）计算域尺寸检查，确认计算的范围与计算模型范围相符，主要是通过 x，y，z 坐标最大最小值来判断，如若范围不符，往往需要通过 Scale 来缩放到合理范围（见图 3-2-5）；

2）最小体积检查，不可为负；

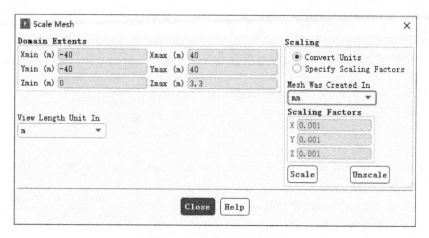

图 3-2-5　网格尺寸缩放图

3）网格正交质量，Orthogonal Quality 一般建议大于 0.1，最好大于 0.15；

4）最大 aspect ratio 检查，对于特定物理模型（如 PEMFC 质子交换膜燃料电池）或物理现象（如自然对流）需要检查此项。

网格检查功能通过 General→Check 和 Report Quality 来实现，本案例会出检查结果如下，分别为计算域尺寸范围、最小体积、网格正交质量和最大的 Aspect Ratio，见图 3-2-6。

```
Domain Extents:
   x-coordinate: min (m) = -4.000000e-02, max (m) = 4.000000e-02
   y-coordinate: min (m) = -4.000000e-02, max (m) = 4.000000e-02
   z-coordinate: min (m) = 0.000000e+00, max (m) = 3.300000e-03
Volume statistics:
   minimum volume (m3): 4.455227e-11
   maximum volume (m3): 5.310427e-10
     total volume (m3): 2.112000e-05
Face area statistics:
   minimum face area (m2): 7.137336e-08
   maximum face area (m2): 2.655213e-06
Checking mesh.........................
Done.

Mesh Quality:

Minimum Orthogonal Quality = 7.07700e-01 cell 317 on zone 18 (ID: 104342 on partition: 0) at location (-3.13713e-02,
8.49005e-03,  2.50000e-04)
(To improve Orthogonal quality , use "Inverse Orthogonal Quality" in Fluent Meshing,
where Inverse Orthogonal Quality = 1 - Orthogonal Quality)

Maximum Aspect Ratio = 1.86971e+01 cell 2149 on zone 15 (ID: 86811 on partition: 0) at location ( 3.66871e-02,
-1.79284e-02,  1.22500e-03)
```

图 3-2-6　网格质量检查

（4）通用设置　电池模组内流动速度较低，故选择压力基求解器；本算例为展示设置流程，为简单起见，选择稳态求解，其余保持默认，如图 3-2-7 所示。

（5）相关物理模型选择　由于需要得到模组的温度场分布，故打开能量方程，湍流模型选择 Laminar 湍流模型，见图 3-2-8。

（6）相关物理模型设置　在结构树上双击 Species Model，勾选 Species Transport，勾选 Reactions→Volumetric，勾选 Options→Diffusion Energy Source，Full Multicomponent Diffusion 和 Thermal Diffusion，见图 3-2-9。

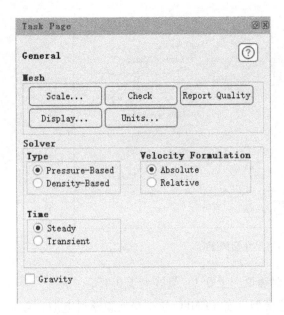

图 3-2-7　通用设置　　　　　　　　　　　图 3-2-8　相关物理模型设置

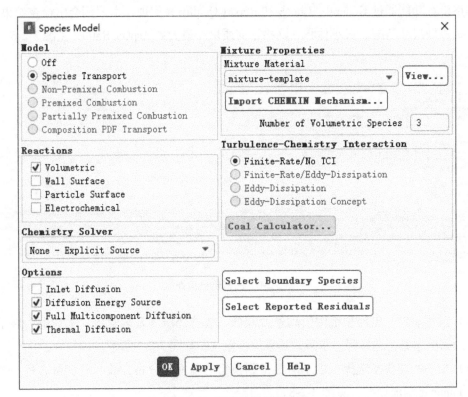

图 3-2-9　组分输运模型设置

2. SOFC Model 设置

（1）激活 SOFC 模块　在 Fluent 中进行电池电化学仿真，必须提前激活其相对应的模块。目前 Fluent SOFC 模块还是以 addon-module 的方式存在，激活有两种方法：方法 1：在 console 中输入 TUI 命令行：define/model/addon-module，选择 4；方法 2：在右上角搜索框中输入 addon，直接调用，选择 4，见图 3-2-10。

　　模块激活后会在 Fluent 结构树 Models 下出现 SOFC（Unresolved Electrolyte）模块，即为激活成功。

```
/define/model/addon-module 4
Fluent Addon Modules:
      0. None
      1. MHD Model
      2. Fiber Model
      3. Fuel Cell and Electrolysis Model
      4. SOFC Model with Unresolved Electrolyte
      5. Population Balance Model
      6. Adjoint Solver
      7. Single-Potential Battery Model
      8. Dual-Potential MSMD Battery Model
      9. PEM Fuel Cell Model
     10. Macroscopic Particle Model
     11. Reduced Order Model
Fast-loading "D:/PROGRA~2/ANSYSI~1/v193/fluent/fluent19.3.0/addons/fuelcells\lib\addon.bin"

Addon Module: pemfc...loaded!
```

图 3-2-10　激活 SOFC 模块

　　在结构树上双击 SOFC Model，勾选 Enable SOFC Model，设置 Model Parameters 参数如下：勾选 Model Options 下的 5 个选项；Current Under-Relaxation Factor 设置为 0.35；Total System Current 设置为 9；Electrolyte Thickness 设置为 0.000175；Electrolyte Resistivity 设置为 0.2，见图 3-2-11。

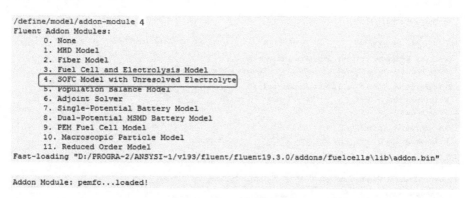

图 3-2-11　SOFC Model Parameter 设置

（2）设置电化学参数　在 Electrochemistry 标签下，进行如下设置：Anode Exchange Current Density 设置为 1e20；Cathode Exchange Current Density 设置为 1；H2 Reference Value 设置为 1；H2O Reference Value 设置为 1；O2 Reference Value 设置为 1；其余保持默认，见图 3-2-12。

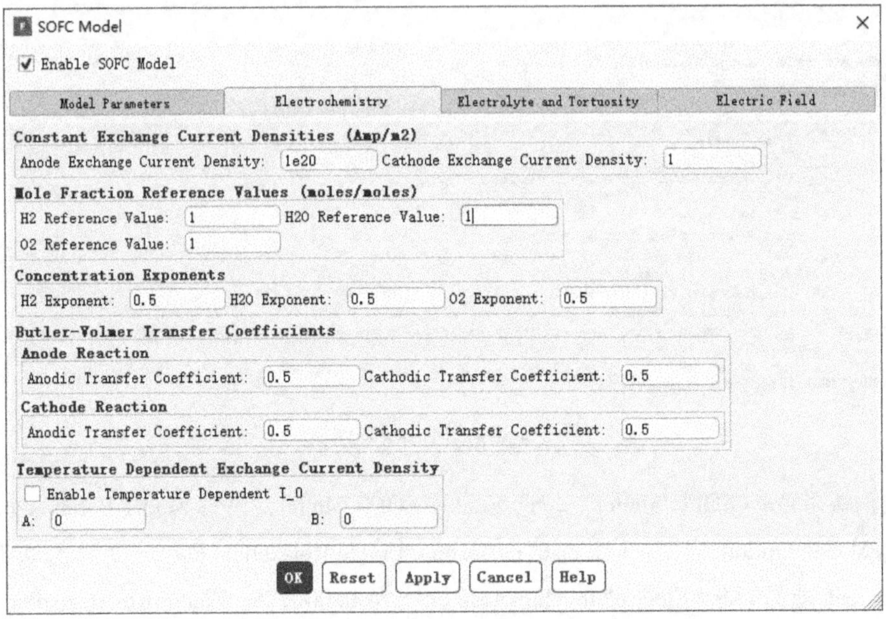

图 3-2-12　SOFC Electrochemistry 设置

在 Electrolyte and Tortuosity 标签下，进行如下设置：在 Anode Electrolyte 下，勾选 Anode Interface，选择 wall-electrolyte-anode，见图 3-2-13；在 Cathode Electrolyte 标签下，勾选 Cathode Interface，选择 wall-electrolyte-cathode，见图 3-2-13；在 Tortuosity Zone 下，勾选 Enable Tortuosity，选择 fluid-anode，在 Tortuosity Value 中填写 3，单击 Apply 按钮，见图 3-2-14；然后再勾选 Enable Tortuosity，选择 fluid-cathode，在 Tortuosity Value 中填写 3，单击 Apply 按钮，见图 3-2-15。

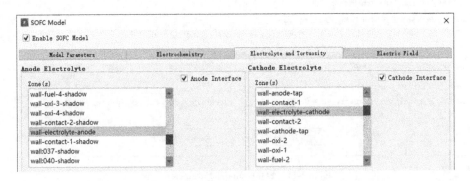

图 3-2-13　Anode/Cathode Electrolyte 设置

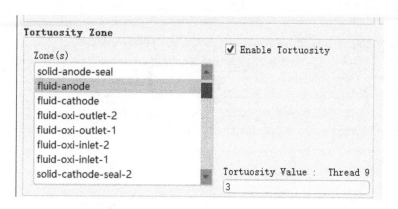

图 3-2-14 fluid-anode Tortuosity 设置

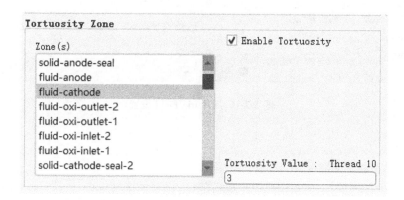

图 3-2-15 fluid-cathode Tortuosity 设置

在 Electric Field 标签下，进行如下设置（见图 3-2-16）：在 Conductive Region1 下选择 fluid-anode，在 Conductivity 中填写 333330；在 Conductive Region2 下选择 fluid-cathode，在 Conductivity 中填写 5555；在 Conductive Region3 下选择 solid-anode-interconnect、fluid-anode-cc、fluid-cathode-cc 和 solid-cathode-interconnect，在 Conductivity 中填写 1e7；在 Voltage Tap Surface 下，选择 wall-anode-tap；在 Current Tap Surface 下选择 wall-cathode-tap；单击 OK 按钮即可。

3. 设置 UDF/UDM/UDS

在 Ribbon 中选择 Define→User-Defined→Function Hooks，分别设置 Initialization 和 Adjust 对应的 UDF，见图 3-2-17。

在 Ribbon 中选择 Define→User-Defined→Memory，设置 Number of User-Defined Memory Locations 为 14，见图 3-2-18。

在 Ribbon 中选择 Define→User-Defined→Scalars，设置 Number of User-Defined Scalars 为 1，见图 3-2-19。

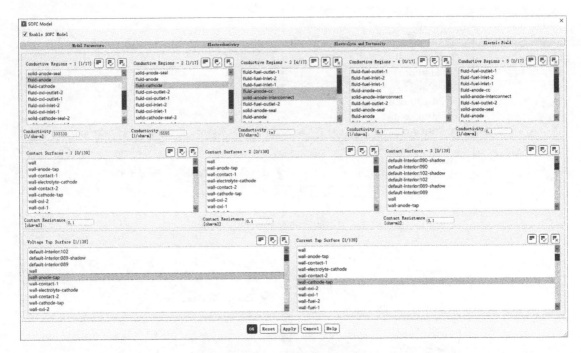

图 3-2-16　Electric Field 设置

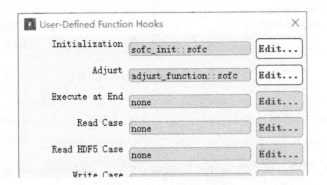

图 3-2-17　设置 UDF Hooks

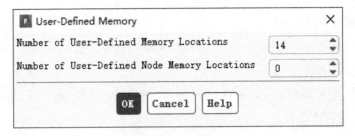

图 3-2-18　设置 UDM

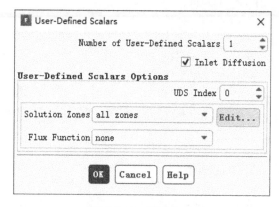

图 3-2-19　设置 UDS

4. 设置材料物性

激活 SOFC 模块后，软件会自动生成计算所需的物性材料，用户可根据需要进行相应的修改。在上一步设置组分输运时，软件会自动在 Materials 结构树下生成一个 Mixture 的子结构树，并在其中有系统默认的 mixture-template。默认的 mixture-template 只有 water-vapor、oxygen、nitrogen 三种组分，缺少 H2 组分，在此展示如何在其中添加/删除组分。

以添加 H2 组分为例，在结构树 Materials→Fluid 中右键，选择 New，单击 Fluent Database（见图 2-10-7），Material Type→fluid，选择 hydrogen（h2），单击 Copy 按钮（见图 3-2-20），这样在 Fluid 下会有 hydrogen 选项。读者可根据试验测试结果将需要的组分添加进材料定义中。

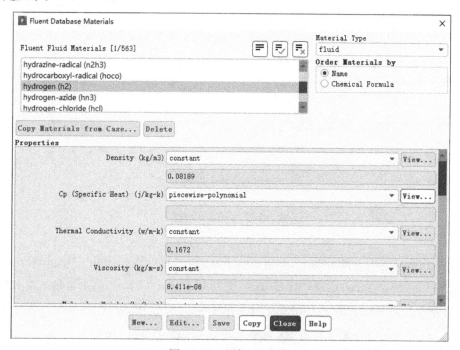

图 3-2-20　添加 H2 组分

检查物性，见图 3-2-21 ~ 图 3-2-24。

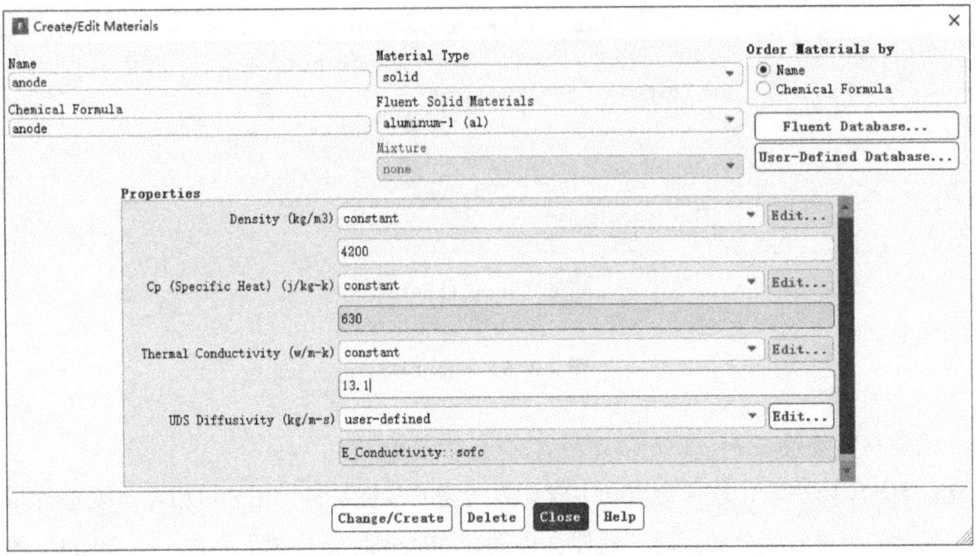

图 3-2-21　anode 物性

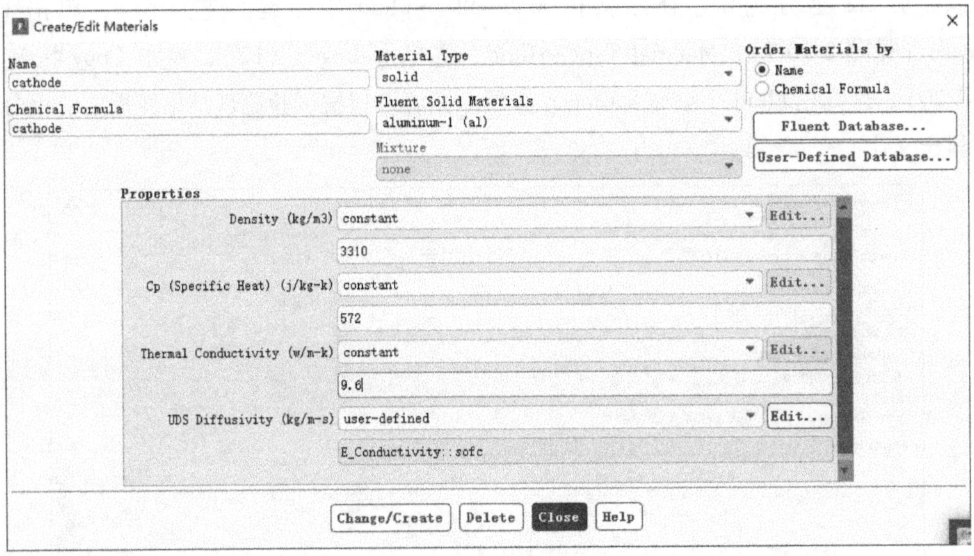

图 3-2-22　cathode 物性

在结构树 Materials→Mixture→mixture-template 中右键，选择 Edit，Mixture Species 单击 Edit（见图 3-2-25），在 Available Materials 中选择 hydrogen（h2），单击 Add，将 H2 添加到 mixture 组分中，选中 n2，单击 Last Species（见图 3-2-26），将体积分数最大的氮气作为最后一个组分，以减少数值误差，单击 OK 按钮，单击 Change/Create 按钮。

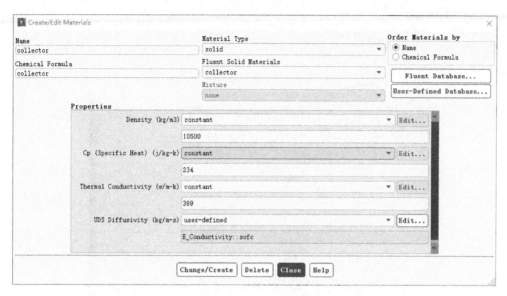

图 3-2-23　collector 物性

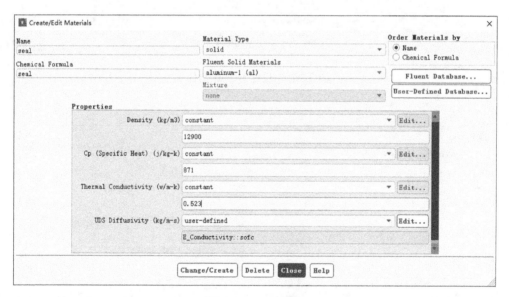

图 3-2-24　seal 物性

5. 设置计算域

检查流体域：在使用 SOFC 模块设置参数和定义好组件后，程序会自动给相应组件定义材料和相关赋值，这样可极大地减少设置工作量和出错概率。客户只需要根据自己产品的特点进行针对性检查和修改即可。

在所有域中，只有 fluid-anode 和 fluid-cathode 因为存在化学反应，所以其 Source Terms 被勾选，并且已经与源项做好了关联，如图 3-2-27~图 3-2-36 所示。

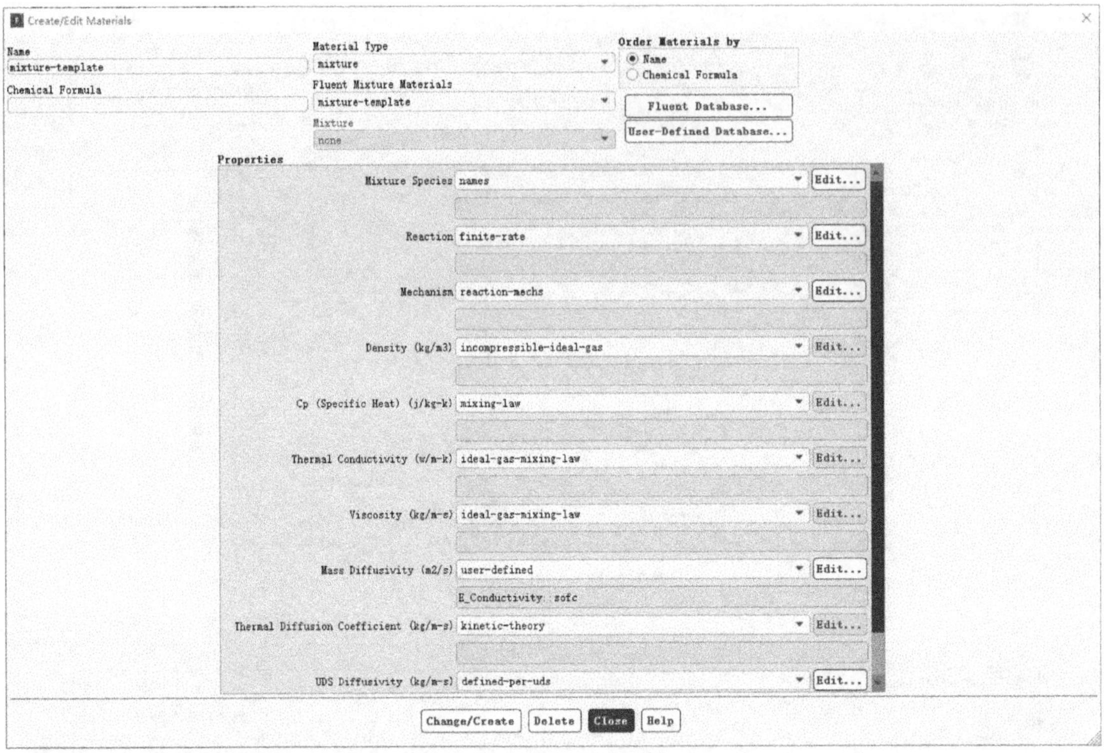

图 3-2-25　设置 Mixture 物性

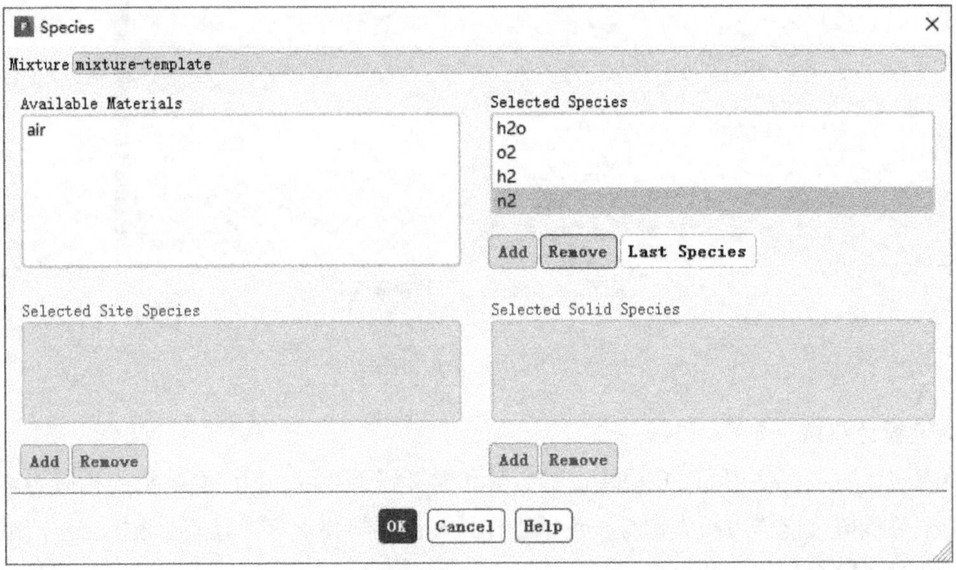

图 3-2-26　将 n2 设置为 Last Species

对于没有化学反应的区域，则需进行如下检查及设置，见图 3-2-37 ~ 图 3-2-51。

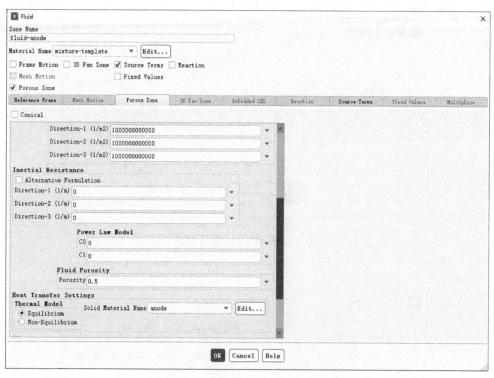

图 3-2-27　检查 fluid-anode Porous Zone

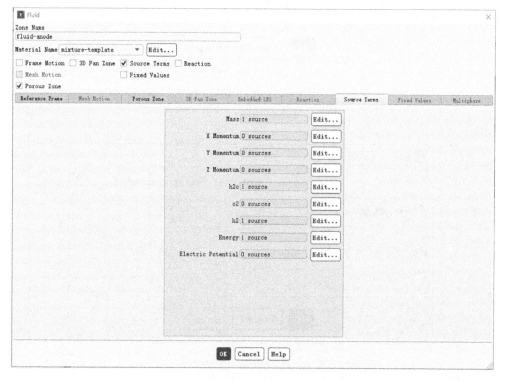

图 3-2-28　检查 fluid-anode Source Terms

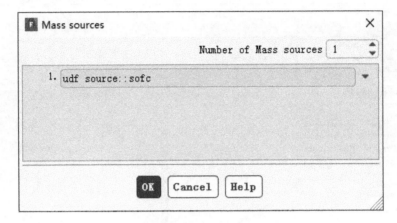

图 3-2-29　Mass sources UDF

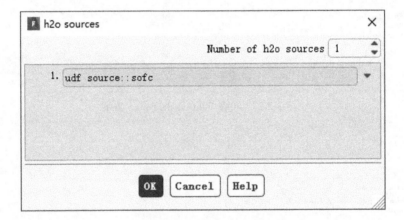

图 3-2-30　h2o sources UDF

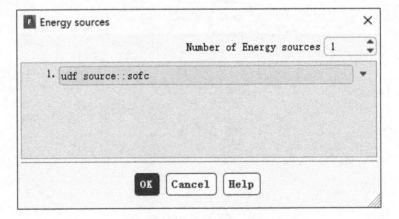

图 3-2-31　Energy sources UDF

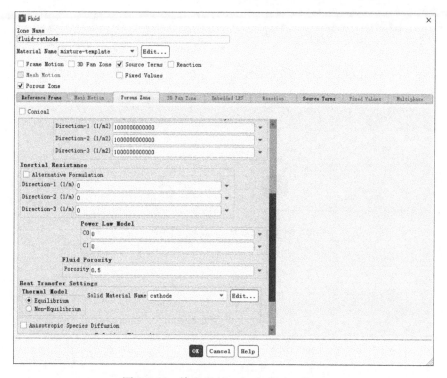

图 3-2-32　检查 fluid-cathode Porous Zone

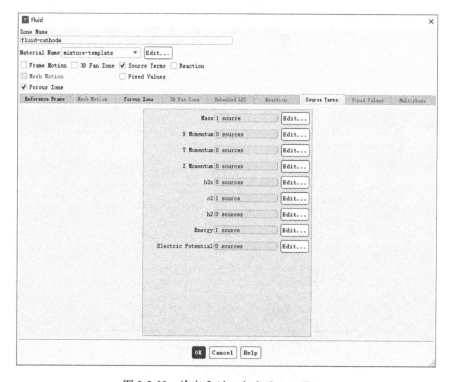

图 3-2-33　检查 fluid-cathode Source Terms

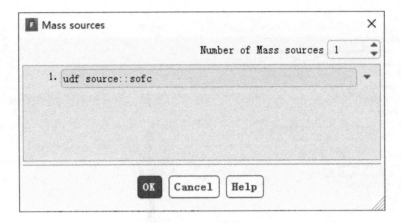

图 3-2-34　Mass sources UDF

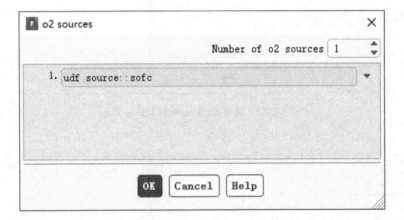

图 3-2-35　o2 sources UDF

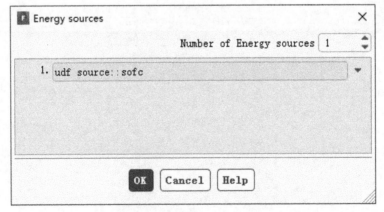

图 3-2-36　Energy sources UDF

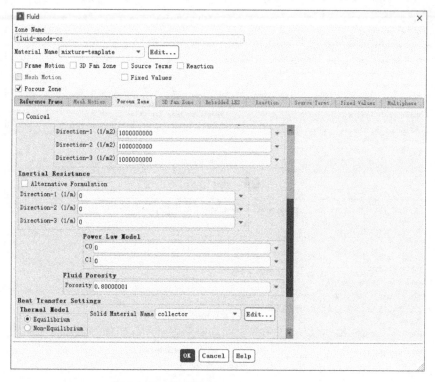

图 3-2-37　检查 fluid-anode-cc Porous Zone

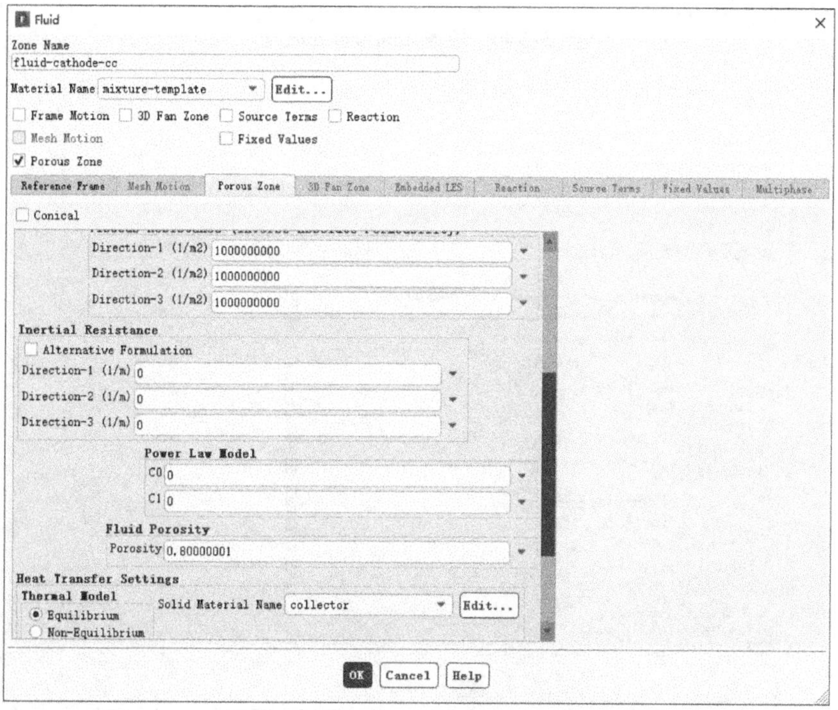

图 3-2-38　检查 fluid-cathode-cc Porous Zone

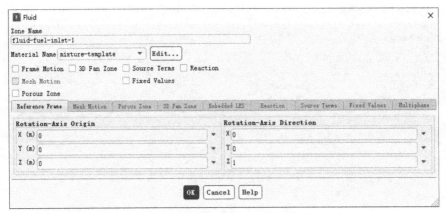

图 3-2-39   检查 fluid-fuel-inlet-1

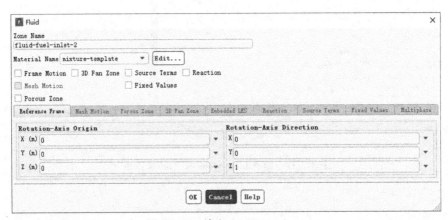

图 3-2-40   检查 fluid-fuel-inlet-2

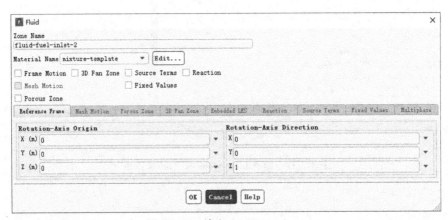

图 3-2-41   检查 fluid-fuel-outlet-1

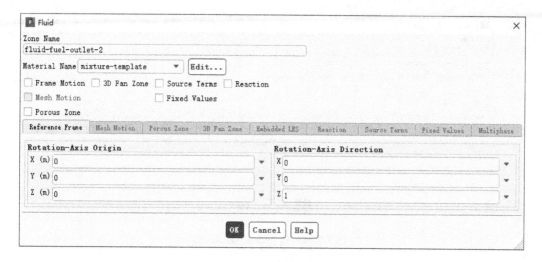

图 3-2-42　检查 fluid-fuel-outlet-2

图 3-2-43　检查 fluid-oxi-inlet-1

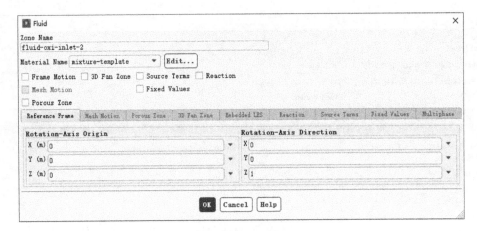

图 3-2-44 检查 fluid-oxi-inlet-2

Fluid

Zone Name

fluid-oxi-outlet-1

Material Name mixture-template ▼ Edit...

☐ Frame Motion ☐ 3D Fan Zone ☐ Source Terms ☐ Reaction

☐ Mesh Motion ☐ Fixed Values

☑ Porous Zone

| Reference Frame | Mesh Motion | Porous Zone | 3D Fan Zone | Embedded LES | Reaction | Source Terms | Fixed Values | Multiphase |

☐ Conical

Viscous Resistance (Inverse Absolute Permeability)

Direction-1 (1/m2) 10000000000 ▼

Direction-2 (1/m2) 10000000000 ▼

Direction-3 (1/m2) 10000000000 ▼

Inertial Resistance

☐ Alternative Formulation

Direction-1 (1/m) 0 ▼

Direction-2 (1/m) 0 ▼

Direction-3 (1/m) 0 ▼

Power Law Model

C0 0 ▼

C1 0 ▼

Fluid Porosity

Porosity 1 ▼

Heat Transfer Settings

Thermal Model Solid Material Name cathode ▼ Edit...

◉ Equilibrium

○ Non-Equilibrium

OK Cancel Help

图 3-2-45 检查 fluid-oxi-outlet-1

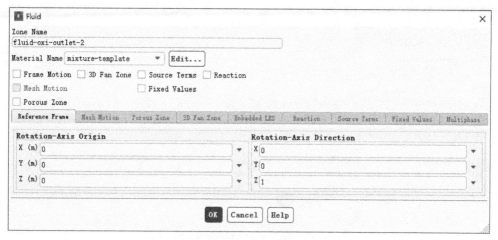

图 3-2-46　检查 fluid-oxi-outlet-2

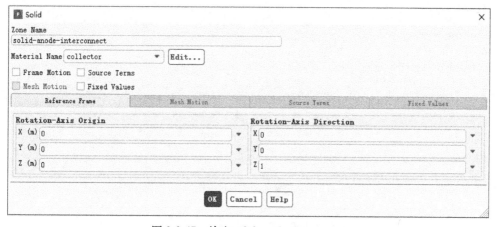

图 3-2-47　检查 solid-anode-interconnect

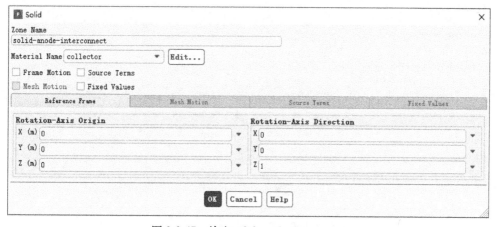

图 3-2-48　检查 solid-anode-seal

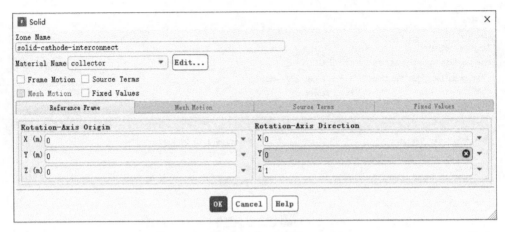

图 3-2-49　检查 solid-cathode-interconnect

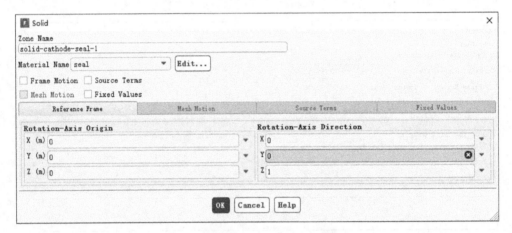

图 3-2-50　检查 solid-cathode-seal-1

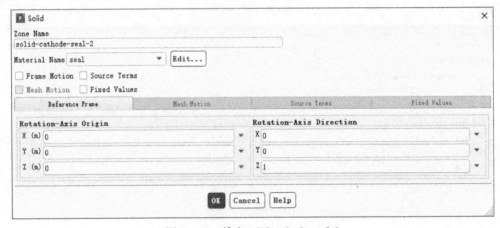

图 3-2-51　检查 solid-cathode-seal-2

6. 设置边界条件

（1）设置 BC——重命名阴极及阳极壁面　双击 wall-electrolyte，因其 Adjacent Cell Zone 为 fluid-cathode，故修改 Zone Name 为 wall-electrolyte-cathode，见图 3-2-52。

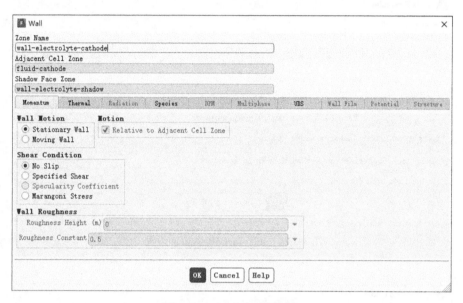

图 3-2-52　重命名阴极壁面

同理，双击 wall-electrolyte-shadow，因其 Adjacent Cell Zone 为 fluid-anode，故修改 Zone Name 为 wall-electrolyte-anode，见图 3-2-53。

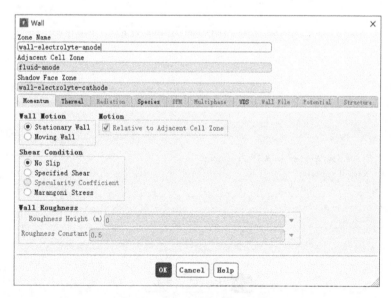

图 3-2-53　重命名阳极壁面

（2）设置 BC——阳极燃料进口　在结构树双击 inlet-fuel，进行如下设置：Mass Flow

Rate 为 3e-7kg/s（见图 3-2-54）；Total Temperature 为 1100K（见图 3-2-55）；Species（见图 3-2-56）中 h2o 为 0.2，h2 为 0.8；单击 OK 按钮。

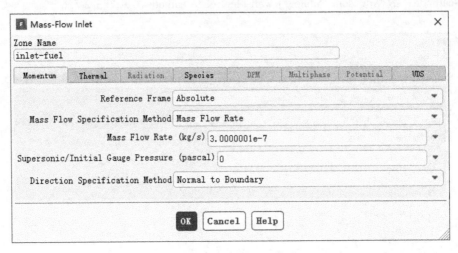

图 3-2-54   inlet-fuel Momentum 设置

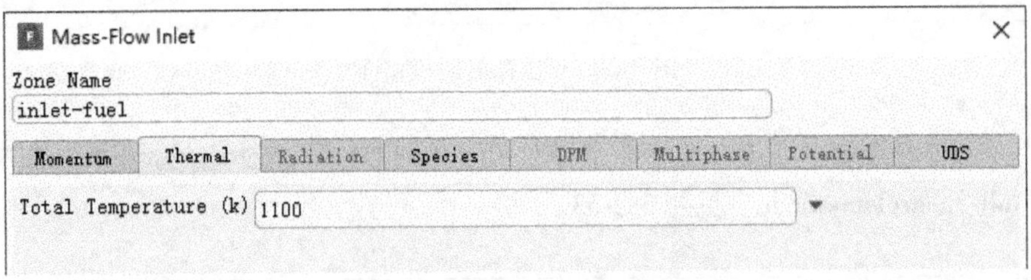

图 3-2-55   inlet-fuel Thermal 设置

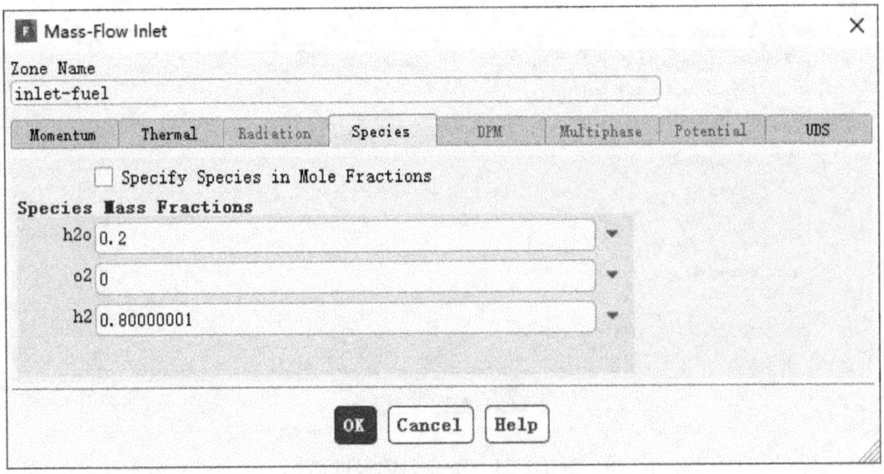

图 3-2-56   inlet-fuel Species 设置

（3）设置 BC——阴极氧化剂进口　在结构树双击 inlet-oxi，进行如下设置：Mass Flow Rate（见图 3-2-57）为 1.3705e-5kg/s；Total Temperature（见图 3-2-58）为 973K；Species（见图 3-2-59）中 o2 为 0.2329；单击 OK 按钮。

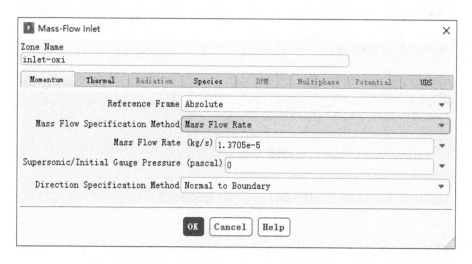

图 3-2-57　inlet-oxi Momentum 设置

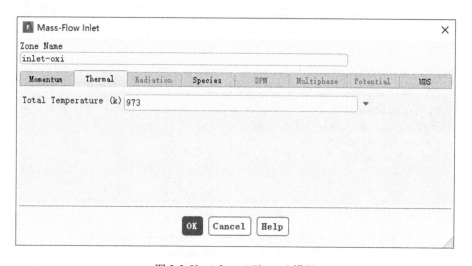

图 3-2-58　inlet-oxi Thermal 设置

（4）设置 BC——阳极燃料出口　在结构树双击 outlet-fuel，进行如下设置：Gauge Pressure（见图 3-2-60）为 0 pascal；Backflow Total Temperature（见图 3-2-61）为 1100K；其余保持默认；单击 OK 按钮。

（5）设置 BC——阴极氧化剂出口　在结构树双击 outlet-oxi，进行如下设置：Gauge Pressure（见图 3-2-62）为 0 pascal；Backflow Total Temperature（见图 3-2-63）为 973K；其余保持默认；单击 OK 按钮。

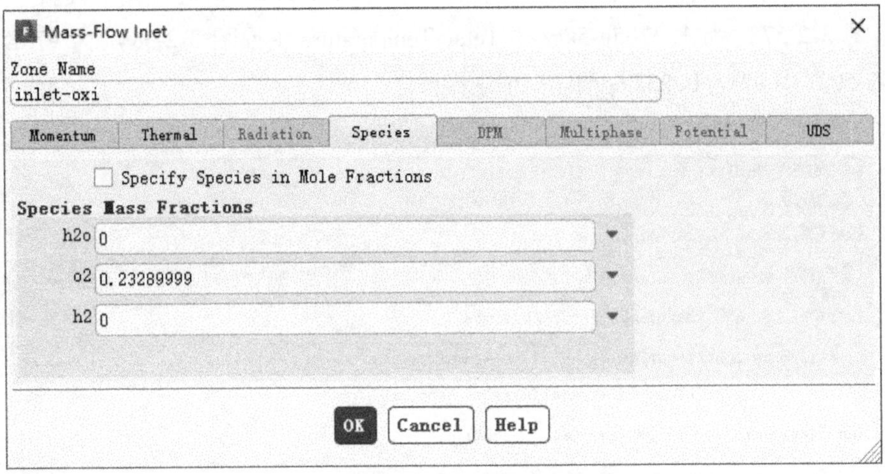

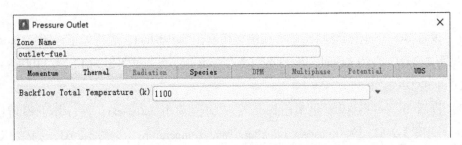

图 3-2-59　inlet-oxi Speices 设置

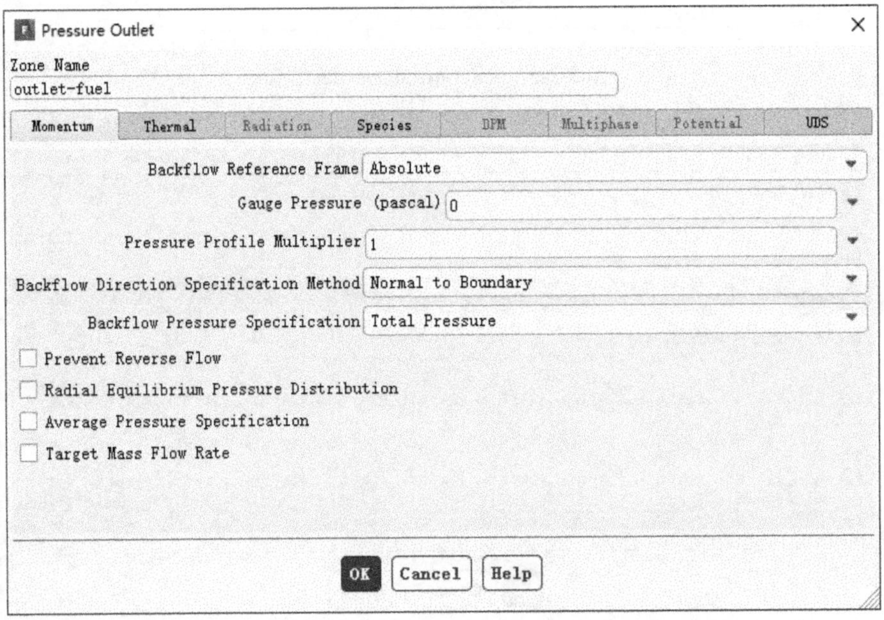

图 3-2-60　outlet-fuel Momentum 设置

图 3-2-61　outlet-fuel Thermal 设置

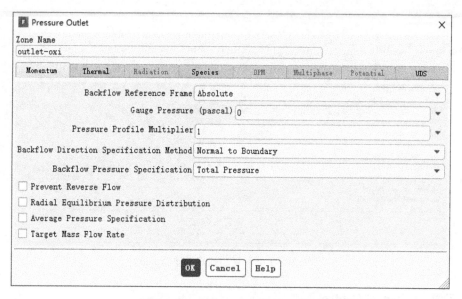

图 3-2-62　outlet-oxi Momentum 设置

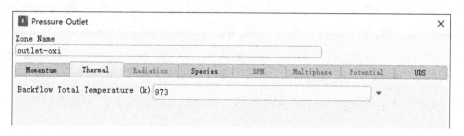

图 3-2-63　outlet-oxi Thermal 设置

（6）设置 BC——壁面边界条件　在结构树双击 wall，进行如下设置：Thermal Conditions，选择 Temperature 并设置为 1100K（见图 3-2-64）；其余保持默认；单击 OK 按钮。在 wall 右键，将其设置 Copy 到其他壁面，单击 OK 按钮，见图 3-2-65。

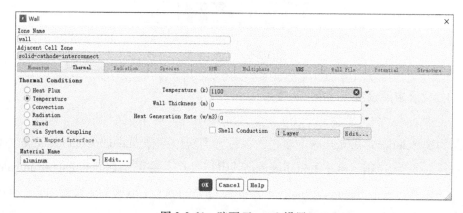

图 3-2-64　壁面 Thermal 设置

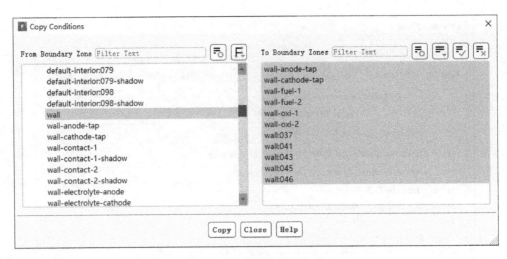

图 3-2-65　复制到其他壁面

7. 设置 Method 和 Control

在结构树 Solver→Controls→Limits 中，将 Minimum Static Temperature 设置为 800K，将 Maximum Static Temperature 设置为 2000K，如图 3-2-66 所示；在结构树 Solution→Monitors→ Residual 中双击，设置如图 3-2-67 所示；在结构树 Solve-Controls-Multigrid 中，将 h2o/o2/h2 的 Cycle Type 设置为 V-Cycle，若是串行计算，则将 Energy 和 User-Defined Scalar-0 的 Cycle Type 设置为 W-Cycle 或 F-Cycle，若是并行计算，则对 Energy 和 User-Defined Scalar-0 的 Cycle Type 设置为 F-Cycle，将 Max Cycles 设置为 30，保持其余默认设置，如图 3-2-68 所示。

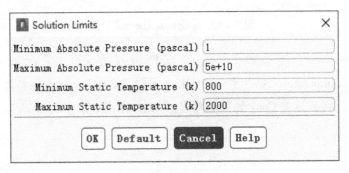

图 3-2-66　Limit 设置

8. 初始化及求解设置

算例设置到此，首先要保存一下 case，推荐使用 .gz or .h5 文档格式。

在结构树 Solution→Initiation 中双击，在设置面板中选择 Standard Initialization 方法，将 Temperature 设置为 973K，单击 Initialization，见图 3-2-69；在结构树 Solution→Run calculation 中双击，在设置面板中 Reporting Interval 设置为 1，Number of Iterations 设置为 20，其余保持默认设置，先不计算，见图 3-2-70。

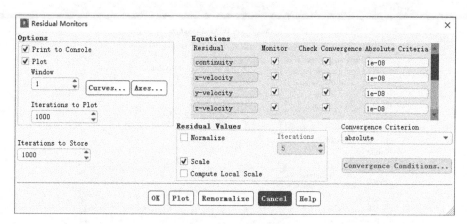

图 3-2-67　收敛设置

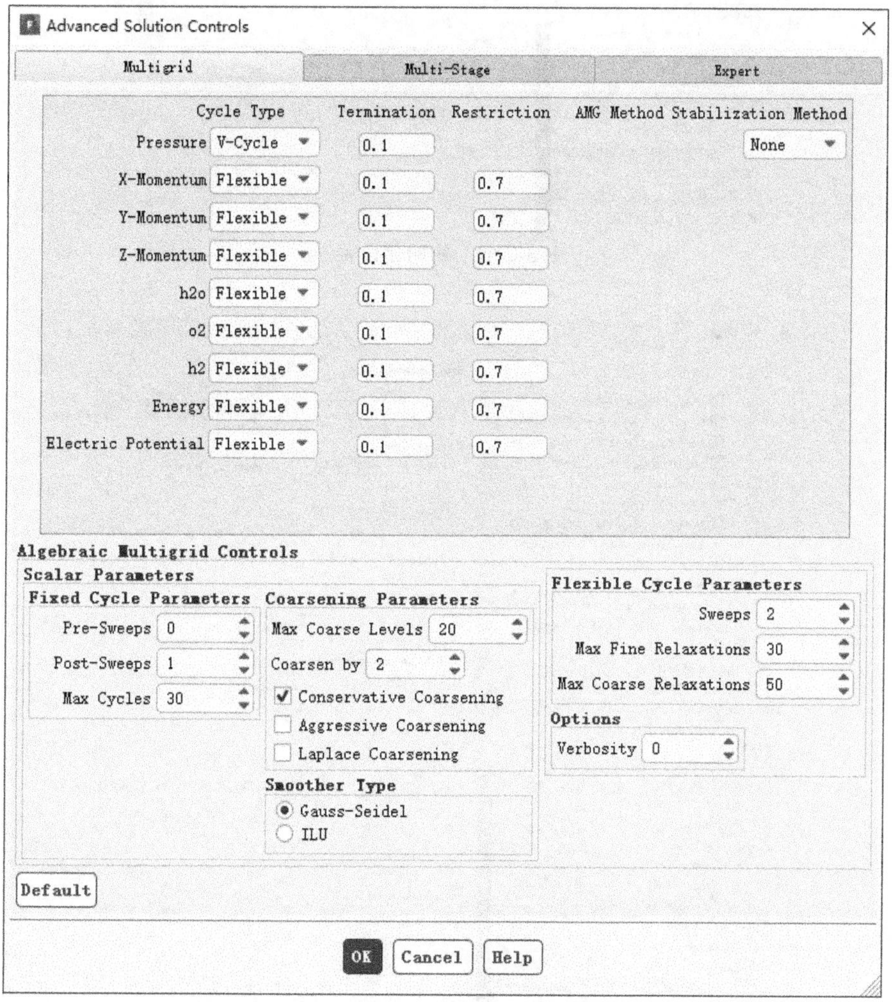

图 3-2-68　Multigrid 设置

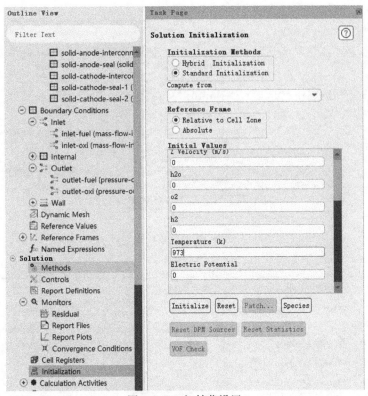

图 3-2-69　初始化设置

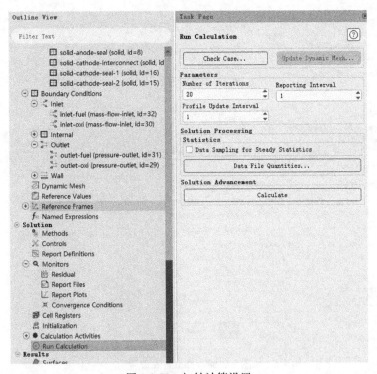

图 3-2-70　初始计算设置

为保证算例收敛，在 SOFC 模型中，不要勾选 Enable Volumetric Energy Source。保存算例，并计算 20 步，见图 3-2-71。

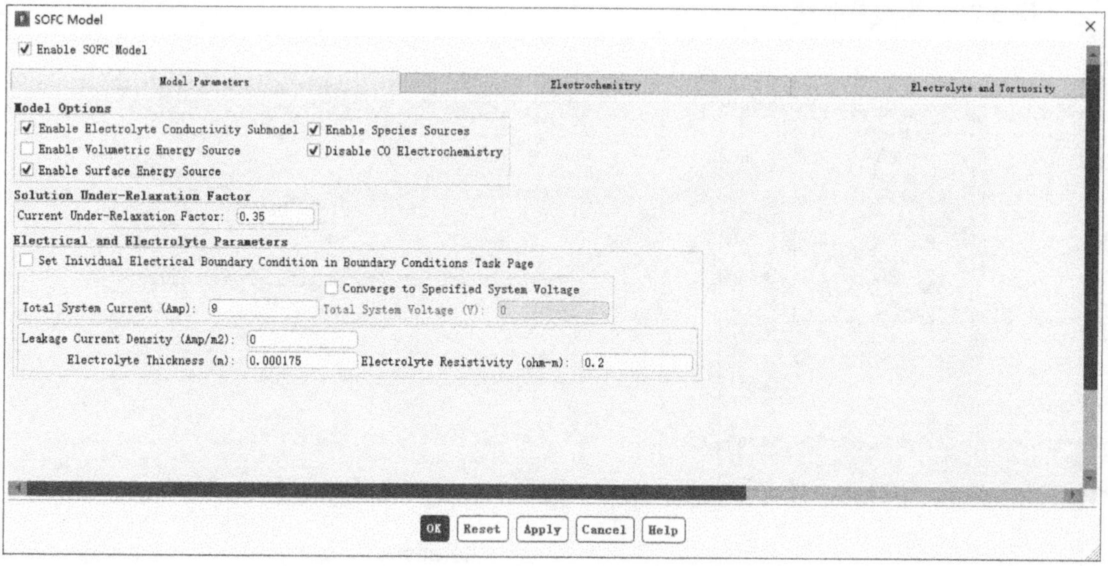

图 3-2-71　SOFC 设置

待流场计算稳定后，则需打开 Enable Volumetric Energy Source，见图 3-2-72，并计算 100 步。

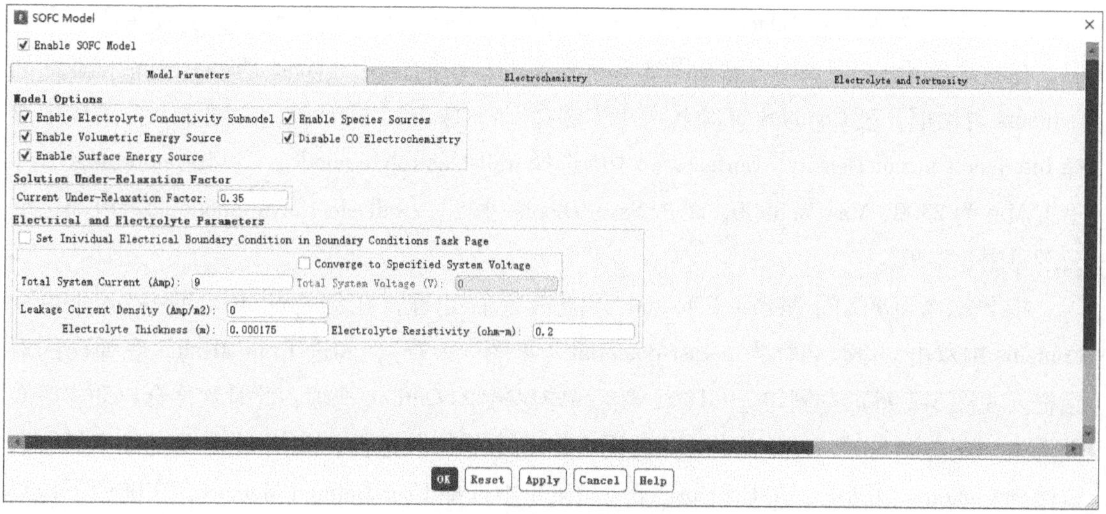

图 3-2-72　SOFC 设置

3.2.4　后处理

1. 残差曲线

图 3-2-73 为残差曲线。

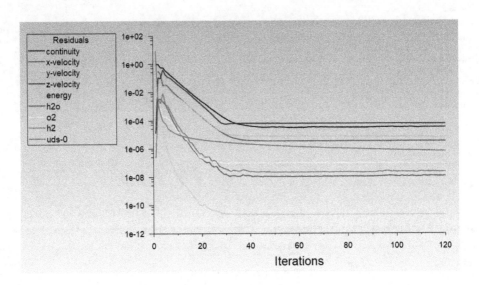

图 3-2-73　残差曲线

2. SOFC 通道中的云图

接下来对 SOFC 的电流密度云图进行后处理，在结构树 Results→Graphics→Contours 中双击，修改名称为 interface-current-density（见图 3-2-74），勾选 Draw Mesh，在弹出的对话框（见图 3-2-75）左侧勾选 Edges，然后单击左侧的 Outline 选项，此时软件会自动将所有面选中，在右侧 Surfaces 列表中去除如图 3-2-75 所示的几组面，关闭 Mesh Display 对话框返回到 Contours 对话框，在 Contours of 下拉菜单中选择 User Defined Memory，在随后下拉菜单中选择 Interface Current Density，Surfaces 列表中选择 wall-electrolyte-anode，不勾选 auto range，并设置 Min 为 2300，Max 为 3900，单击 Save/Display 按钮，wall-electrolyte-anode 面上电流密度云图见图 3-2-76。

接下来对 SOFC 的 Nernst Potential 云图进行后处理，在结构树 Results→Graphics→Contours 中双击，修改名称为 nernst-potential（见图 3-2-77），勾选 Draw Mesh，在弹出的对话框（见图 3-2-75）左侧勾选 Edges，然后单击左侧的 Outline 选项，此时软件会自动将所有面选中，在右侧 Surfaces 列表中去除如图 3-2-75 所示的几组面，关闭 Mesh Display 对话框，返回到 Contours 对话框，在 Contours of 下拉菜单中选择 User Defined Memory，在随后下拉菜单中选择 Nernst Potential，Surfaces 列表中选择 wall-electrolyte-anode，不勾选 auto range，并设置 Min 为 0.9，Max 为 1.05，单击 Save/Display 按钮，wall-electrolyte-anode 面上 Activation Potential 云图见图 3-2-78。

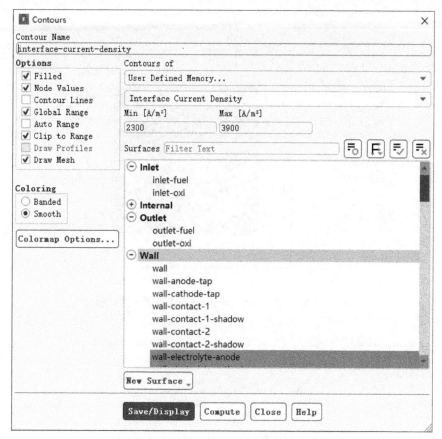

图 3-2-74　SOFC interface-current-density 设置

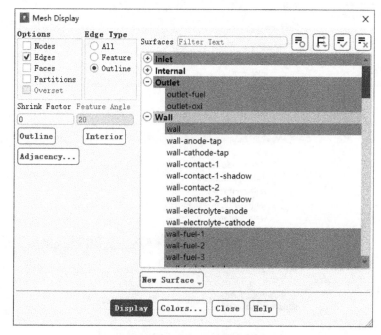

图 3-2-75　Mesh Display 设置

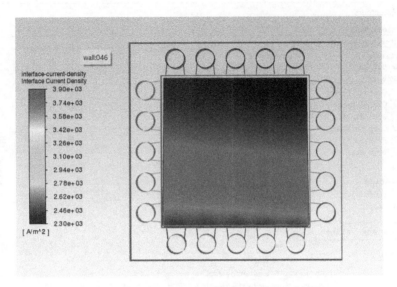

图 3-2-76　wall-electrolyte-anode 面上电流密度云图

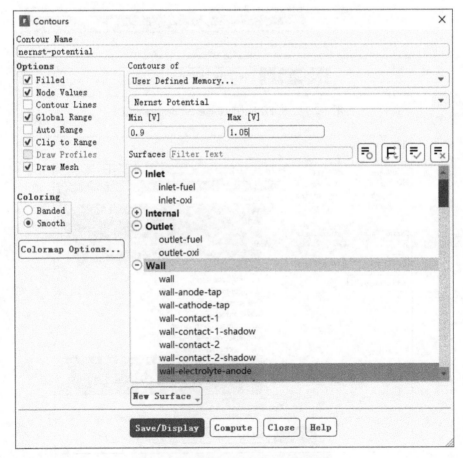

图 3-2-77　Nernst Potential 云图设置

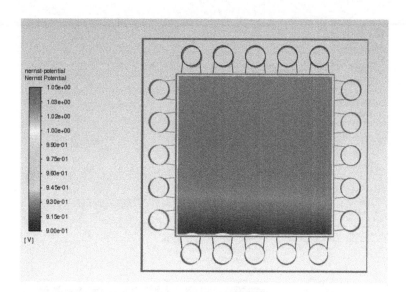

图 3-2-78　wall-electrolyte-anode 面上 Nernst Potential 云图

同样的，做出 Activation Overpotential 的云图，见图 3-2-79。

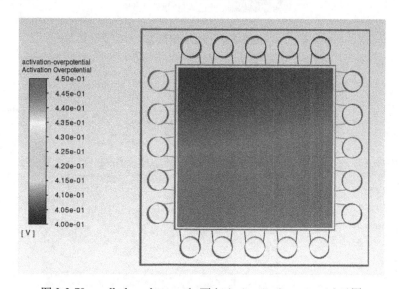

图 3-2-79　wall-electrolyte-anode 面上 Activation Overpotential 云图

接下来对 SOFC 的 h2 云图进行后处理，在结构树 Results→Graphics→Contours 双击，修改名称为 h2（见图 3-2-80），勾选 Draw Mesh，在弹出的对话框（见图 3-2-75）左侧勾选 Edges，然后单击左侧的 Outline 选项，此时软件会自动将所有面选中，在右侧 Surfaces 列表中去除如图 3-2-75 所示的几组面，关闭 Mesh Display 对话框，返回到 Contours 对话框，Contours of 下拉菜单中选择 Species，在下拉菜单中选择 Mass Fraction of h2，Surfaces 列表中选择 wall-electrolyte-anode，勾选 auto range，单击 Save/Display 按钮，wall-electrolyte-anode 面上 h2 云图见图 3-2-81。

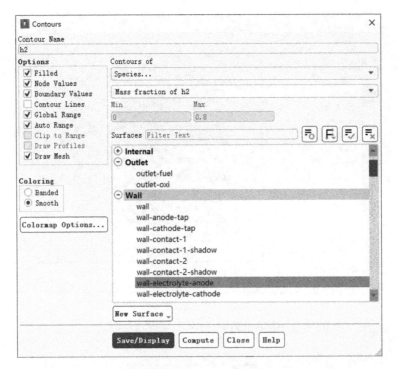

图 3-2-80　h2 云图设置

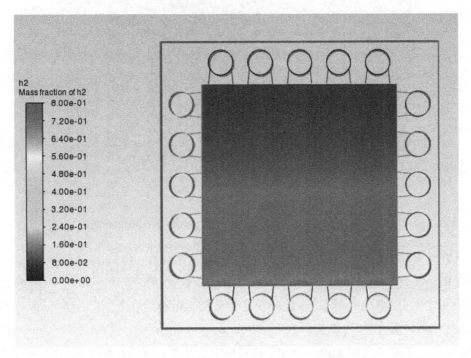

图 3-2-81　wall-electrolyte-anode 面上 h2 云图

参 考 文 献

［1］温宏炎，等. 锂离子动力电池市场分析及技术进展［J］. 电池工业，2020，24（6）.

［2］ANSYS Fluent 帮助文档.

［3］BERNARDI D, PAWLIKOWSKI E, NEWMAN J. A general energy-balance for battery systems［J］. Journal of the Electrochemical Society, 1985, 132（1）: 5-12.

［4］肖忠良，池振振，宋刘斌，等. 动力锂离子电池仿真模型研究进展［J］. 化工进展，2019，38（8）: 3604-3611.

［5］LAI Y Q, DU S L, AI L, et al. Insight into heat generation of lithiumion batteries based on the electrochemical-thermal model at high discharge rates［J］. International Journal of Hydrogen Energy, 2015, 40（38）: 13039-13049.

［6］GHALKHANI M, BAHIRAEI F, NAZRI G A, et al. Electrochemicalthermal model of pouch-type lithium-ion batteries［J］. Electrochimica Acta, 2017, 247: 569-587.

［7］DONG T, PENG P, JIANG F M. Numerical modeling and analysis of the thermal behavior of NCM lithium-ion batteries subjected to very high C-rate discharge/charge operations［J］. International Journal of Heat & Mass Transfer, 2018, 117: 261-272.

［8］ZHANG C, SANTHANAGOPALAN S, SPRAGUE M A, et al. Coupled mechanical-electrical-thermal modeling for short-circuit prediction in a lithium-ion cell under mechanical abuse［J］. Journal of Power Sources, 2015, 290: 102-113.

［9］HU X S, LI S B, PENG H E. A comparative study of equivalent circuit models for Li-ion batteries［J］. Journal of Power Sources, 2012, 198: 359-367.

［10］WANG Q Q, KANG J Q, TAN Z X, et al. An online method to simultaneously identify the parameters and estimate states for lithium ion batteries［J］. Electrochimica Acta, 2018, 289: 376-388.

［11］DIN M S E, HUSSEIN A A, ABDEL-HAFEZ M F. Improved battery SOC estimation accuracy using a modified UKF with an adaptive cell model under real EV operating conditions［J］. IEEE Transactions on Transportation Electrification, 2018, 4（2）: 408-417.

［12］NEWMAN J S, THOMAS K E, HAFEZI H, et al. Modeling of lithiumion batteries［J］. Journal of Power Sources, 2003, s119/120/121（3）: 838-843.

［13］ZOU C, MANZIE C, NEŠIĆ D. A framework for simplification of PDEbased lithium-ion battery models［J］. IEEE Transactions on Control Systems Technology, 2016, 24（5）: 1594-1609.

［14］王靖，柯少勇，黄贤坤，等. 锂离子电池电极颗粒分布对电化学性能影响的分析［J］. 化工进展，2018，37（7）: 2620-2626.

［15］RAMADASS P, HARAN B, GOMADAM P M, et al. Development of first principles capacity fade model for Li-ion cells［J］. Journal of the Electrochemical Society, 2004, 151（2）: A196-A203.

［16］SAFARI M, MORCRETTE M, TEYSSOT A, et al. Multimodal physicsbased aging model for life prediction of Li-ion batteries［J］. Physical Review A, 2009, 156（3）: 100.

［17］BAEK K W, HONG E S, CHA S W. Capacity fade modeling of a lithium-ion battery for electric vehicles［J］. International Journal of Automotive Technology, 2015, 16（2）: 309-315.

[18] 蒋跃辉，艾亮，贾明，等. 基于动态参数响应模型的动力锂离子电池循环容量衰减研究 [J]. 物理学报，2017，66（11）：328-338.

[19] ARORA P，DOYLE M，WHITE R E. Mathematical modeling of the lithium deposition overcharge reaction in lithium-ion batteries using carbon-based negative electrodes [J]. Promotion & Education，1999，146（10）：3543-3553.

[20] TANG M，ALBERTUS P，NEWMAN J. Two-dimensional modeling of lithium deposition during cell charging [J]. Journal of the Electrochemical Society，2009，51（2）：131-157.

[21] YANG X G，LENG Y，ZHANG G，et al. Modeling of lithium plating induced aging of lithiumion batteries：transition from linear to nonlinear aging [J]. Journal of Power Sources，2017，360：28-40.